U0142337

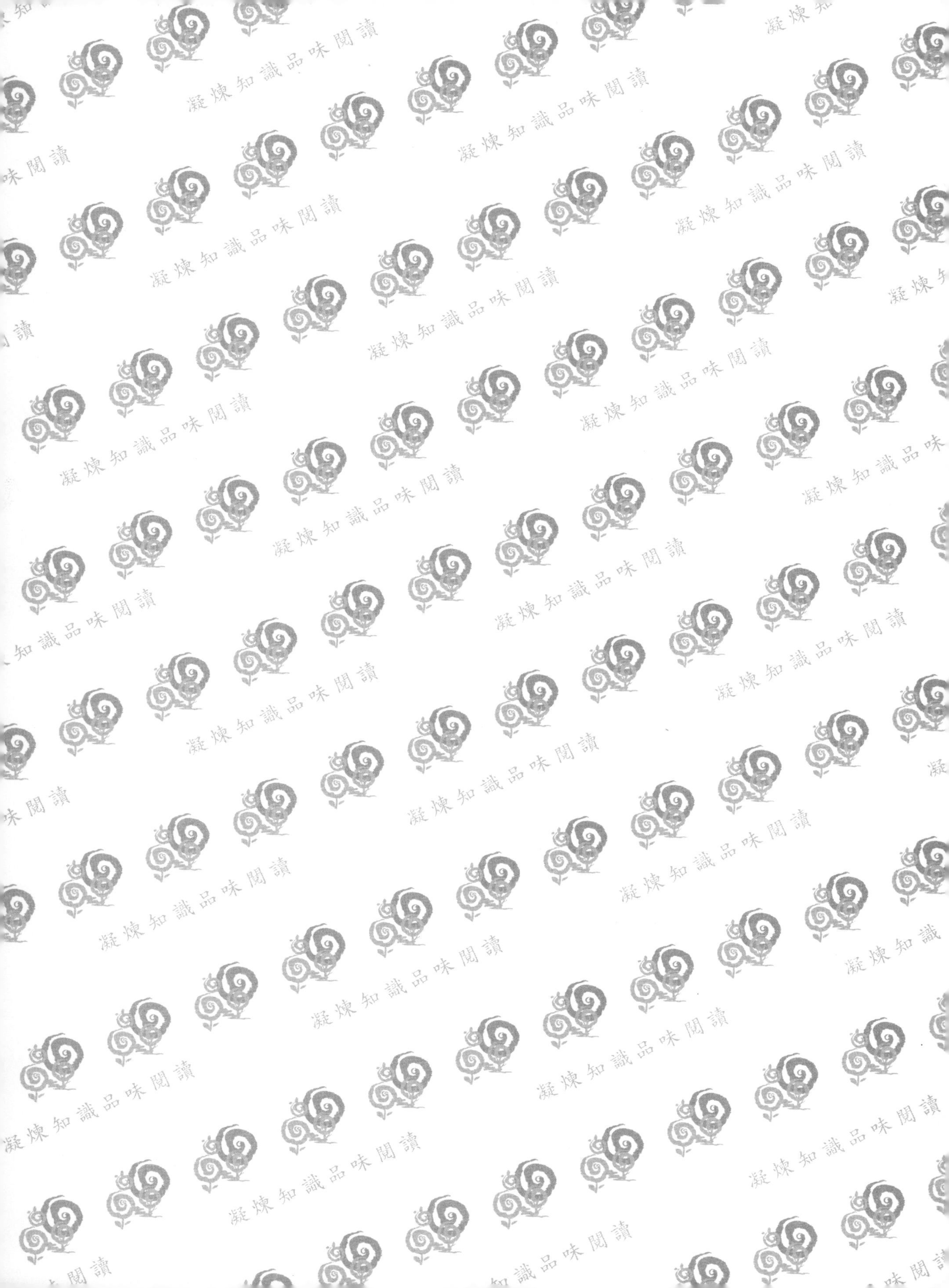

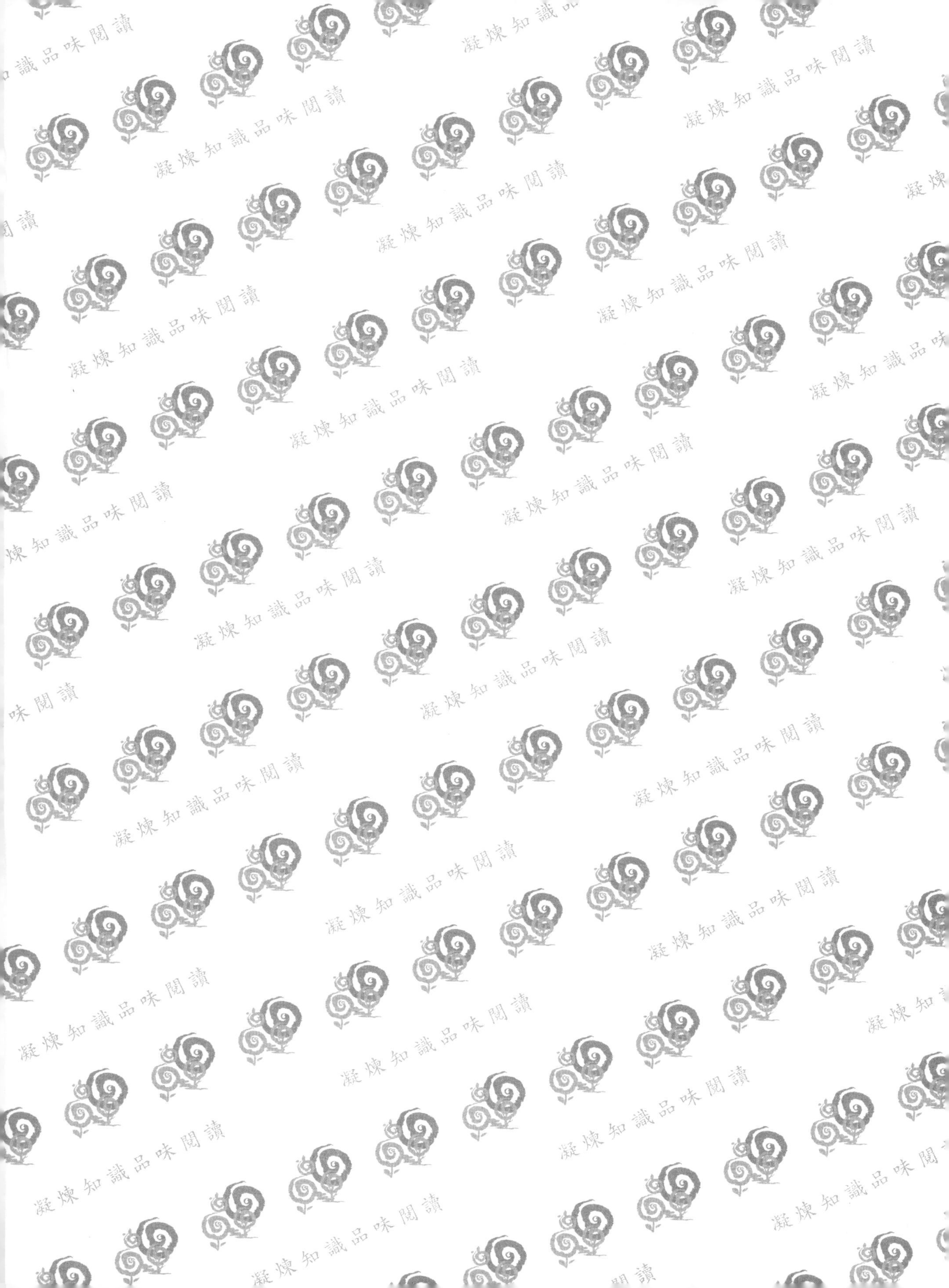

陳裕文 著

蜂產品學

五南圖書出版公司 印行

推薦序一

人們對於蜂產品的喜好，有久遠歷史。蜂產品中有些是營養豐富的健康食品，有些是具神奇效果的天然藥品。宜蘭大學陳裕文教授是臺灣最早研究蜂產品的學者，累積二十多年的研究成果出版的這本《蜂產品學》。書中鉅細靡遺地介紹了各類蜂產品，是臺灣第一本蜂產品的專業書籍。陳教授因爲對蜂產品的研究，於 2021 年獲得第 45 屆全國十大農業專家，並蒙總統召見，頗爲榮耀。這本書是現在養蜂業發展，最貼近消費大眾需求的蜂產品專書。

消費者關切的「假蜜」，是養蜂業最古老的問題。1953 年林珪瑞記述：「蜂蜜經化驗分析標明以防假冒，始可解決銷售問題。」1972 年范宗德在《臺灣養蜂通訊》中記述：「養蜂是本省各事業中發展較慢，因爲蜂蜜水分太多，價格又貴，假蜜充斥，顧客望而生畏。」1972 年台灣養蜂協會第二屆理事長陳孟家記述：研擬蜂蜜統銷辦法，以對抗假蜜，支持會員生產純正蜂蜜，協助銷售順暢。1974 年程發和提及假蜜問題：蜂蜜易於摻假，消費者懷疑蜂蜜的純度影響銷路。1982 年在行政院農委會及農林廳的輔導下，台灣養蜂協會辦理「蜂蜜評審」，經多年努力已能保障蜂蜜品質，建立良好信譽。

當初開始辦理蜂蜜評審時，曾討論是否准許泰國蜂蜜參加評審問題，最後決議不得參加評審。古老的假蜜問題轉變成「進口蜂蜜產地標示」問題，成爲養蜂業的一項新挑戰。陳教授面對新挑戰，經多年研究，發展出一套有效的檢測方法，提供政府相關單位參考。1999 年受聘宜蘭大學任教後，主持「蜜蜂與蜂產品研究室」，擔任蜜蜂與蜂產品研發中心主任。一面教學培育年輕菁英，一面繼續蜜蜂與蜂產品的研究工作。

陳裕文教授堅持擇善固執，將研究成果公諸社會。這本《蜂產品學》可幫助消費大眾了解各種蜂產品的特性，並可選擇純正的蜂產品。對人們保健有實質的好處，是不可多得的專業書籍，特此鄭重推薦。

安奎 教授

國立臺灣博物館前館長

台灣蜜蜂與蜂產品學會榮譽顧問

2024 年 2 月 12 日

推薦序二

《蜂產品學》是一部集結了陳裕文教授多年研究的豐碩成果，全面而深入地探討蜜蜂生物學的基礎知識到蜂產品的生產、加工及其運用。書中的分章不僅平衡地展示了對蜂學的深刻理解，還注入了實踐應用的細膩關懷。讀者定能透過這本書全面地了解蜜蜂及其產品的科學與奧祕，並體認蜂產品在我們日常生活中的多元價值及蜜蜂在自然界中的不可或缺的角色。

本書的出版不僅帶來了一部具有權威性的蜂產品研究參考書，對於蜂農、食品加工業者，以及所有關注健康生活的讀者而言，都是一份難能可貴的資源。有別於坊間文章或是數位媒體上網紅扯到不能再扯的片段知識截取，陳教授以其多年來累積的研究成果突出了科學與實際應用的結合，對於提高蜂產品的效益、確保品質，乃至於推動健康生活方式，均能深入淺出的詳盡介紹。

陳裕文教授作爲蜜蜂研究領域的領軍人物，延續了已故何鎧光教授的學術衣鉢，不僅傳承了師門的知識與精神，不斷地在蜜蜂學領域中開拓新的研究。在過去三十多年中對蜂產品的持續研究爲該領域奠定了堅實的基礎。作爲他的長期工作夥伴，筆者見證了陳教授在繁忙的教學與研究工作之餘，仍無私地奉獻自己的時間編寫此書。他的奉獻精神和啟發同業的願望令人敬佩。

在這個強調可持續發展和生態平衡的時代，陳裕文教授的《蜂產品學》不只是一本科學技術手冊，它提醒我們與大自然和諧共處的重要性，鼓勵我們對自然保護和生物多樣性的維護投以深刻的關注和行動。它是一部獨特而全面的作品，不僅捕捉了蜂產品科學的精粹，也呈現了陳教授對這一領域的熱情與貢獻。這本書是一座橋梁，連接了學術研究與現實生活，並爲未來的研究者、行業從業者及一般讀者提供了深入理解蜜蜂與人類生活密不可分關係的重要途徑。

楊恩誠

國立臺灣大學昆蟲學系教授

推薦序三

當我們踏入蜜蜂的世界，彷彿置身於一片神奇的仙境，這群自然界中最驚人的建築師和生產者，勤勞地以其精湛的技藝和無比的智慧，爲人類帶來了無盡的驚喜和禮物。而這本《蜂產品學》就是一扇通往蜜蜂世界的大門，爲您揭開了這個奇妙領域的種種奧祕。

在這本書中，我們將一同探索蜂群的神奇世界，從人類文明史上最早的甜食——蜂蜜，到被譽爲「食品中的黃金」的蜂王乳，再到充滿營養的蜂花粉；每一個章節都將帶領讀者深入了解蜂產品的來源、生產、成分及特性、加工及利用、品管及價值。此外，也將探討蜂膠、蜂蠟、蜂毒、蜜蜂幼蟲、蜂蜜酒等蜂產品中蘊含的藥理活性物質，以及它們在醫學和保健領域中的應用。

本書的作者陳裕文特聘教授，目前任教於國立宜蘭大學生物技術與動物科學系，同時兼任「蜜蜂與蜂產品研發中心」主任。他師從國立臺灣大學昆蟲學系何鎧光教授，鑽研蜜蜂超過 30 年，是此領域的權威專家，也是同事和學生們口中的「蜜蜂王子」。爲促進蜂學及其產品之研究發展及推動國際學術交流，他與好友們在 2011 年共同成立「台灣蜜蜂與蜂產品學會」，並擔任創會理事長。

這本《蜂產品學》是一本兼顧學術性與科普推廣的絕佳好書，特別收集了全世界有關蜂產品的機能性研究成果。無論您是對蜜蜂世界充滿好奇心的學生、有志從事蜂產品研究者、服務於相關行業的人員，或是廣大的蜂產品愛用者，本書都將成爲您不可或缺的參考書籍，爲您帶來無窮的啟發和驚喜。讓我們攜手共赴這場關於蜜蜂與蜂產品的冒險，探索自然界中最美妙的奇蹟！

致所有對自然、健康和生命充滿熱情的讀者們。

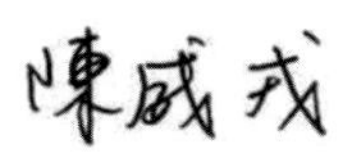

國立宜蘭大學特聘教授兼學術副校長

謹以本書紀念先師——何鎧光教授

臺灣蜜蜂研究開創者

1936.11.03～2019.12.14

作者序

自從先師何鎧光教授首於 1962 年在國立臺灣大學植物病蟲害學系（昆蟲學系前身）開設養蜂課程以來，就強調這是一門理論與技術兼具的課程，深深吸引諸多本科系與外系學生前來修課與研習，筆者在 1987 年開始追隨何教授研習蜜蜂，從此就與蜜蜂相伴至今。鑒於國內缺乏養蜂課程大學用書，國立編譯館委託何教授與安奎教授於 1997 年合著《養蜂學》造福學子，並於 2004 年由筆者參與合著《養蜂學》修訂版之蜂產品相關章節。時光荏然，《養蜂學》教科書已絕版 10 年，而近 10 年來蜜蜂與蜂產品的研究與教學在臺灣受到高度重視，目前約有 10 所大學開設相關課程，農民學院、社區大學開設養蜂相關課程也吸引很多民眾報名學習，蜜蜂與蜂產品儼然成為一門顯學！但臺灣卻欠缺蜜蜂與蜂產品的大學用書，何教授生前一直囑咐筆者要承擔這項責任，怎奈學術工作繁忙，使得寫書工作總是斷斷續續，如今總算針對蜂產品章節勉力完成，暫時得以達成何教授生前交付的使命。

本書主要適用於大學開設「養蜂學」、「蜂產品學」等相關課程，也可作為社區大學養蜂課程學員、業餘養蜂興趣者、蜂產品相關業者與蜂產品愛用者的參考資料。書中內容大量蒐集蜂產品相關的科學論文研究成果，提供學子與蜂產品愛用者之參考。

陳裕文

謹誌於　國立宜蘭大學生物技術與動物科學系

2024 年 2 月 5 日

CONTENTS · 目錄

CHAPTER 1

奇妙的蜜蜂世界

第一節　蜜蜂是最佳的授粉昆蟲

第二節　蜜蜂是最有用的昆蟲

第三節　有趣的蜜蜂生物學

第四節　保健功效卓著的蜂產品

圖 1-1　蜜蜂總是勤勞無私的工作，深受世人的歌頌

「嗡嗡嗡……大家一起勤做工……。」這是一首大家耳熟能詳的兒歌——〈小蜜蜂〉。蜜蜂勤勞無私的美德，深受世人的歌頌，其產品的美味與營養價值，更廣受世人的喜愛。筆者研習蜜蜂超過30年，益發感覺「小蜜蜂，學問大」（圖1-1）。

長久以來，蜜蜂以其獨特的生物特性，加上試驗材料取得容易，一直是生物學家最佳的研究題材，她與果蠅並列爲研究最深入的昆蟲，甚至有一位蜜蜂學家 Karl von Frisch 以研究蜜蜂的行爲而獲得 1973 年諾貝爾生理醫學獎；此外，養蜂業雖屬勞力密集，但也是技術密集的產業，試想管理千萬蜜蜂大軍負責生產蜂產品，其中必然有甚多技術上的問題待克服；蜜蜂也是農業的尖兵，近年來網室栽培作物盛行，如此卻阻斷了授粉昆蟲，必須仰賴蜜蜂提供授粉的協助，否則無法結果；蜂產品又具有諸多的食療應用價值，也必須兼具食品科學的基本素養。

現在，蜜蜂又與醫療關係密切——蜂療（apitherapy），即利用蜜蜂或蜂產品以增進人體健康及去病的效果，不但有學理的根據，且有臨床實驗的證明。臺灣從事蜜蜂與蜂產品的研究人員雖然不多，但社會大眾卻對蜜蜂獨特的生物特性與多樣的蜂產品，保持高度的興趣。現代醫學使得人類的壽命長長久久，但也必須活得健健康康才有意義，因此，人們期望從日常飲食中正確地攝取營養，來創造健康。蜂產品的食療效果顯著，除了蜂膠外，大部分的蜂產品幾乎不需加工即可生鮮食用，這使得它具有穩定的保健功效，因而在保健食品市場中一直占有極大的比重。

第一節 蜜蜂是最佳的授粉昆蟲

蜜蜂形體適中，全身滿布絨毛，極易黏附花粉（圖 1-2），足上有特殊收集花粉器官如前足的花粉梳和後足的花粉籃，能攜附多量的花粉，嗅覺敏銳能迅速偵測植物開花吐粉及泌蜜時間；飛行範圍在半徑約 3 公里，每分鐘可採集數朵至數十朵花以上；每天外出 8～10 回，每群的數量多達 2 萬隻以上，約莫等同於 400 人同時進行人工授粉，授粉效率高，具可搬移性。人們對蜜蜂習性已相當了解，可因需要加以繁殖利用，並可全年利用於授粉，可說是田間最具授粉效率的昆蟲。

圖 1-2 蜜蜂全身布滿絨毛，極易攜附花粉

蜜蜂爲最重要的授粉昆蟲，全球主要的 115 種農作物中，有 52 種需要蜜蜂授粉，才能達成果實生產與採收種子；其中有 5 種主要作物，如果沒有蜜蜂授粉，產量將減產超過 90%。事實上，人類的食物有 35% 受益於蜜蜂授粉，估計全球蜜蜂授粉的經濟利益達 2,120 億美金／年，約占全球農作物產值 9.5%。蔬果作物利用蜜蜂授粉，不但可提高果實的結果率，同時果實也因授粉充足而果實碩大且甜度增加；根據美國研究者估計，蜜蜂爲美國農作物授粉所產生的間接經濟效益，達美國蜂產品總產值的 93 倍。

第二節　蜜蜂是最有用的昆蟲

人類利用蜂產品的歷史非常久遠，而蜂產品的種類卻似無窮的寶藏不斷出新。其中，人類利用蜂蜜已有 8,000 年的歷史，它也是中藥不可欠缺的一員，眾多的研究顯示蜂蜜具有良好的抗菌活性，並且具有保護胃壁避免潰瘍的藥效。蜂王乳是第二個被開發的蜂產品，它可降低動物血脂、血膽固醇與防止動脈硬化，抑制腫瘤，並具有類似胰島素作用等特性；1954 年天主教教宗皮奧十二世（Pope Pius XII）生命垂危之際，他的醫師給予食用蜂王乳，因而恢復健康，1957 年教宗更因此親臨兩年一度的世界養蜂會議。

圖 1-3　人類利用蜂產品的歷史已非常久遠

蜂花粉的利用始於 1970 年代人類研發了花粉採集器，它是公認營養價值最完全的食品；研究者曾以蜂花粉作爲小白鼠的唯一食物源，發現實驗鼠可正常存活一年以上，足見蜂花粉可提供實驗鼠一生所需的營養分；美國前總統雷根即是蜂花粉的愛用者，同時也引領了全世界食用蜂花粉的風潮。最近幾年，全世界興起食用蜂膠（propolis）的熱潮，蜂膠中含有高量的類黃酮，具有調節人體新陳代謝、抗氧化、抗過敏及抗癌的作用，同時也是廣效性的天然抗生物質，有麻醉鎮痛、促進牙髓與軟骨組織再生、保護並強化肝臟解毒等功能；如此具有眾多的生物效用，使得愛用者幾乎視蜂膠爲萬能的保健祕方，目前，蜂膠已成爲臺灣最熱門的保健食品，保健食品與化妝品業者莫不競相投入。

第三節 有趣的蜜蜂生物學

一、社會組織嚴密的昆蟲——蜜蜂

一個健壯的蜂群約有 3 萬隻的成蜂與 2 萬隻的幼蜂，這些個體構成一個蜜蜂社會，成蜂肩負著社會責任與義務，彼此進行著嚴密的社會性分工，幼蜂則在成蜂細心的呵護下成長，一旦羽化爲成蜂則立即加入分工的行列。在昆蟲世界中，類似蜜蜂具有如此嚴密的社會組織，只有螞蟻與白蟻。蜜蜂因爲易於飼養與觀察，又具有重要的經濟價值，人類對她特別有興趣。距今 8,000 年在西班牙發現的岩洞中，就出現了人類採獵蜂蜜的壁畫；中國殷墟出土的甲骨文中，也已出現「蜜」字，足見中國人利用蜂產品已有悠久的歷史；2,300 年前的哲學家與博物學家亞里斯多德，也對蜜蜂做了詳細的觀察與記錄。這些歷史紀錄說明人類與蜜蜂一路走來，始終相隨。

也許是蜜蜂的名氣太大了，一般人被蜂類螫傷，就說凶手是蜜蜂。事實上，具螫刺的蜂類種類十分眾多，例如：胡蜂（虎頭蜂）、長腳蜂（馬蜂）、熊蜂、花蜂、泥蜂等。事實上，全世界的蜜蜂種類主要只有 9 種，而臺灣只有其中的東方蜂與西洋蜂，以及最近入侵的小蜜蜂。一般而言，螫傷部位留有螫刺者，才是蜜蜂所爲，因爲蜜蜂的螫刺具有明顯的倒鉤，而且其構造上又易於脫落所致。正如大家所熟知，由於體內器官受到損傷，蜜蜂螫刺後，不久便壯烈犧牲了。

二、蜂后與工蜂都是女生

很多人可能不知道，蜜蜂是一個女性的社會，更無法相信辛勤工作的工蜂居然是雌蜂。在蜜蜂的世界中有一個奇怪的現象，受精卵會發育爲雌蜂，未受精卵則爲雄蜂。蜂后與工蜂都是受精卵發育而成的雌蜂，一群蜜蜂只有 1 隻蜂后，她專司產卵的工作，每天可產下 1,500～2,000 粒卵，這些卵的總重量遠大於蜂后的體重，而且蜂后的壽命可達 3～5 年；蜂群中絕大部分的個體是工蜂，她們不具生殖的能力，

圖 1-4　一群侍衛蜂照顧嬌貴的蜂后

其產卵管已特化爲螫針。工蜂負責蜂群中除了產卵以外的所有工作，壽命只有 1～2 個月。

爲什麼同樣是受精卵發育而成，蜂后卻擁有如此的「超能力」呢？關鍵在於營養的差異。如果受精卵被產在特殊的巢房——王臺，則幼蟲孵化後工蜂即會餵她吃神祕的食物——蜂王乳（royal jelly），吃了蜂王乳的雌性幼蟲生長特別快速，13 天後便會羽化成爲蜂后；如果受精卵被產在一般的六角形巢房，則孵化後只吃營養價值較差的食物——工蜂乳（worker jelly），將來也只能發育成爲不具生殖能力的工蜂了。此外，在成蜂階段，蜂后每產下 10 粒卵，負責照顧的侍衛蜂（也是工蜂）即會分泌蜂王乳給蜂后補充營養（圖 1-4），如此蜂后才能源源不斷的產卵，且壽命達 3～5 年。而成年工蜂則吃花粉與蜂蜜，再加上工作勞累，壽命僅 1～2 個月。因此，蜂王乳一直被人類視爲營養補給的聖品。

三、做鬼也風流的雄蜂

雄蜂是蜜蜂世界中唯一的男性，他們的體型碩壯，卻沒有採集食物的能力，因此在蜜蜂社會中是個「吃軟飯」的角色。雄蜂的嗅覺與視覺特別發達，唯一的任務是與處女蜂后交尾。但是，眞正能與蜂后交尾的雄蜂卻很少，因爲蜂后一生僅外出交尾 1 次，這次交尾飛行便把眾家好漢（約 10 隻雄蜂）的精子收集在蜂后的貯精囊，貯精囊是一個精子銀行，可貯存約 700 萬個精子，這些精子的活性可維持 3 年以上，足以供應蜂后一生產卵的需要。如此一來，能夠有幸一親芳澤的雄蜂眞是鳳毛鱗爪、少之又少。由於雄蜂不事生產，一旦蜂群貯存的食物不足時，雄蜂便會被掃地出門，飢寒交迫而死；但是，如果眞有機會與處女蜂后交尾，雄蜂的下場也很慘，他們因爲內部臟器受損，交尾後即死亡，印證所謂的「牡丹花下死，做鬼也風流」。

四、分工合作的工蜂

圖 1-5　工蜂利用翅膀搧風以調節蜂巢的環境

工蜂是蜜蜂社會的主幹，她們的數目約有 3 萬隻，負責蜂群中大部分的工作，因此必須採分工合作的方式才能維持蜜蜂社會的運作。工蜂分工是以「日齡」為基礎，通常，1～20 日齡的工蜂為內勤蜂，負責巢內所有的工作；21 日齡以後為外勤蜂，專門負責巢外採集水、花蜜、花粉與蜂膠的工作。

內勤蜂的工作非常繁瑣，一般也以日齡再將工作細分。初羽化的工蜂先從清潔巢房的工作開始，約 1 週後，她們分泌食物的腺體發育完成，開始負責育幼（稱為護士蜂）與餵飼蜂后（侍衛蜂）的工作；隨著她們對蜂巢的熟悉度增加，開始擔任「搬運工」的角色；她們清除巢中的碎屑，接收外勤採回的花蜜與花粉至倉庫貯存。隨後，工蜂身體的蠟腺發育成熟，她們也擔任建築巢房的工作。如果天氣太熱，她們還得把自己當作電風扇——搧風以調節巢內溫度（圖 1-5）。最後，19～20 日齡的工蜂體內的毒液量達到高峰，她們負責守衛巢門的工作，這些守衛蜂特別凶猛，因此最好不要去招惹這些巢門口的守衛蜂。

守衛工作是內勤蜂最末的任務，接著她們便會加入外勤蜂採集的行列了。

五、蜜蜂世界的語言

社會性的動物必須發展一套彼此溝通的方式，否則整個社會組織將因溝通不良而無法正常運作。蜜蜂不會講話，因此她們以肢體動作和化學物質作為溝通的語言。

外勤蜂專司採集食物的工作，她們採集的食物必須供應族群所需，任務非常艱鉅，因此必須發展一套有效的採集策略。清晨時，外勤蜂中的偵查蜂即外出找尋食物，採集食物回巢後，她們便以「跳舞」的方式告知同伴食物源的方向和距離，以方便同伴前往採集，這些同伴採妥回巢後，再以相同的方式告訴其他同伴，如此一來，外勤蜂們便得以直接前往食物源採集食物，而不必浪費於漫無目的的摸索了。

除了肢體語言外，蜜蜂體上具有多種外分泌腺體，用來分泌多種化學物質傳達訊息，這種同種生物間用來溝通的化學物質稱爲「費洛蒙」。蜂后、工蜂、雄蜂都會分泌不同的費洛蒙，甚至幼蟲也會分泌費洛蒙與成蜂溝通。蜂后利用性費洛蒙來吸引雄蜂交尾，利用大顎腺分泌物抑制工蜂卵巢的發育；工蜂螫刺後，於螫刺同時會分泌警戒費洛蒙，引起其他工蜂的連鎖螫刺反應等。

六、蜂巢結構的奧祕

達爾文（Darwin, 1809-1882）說：「觀察蜂巢的結構而不稱讚者，是糊塗蟲。」到底蜂巢有什麼祕密呢？

工蜂從腹部的蠟腺分泌蜂蠟築成蜂巢，作爲蜂后產卵、育幼以及存放蜂蜜、花粉的貯藏室。據估計，工蜂分泌 1 公斤的蜂蠟，需要消耗大量的蜂蜜，而採集 1 公斤的蜂蜜，外勤蜂們必須飛行 32 萬公里才得以完成，相當於繞行地球 8 圈的距離，因此蜂蠟對蜜蜂而言非常珍貴。蜜蜂憑藉著本能，採用「最經濟原理」來建築她的蜂巢，也就是運用最少的材料——蜂蠟，創造最大的空間——巢房。

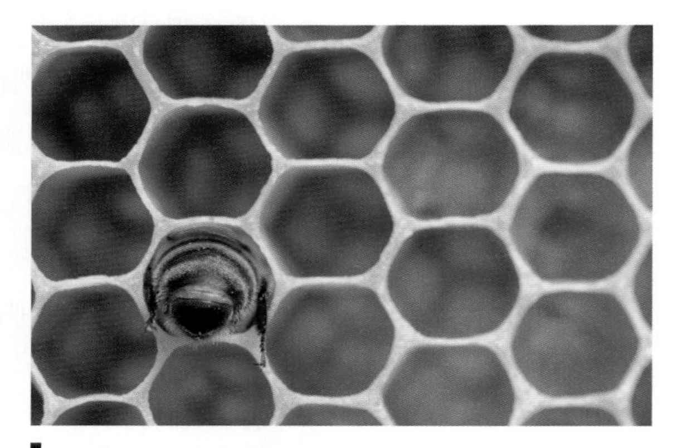
圖 1-6　六角形蜂巢

從正面看來，蜂巢是由許多正六邊形的中空柱狀貯藏室連結而成（圖 1-6）；從立體剖面來看（圖 1-7），它具有左右兩側的貯藏室，而且它的底部是由三個全等的菱形面組成，菱形面的內角分別爲 70°32'、109°28'。

圖 1-7　蜂巢結構的立體剖面

科學家對於蜂巢的結構，由觀察產生驚奇，進而提出兩個數學問題：

(1)爲何蜂巢正面是正六邊形？

(2)底邊爲何是三個全等的菱形面組成？它的內角爲何是 70°32'、109°28'？

第一個問題涉及古老的等周問題，即在平面上，要用固定長的線段圍成一塊封閉的區域，使其面積最大，應如何圍法？

對於這個等周問題，古希臘數學家澤諾多托斯（Zenodorus, 330 B.C.）已經證明得出下列結果：

※ 在所有的 n 邊形中，以正 n 邊形的面積最大，而且邊數越多，面積越大。

另一方面，古埃及人已經知道，用同一種形狀與大小的正多邊形地磚鋪地，只有正三角形、正方形與正六邊形等 3 種選擇。從以上數學理論發現，蜜蜂的蜂巢正面選擇正六邊形，符合了數學上極值的原理，以有限的蜂蠟原料，創造了最大的巢室空間。

第二個問題比較困難，爲什麼巢室底部不用平面結構，而由三個全等的菱形面構成？事實上，其中原因也是與極值有關，也就是說三個全等菱形面創造的空間最大，最能節省材料。

1712 年，巴黎天文觀測所的天文學家 G. F. Maraldi，他實際測量蜂巢菱形面的角度，得到的結果是 70°32' 與 109°28'。這個結果引起法國著名的博物學家 Rêaumur（1683-1756）的興趣，他認爲這個角度一定有原因，可能是蜜蜂以最少的蜂蠟做出最大容積的巢室有關。Rêaumur 就去請教瑞士的數學家柯尼希（Samuel König）如下的問題：

「給定正六角形柱，底部由三個全等的菱形構成，應如何做最節省材料？」

Rêaumur 並沒有告訴 König 這是有關蜂巢結構的問題。

König 用微分法解出了這個極值問題，算得結果 70°34' 與 109°26'，與蜂巢觀測值僅相差 2'，他們驚訝不已，蜜蜂居然也使用高等數學的原理建造巢房。關於相差 2 分的問題，後來經過其他數學家的重新計算，發現蜜蜂是對的，König 是錯的，他在計算時出現了一個小錯誤，因而結果有誤差。

第四節　保健功效卓著的蜂產品

蜜蜂具有奇妙的生物特性，又兼具經濟生產的重要性，因此在總數約 100 萬種的昆蟲世界中，她是被科學家研究最多的昆蟲之一。雖然，2,300 年前古希臘哲學家亞里斯多德已經開始研究觀察蜜蜂，但是，時至今日，蜜蜂的世界仍留下許多的謎團未知，等待你我一同探索呢！

本書著重於蜂產品的學術探討。飼養蜜蜂的生產品，除了人們熟知的蜂蜜、蜂王乳、蜂花粉外，還有蜂膠、蜂蠟、蜂毒、蜜蜂幼蟲、蜂蜜酒等，這些產品都來自蜂群，被人們取出後直接或加工利用。其中蜂蜜、蜂花粉及蜂膠是蜜蜂在田野中的採集物，蜂蜜及蜂花粉是蜜蜂的食物，蜂膠是蜜蜂修補巢房的物質。蜂王乳、蜂蠟、蜂毒是蜜蜂腺體的分泌物，蜂王乳是蜂后與蜂后幼蟲的食物，蜂蠟是築巢房的材料，蜂毒是蜜蜂的防禦物質。蜜蜂幼蟲直接取自蜂群，蜂蜜酒則是蜂蜜的加工品。

蜂產品用途廣泛、經濟價值很高，市場消費量大。隨著社會發展及科技進步，消費者對蜂產品的品質要求逐漸提高，但往往因爲對蜂產品的背景知識問題，擔心食用品質不佳的蜂產品而裹足不前，殊爲可惜。因此，本書以科學的角度探討上述蜂產品的來源、生產、成分及特性、加工及利用、品管，並特別收集全世界有關蜂產品的機能性研究成果，尤其是人體食用蜂產品相關的研究文獻，提供對蜂產品愛用者或有志從事蜂產品研究者的參考。

CHAPTER 2

人類最早的甜食——蜂蜜

蜂蜜（honey）是人類歷史最早的甜食，已經有 8,000 年以上的歷史。蜂蜜是由蜜蜂採集花蜜、植物芽端或腋下分泌的甜汁，攜回巢房中經過蜜蜂釀製及熟化後，再經由人爲取出的甜汁，是飼養蜜蜂的傳統產品。蜜蜂也會採集昆蟲分泌的蜜露，釀成的蜜稱爲甘露蜜（honeydew）。甘露蜜顏色深，香味較差。採收蜂蜜的過程，是把存滿蜂蜜的巢脾放於搖蜜機中，利用離心力分離出，或用其他方式將蜂蜜取出，經過濾、加工及裝瓶即可上市。由於蜂蜜種類繁多，理化性狀差異頗大，必須加以充分釐清與說明。

第一節 蜂蜜的來源與分類

一、蜂蜜的來源

(一) 蜂蜜的定義

蜜蜂採收植物花朵之花蜜（nectar）、植物外泌液（excretions）或昆蟲蜜露（honeydew），經蜜蜂釀製貯存於蜂巢之天然甜味物質。

(二) 釀造蜂蜜的原料

在正常情況下，蜜蜂主要採集花蜜來釀造蜂蜜。花蜜是植物花朵蜜腺所分泌的糖液，這些糖液來自綠色植物的光合作用，將空氣中的二氧化碳和土壤中的水分和其他元素，在陽光作用下製造營養物質，同時釋放氧氣。營養物質（主要是碳水化合物）除了供植物本身的生長發育外，剩餘的部分貯存在植物體內，當植物開花時，植物體內貯存的營養物質會被送到花朵部，一部分轉化爲糖汁，並貯藏在花的蜜腺裡形成花蜜，分泌出來以引誘昆蟲採集花蜜的同時附帶爲其傳粉。草本植物通常貯存的營養物質較少，多將光合作用的產物直接輸送至蜜腺分泌糖液。花蜜的主要成分是糖類的水溶液，糖分主要以蔗糖、果糖和葡萄糖爲主，水分含量一般在 40% 以上，此外還有甘露糖、蛋白質、有機酸、維生素、礦物質、色素及芳香性物質等。絕大多數花蜜的糖分以蔗糖爲主，其餘爲花蜜含蔗糖、果糖和葡萄糖的比例大約相等；少數花蜜以含葡萄糖和果糖爲主。

通常情況下，絕大多數蜜源植物（蟲媒花）每只花朵每天分泌少量的花蜜，而且於特定一段時間裡分泌，由於植物種類不同，其花蜜的分泌量相差很大。例如，一朵草木樨花每天分泌約 0.16 mg，但一朵大葉桉每天可泌蜜高達 76.3 mg。此外，外界因素如溫度、溼度、土壤肥力、水分以及植物本身（泌蜜分大小年）對植物泌蜜影響也很大。因此研究植物的泌蜜規律，及對蜜源植物正確地預測，是養蜂獲得高產的重要因素之一。

(三) 蜂蜜的釀造過程

蜜蜂採集花蜜，經過一番反覆加工釀造製成蜂蜜才能利用。此釀造過程需經過物理過程與化學過程，這些處理都是爲了讓蜜汁得以減低貯存空間並延長其保存時限；物理過程即去除花蜜中多餘的水分。一般花蜜中的水分含量在 40% 以上，有的高達 60% 以上，這種低濃度的糖液易發酵變質，當外勤蜂將花蜜採回蜂巢時，立即將其傳送給內勤蜂。內勤蜂將接收的蜜滴用伸長的口吻，不斷地來回吐出再吸入，如此增加蜜汁曝氣的效率，達到降低水分的目的。另一方面，一部分內勤蜂又會不斷地搧風，將水氣排出蜂箱，尤其當外界大量流蜜，傍晚外勤蜂回巢後又會加入搧風的工作，此時蜂場往往可聞到花蜜散發的香氣。另外，釀蜜時蜜蜂又會加入各種酵素，一則以葡萄糖氧化酶（glucose oxidase）將葡萄糖水解產生葡萄糖酸（gluconic acid）與過氧化氫，藉以殺滅微生物；再則以轉化酶（invertase）將蜜汁中的蔗糖轉化爲單糖，此即爲釀蜜的二個化學變化。

(四) 甘露蜜

當外界缺乏蜜源植物或於非流蜜期，蜜蜂就會採集甘露或蜜露來釀製蜂蜜，這種蜂蜜稱爲甘露蜜。甘露是昆蟲的分泌物，尤其是半翅目（蚜蟲、介殼蟲等），這類昆蟲大量吸食植物的汁液，但不會完全消化吸收，而自腹部的蜜管排出多餘的水和糖分，這類分泌物味甜而形似露水，稱爲「甘露」。蜜露則是植物細胞的滲出物，當外界溫度急劇變化或植物體遭受微生物侵害時，受害組織也會分泌出大量的含糖液汁，稱爲「蜜露」。甘露蜜的顏色較深，果糖和葡萄糖的含量低於花蜜釀成的蜂蜜，多醣類、pH 值、酸度、灰分和含氮量則較高。對蜜蜂而言，她們比較不喜歡採集甘露或蜜露，對消費大眾而言，這種甘露蜜的風味與品質也較差。

二、蜂蜜的分類

蜂蜜的種類可按幾種方法來區分：蜜源的種類、採蜜的季節或地區、蜂蜜的物理性狀、蜂蜜的生產方式等。

(一) 蜜源的種類

不同的地區有不同種類的蜜源植物，按蜜蜂採集蜜源植物的花蜜不同（單花蜜），以植物來命名可分爲龍眼蜜（圖 2-1、圖 2-2）、荔枝蜜、柑橘蜜、蒲姜蜜、向日葵蜜等。如果蜜源植物的花期重疊，生產的蜂蜜也會混合。兩種蜜源混合，可同時使用兩種植物名稱，如龍眼荔枝蜜；多種蜜源混合，可用百花蜜（或雜花蜜）命名。以蜜源的種類來分類，可以表達其風味，是比較通用的方法。

圖 2-1　龍眼樹下蜂箱
龍眼樹為臺灣最重要的蜜源植物，流蜜期約於每年 4 月。

(二) 採蜜的季節或地區

在不同季節採集的蜂蜜，因爲蜜源植物開花期不長，蜜蜂採集多種植物的花蜜無法明確區分時，可用季節

圖 2-2　蜜蜂採集龍眼花
龍眼花盛期會散發濃郁的香氣，吸引大量的蜜蜂採集花蜜。

命名，如春季採收的蜂蜜是春蜜（spring honey）。此外，有秋蜜（autumn honey; fall honey）、夏蜜（summer honey），也可用地區來命名，如高山蜜（mountain honey）、沙漠蜜（desert honey）等。再者，蜜蜂採集同種植物蜜源仍可能因不同的植物品系、栽種地區的地理條件與流蜜時的氣候因子等影響其風味，例如臺灣產的龍眼蜜與泰國龍眼蜜即具不同風味。因此，結合蜜源與產地更可契合蜂蜜的分類。

(三) 蜂蜜的物理性狀

蜂蜜有結晶的特性（圖 2-3），此爲一種物理變化，與品質的好壞無關。按蜂蜜的物理性狀可分爲結晶蜜（crystallized honey）、半結晶蜜（semi-solid honey; granulated honey）或液態蜜（extracted honey; liquid honey）。結晶蜜或半結晶蜜可加工處理製成乳酪狀的蜂蜜乳，供塗麵包食用。

圖 2-3　蜂蜜具有結晶的特性

(四) 蜂蜜的生產方式

直接把貯蜜的巢脾切割成塊狀，或以特殊的巢脾放入蜂群中生產的帶蜜塊狀巢脾稱爲巢蜜（comb honey）（圖 2-4）。巢蜜以巢脾的形狀區分，可分爲塊狀、片狀、大片狀等，再加以細分又有不同名稱。

圖 2-4　以特殊的巢脾放入蜂群，生產帶蜂蠟的巢蜜

此外，採於岩石縫隙中小蜜蜂或大蜜蜂的蜂蜜，稱爲石蜜或岩蜜（rock honey）；蜜蜂採集昆蟲分泌的蜜露釀成的稱爲甘露蜜；經加熱處理過度有焦味的蜜稱爲焦蜜（overheated honey）；從未曾育幼之巢脾中取出的蜜稱爲純潔蜜（virgin honey）；以化學物質人工合成的蜜稱爲人造蜂蜜（artificial honey）；用蔗糖或果糖餵到蜂箱中採收的蜜稱爲糖蜜（sugar honey）；壓榨及加熱後的蜜稱爲黏稠蜜（gummy honey）；蜂蜜中的水分過高、發酵、不潔或加熱過度只可供烘培用的蜜稱爲烘培蜜（bakery honey; baking honey）等。糖蜜及人造蜂蜜，在許多國家是不准標示爲蜂蜜名稱在市場發售的。

第二節 蜂蜜的生產

蜂巢中的蜂蜜在封蓋後才算是成熟，成熟的蜂蜜巢脾放入搖蜜機中，用離心原理抽取出來就是蜂蜜。在流蜜時期，採蜜日期的間隔與流蜜期的長短、流蜜量的大小及蜂群的強弱有關，通常約每週採收一次爲正常。採蜜的間隔時間過短，採收蜂蜜中的水分含量較高，貯存期間容易發酵變質。在採蜜期以繼箱式飼養蜂群，使幼蟲區與貯蜜區分開，採收的蜂蜜品質較爲優良。單箱式飼養的蜂群，採蜜時容易將花粉及蜜蜂幼蟲等混入蜂蜜中，不容易去除。

每年越冬之際，最好能夠更新巢脾。同一種花蜜來源，在新巢脾上所採收的蜂蜜顏色較淺，在老舊變成黑色的巢脾上蜂蜜則會吸收房室中的色素，使採收的蜂蜜顏色變深。有些老舊巢脾上所採的蜂蜜，不但變色還會變成混濁狀，而且容易帶有病蟲害的病原或蟲卵。

一、脫蜂的方法

蜂蜜的採收過程與養蜂者的經營型態有密切的關係，採蜜時第一個程序是脫蜂，脫蜂是將蜜蜂從巢脾上脫除，如此才能把蜜片置入搖蜜機取蜜，使用的方法有數種。

(一) 抖落法

爲臺灣傳統常見的方法。將巢脾自蜂箱中取出後，用力迅速抖落成蜂於蜂箱內或巢門前，巢脾上剩餘附著的成蜂再用蜂刷刷除，完成脫蜂的手續（圖 2-5）。這種方法是最簡單的方法，需要一點技巧並且力道要正好，力道太強或太弱對蜜蜂都會損傷。

圖 2-5　利用蜂刷來刷除蜜片上的蜜蜂

由於採蜜期的抖蜂需要高度的技巧與人力，目前臺灣已開發電動的抖蜂設備（圖 2-6），可大幅節省人力；也同時開發了電動掃蜂機（圖 2-7）來取代蜂刷掃蜂，搭配兩者電動機具，可以更有效率地完成脫蜂的工作。

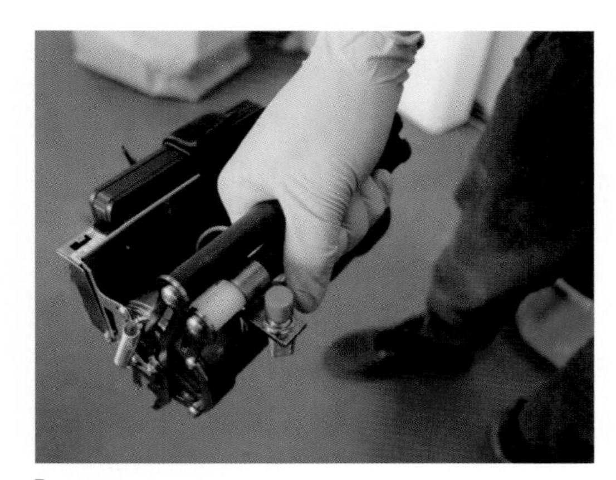

圖 2-6　電動抖蜂機

圖 2-7　電動掃蜂機

(二) 脫蜂板法

飼養蜂群數目較少而且使用繼箱養蜂的蜂農，可用脫蜂板法脫除蜜蜂。在繼箱及育幼箱之間加一片脫蜂板（bee escape），晚上天氣寒冷蜜蜂則自動轉到下方的育幼箱中。此法可使蜜蜂不受干擾，但是效果並不理想。大規模的養蜂場多使用電動吹蜂機（bee blower）（圖 2-8），用以吹掉巢脾上的蜜蜂。吹風機強壓的風力，不必用脫蜂板可將蜜蜂吹入下方的育幼箱內。電動吹風機每分鐘風葉旋轉 3,600 次，送出 1,500 立方呎的風力，不過只適用在 15～18 公分的繼箱，太深的繼箱蜜蜂會結群不散，使用效果不良。

(三) 忌避劑法

使用較普遍的忌避劑是苯甲醛（benzaldehyde）及丁酐（butyric anhydride）等。先將忌避劑噴到布墊上放入蜂箱內，蜜蜂會相繼往下方的育幼箱中移動。使用忌避劑之前，最好先在繼箱的上方噴放一點煙，讓蜜蜂先行離開，忌避劑布墊的效果會更好。忌避劑使用的濃度、用量、使用時間及使用時的溫度等都會影響蜂群，會使蜜蜂麻醉或汙染蜂蜜，要特別注意。

圖 2-8　利用電動吹蜂機吹掉巢脾上的蜜蜂

二、蜂蜜的搖取

脫蜂之後，蜜脾放入空箱中搬運到搖蜜機，準備搖取蜂蜜。搬運時要使用溼布將蜜脾箱蓋上，以防止盜蜂，尤其在採蜜後期缺乏蜜源時要特別注意。臺灣蜂農搬運蜜脾箱，多用挑運或手持，尚未使用搬運車，適用於養蜂場使用的搬運車則尚待研究開發。

臺灣蜂農搖取蜂蜜時，先將蜜脾箱放入臨時搭設的蚊帳帳棚中，搖取蜂蜜的一切工作都在帳棚中操作。搖取蜂蜜時蜜蜂會向搖蜜機附近聚集，使用蚊帳的帳棚，一則可以防止蜜蜂干擾，再則蚊帳的帳棚通風良好，也使工作人員不至於太熱。

蜂蜜搖取之前，蜜脾上如有封蓋必須先行割除房蓋，稱爲割蜜蓋。臺灣的蜂農多使用單刃的割蜜刀來割蜜蓋。割除蜜蓋時，先自蜂箱中抽出蜜脾，蜜脾的一端放置於特製的承架上，割蜜刀由上而下割除蜜蓋（圖 2-9），使蜜蓋正好落入下方的盛箱中收集。割除蜜蓋後的蜜脾放入搖蜜機中，將蜜脾中的蜂蜜分離。蜜脾放入搖蜜

圖 2-9　割蜜刀割除蜜蓋

機要左右平均，以防止搖蜜機劇烈震動。搖蜜時宜由慢而快、停止時由快而慢，不宜用力過猛，否則巢片會破壞損傷。割蜜刀在使用後放入盛有溫水的桶中，以清除刀上黏著的蜂蜜。割蜜刀如果黏著蜂蜜，割除蜜脾時會使巢房不平整，放入蜂群後易產生雄蜂房。國外使用電熱式或蒸氣式割蜜刀多年，值得國內引進使用。

美國與澳洲大規模的養蜂場，蜂蜜搖取的過程與本地的作業方式有很大的差異。蜜脾脫蜂後放入空繼箱，以機械運送到蜂蜜處理房（honey house，或簡稱蜂蜜房）。有些蜂農在蜂蜜房內處理蜂蜜採收、蜂蜜貯存、蜂蜜脫水、蜂蜜分裝、蜂蜜出貨的複雜工作。大型的蜂蜜房，甚至有卡車出入車道、上下貨道等特殊設計，以利作業。有些蜂農將蜂蜜搖取的工作設置在特殊的貨櫃拖車上，便於巡迴分散且較遠的養蜂場採蜜，也有些蜂農將放入空繼箱的蜜脾先置放在蜂蜜房或特殊的乾燥室（drying room）中用熱空氣處理，以減少蜂蜜的含水量。

割除蜜蓋有電動割蓋機，1923 年加拿大的亞瑟霍奇森（Arthur Hodgson, 1818-1902）首先研製成功，每分鐘可處理 9 片蜜脾。一般的電動割蓋機，每分鐘可處理 6～11 片蜜脾。最新出產的電動割蓋機，每分鐘可處理 24 片深蜜脾或 36 片淺蜜脾（圖 2-10），割除蠟蓋後的蜜脾不受損壞，割除的蠟蓋自動掉入另一容器中熔成蠟塊。割除的蠟蓋上往往附著不少的蜂蜜，爲了收取附著的蜂蜜，有數種方法可供處理，約可回收 50% 的蜂蜜。

圖 2-10　結合割除蜜蓋與搖蜜的大型一貫作業的搖蜜機

1. 滴漏法：割除的蠟蓋用特製的漏網容器盛裝，讓蜂蜜慢慢滴入盛蜜的容器。
2. 離心法：割除的蠟蓋放入特製的離心用容器，放於搖蜜機中取蜜。
3. 壓榨法：先用滴漏法處理後，再將蠟蓋放入濾網內用壓榨器榨取蜂蜜。
4. 熔解法：割除的蠟蓋放入雙重加熱鍋中加熱，蜜與蠟會自動分離。溫度需控制適當，否則蜂蜜會變劣質。
5. 蜜蠟分離機：有一種特殊的蜜蠟分離機（honey/wax separator）出售，專門處理割除蠟蓋的蜂蜜。

圖 2-11　放射型搖蜜機

4 框式搖蜜機，每分鐘可轉 300 次，3 分鐘可處理一次。電動 8 框式搖蜜機，每分鐘可轉 350 次，2.5 分鐘可處理一次。常用的搖蜜機多爲 2～8 框式，放射型搖蜜機（圖 2-11）有 12～50 框式，兩型搖蜜機都有手搖及電動規格。美國專業養蜂場使用最大的電動搖蜜機是 240 框式。美國發展出高速電動搖蜜機，使用 2～10 匹馬力的電子馬達，旋轉速度可達 1,100～2,000 rpm，使用的框數分別爲 4、10 及 36。這種高速旋轉的搖蜜機可使結晶的蜂蜜，自蜜脾上取出。高速電動搖蜜機不能使用一般木質框的巢脾，必須使用特製品。小型搖蜜機取蜜，每天約可收取數十公斤蜂蜜，大型專業養蜂場每天約可收取數千公斤蜂蜜。

使用搖蜜機採收蜂蜜是先進的方法，採收的蜂蜜稱爲分離蜜。目前世界各地仍有多種不同的方法採收蜂蜜，例如採收野生蜂群的蜜片用布袋包裹巢脾壓榨蜂蜜，用濾布包裹使蜂蜜自巢脾中慢慢流出等落伍的方法。

流蜜期第一次採收的蜂蜜稱爲「頭期蜜」，可能混有越冬期餵飼的糖蜜，宜另外收存，有些國家特別指定這種蜂蜜只能提供烘培糕餅之用，不得以純蜂蜜出售。採蜜期氣候適宜時，7 天後可採收第二次蜂蜜；如遇陰雨氣候，則需停止採蜜，不宜以餵糖水的方法採蜜。採蜜期的蜂勢很強，遇到連續的陰雨氣候、蜂箱中貯蜜的濃度很低，採收後蜂蜜的含水量會較高，這種蜂蜜在貯存時容易發酵變質。採蜜時期如果以繼箱養蜂，則可避免這種問題。

三、蜂蜜的過濾

蜂蜜的過濾，主要是濾出蜂蜜中的雜質、蜂蠟及蜜蜂的殘骸。蜂蜜的過濾與溫度有密切的關係，蜂蜜有黏滯性，溫度在 37.8～43.3℃ 時黏滯性降低，方便過濾。臺灣蜂蜜的過濾是使用兩層式的金屬濾網漏斗（圖 2-12），漏斗放於貯蜜桶上，將採收的蜂蜜以電動抽蜜機（圖 2-13）將搖蜜機內的蜂蜜導入漏斗中流下，存入貯

圖 2-12 過濾蜂蜜用的金屬濾網漏斗

圖 2-13 電動抽蜜機，有直流電與交流電兩種規格

蜜桶。使用方便，但是過濾的效果不良。尤其漏斗的尖口直直朝下，過濾後的蜂蜜流入貯蜜桶中，會產生許多氣泡不易消除。如果將漏斗改裝成尖口斜向貯蜜桶的壁面，使蜂蜜能順著桶壁流入貯蜜桶中，就不容易產生氣泡。

簡便型的加熱過濾器，是用一組直徑 3.2 公分、18 公尺長的管子，管子的外圍纏繞一圈有絕緣體保護的電熱線，電熱線採用 100 瓦特的電流，使溫度加熱到 38℃。管子另一端接到有濾網的漏斗，再接到貯蜜桶。蜂蜜經過加熱管的速度要有適當的控制，使蜂蜜受熱均勻。濾網的規格有多種，每英吋有 24、30、40、60、80、100 與 120 網目等。網目越多，過濾越乾淨，但是蜂蜜越不容易流過。

大規模的養蜂場中，蜂蜜的過濾使用大型固定的加熱過濾器，另有抽蜜電動馬達、貯蜜槽、保溫槽等設備，各種設備有適當的位置搭配，通常這些設備安置在蜂蜜房中，進行一貫作業。有使用水浴間接加熱的加熱過濾器，使蜂蜜的溫度加熱到 38～43℃ 之間。而有使用加壓過濾器過濾，加壓處理的過濾速度較快。

四、蜂蜜的存放

採收的蜂蜜，臺灣蜂農多存放於 50 加侖的鐵桶中。鐵桶經過清洗後於內壁塗布一層蜂蠟，藉以貯存蜂蜜。蜂蜜不能與鐵桶壁接觸，否則長期貯存後蜂蜜的顏色會加深、有鐵味及蜜質變劣。有些貯蜜桶已改用不鏽鋼材質，衛生條件較佳，但價格不斐。如果採收的蜂蜜水分太高，容易在桶中發酵並產生氣泡。蜂蜜的貯存部分參見本章第五節。

第三節 蜂蜜的成分

蜂蜜的成分受蜜源植物種類、採蜜期氣候、養蜂者的管理及採蜜方式等的影響很大，美國蜂蜜 490 個樣本的平均成分如表 2-1（White, 1992）。龍眼蜂蜜是臺灣最具代表性的蜂蜜，參加 2012 年全國龍眼蜂蜜評鑑比賽的樣品共 148 件，理化分析數值如表 2-2。蜂蜜的基本成分主要爲醣類與水分，其中醣類以單醣爲主，約占 60～85%，水分含量 12～23%，其餘爲少量的花粉、酸類、微量元素、酵素、蛋白質、維生素與類黃酮（flavonoids）。

表 2-1　蜂蜜的成分

成分	平均值	標準差	範圍
水分（%）	17.2	1.5	12.2～22.9
果糖（%）	38.4	1.8	30.9～44.3
葡萄糖（%）	30.3	3.0	22.9～40.7
蔗糖（%）	1.3	0.9	0.2～7.6
麥芽糖（%）	7.3	2.1	2.7～16.0
高糖類（%）	1.4	1.1	0.1～3.8
酸類（%）	0.57	0.20	0.17～1.17
灰分（%）	0.169	0.15	0.02～1.028
含氮量（%）	0.041	0.026	0.00～0.133
酸鹼值（pH）	3.91		3.42～6.10
澱粉酶值	20.8	9.8	2.1～62.1

表 2-2 參加 2012 年全國龍眼蜜評鑑比賽的蜂蜜樣品分析數值

樣品數	水分（%）	蔗糖（%）	還糖類（%）	水不溶物（%）	酸度（meq H^+/kg）	澱粉酶值	HMF（ppm）
n=148	18.14 ±0.57*	0.10 ±0.40	71.88 ±1.13	0.03 ±0.02	13.65 ±4.49	19.37 ±7.64	0.52 ±1.15

* 平均 ± 標準差。

一、水分

蜜蜂採集的花蜜含有較多的水分，經蜜蜂釀成蜂蜜後水分含量降低成為蜂蜜，成熟的蜂蜜平均含水量在 17.2%。蜂蜜中的水分含量多寡，受到採蜜期的雨水、花蜜中水分含量、蜂群強弱、蜂蜜在蜂箱中是否熟化等因素影響。此外，採蜜時蜜脾是否封蜜蓋、採收的蜂蜜貯存是否適當，也會影響蜂蜜的水分含量。一般蜜脾封蓋率在 80% 以上，被認為蜂蜜已釀造成熟，此時的含水量不超過 20%，因此我國 CNS 1305 蜂蜜標準要求含水量低於 20%。含水量是影響蜂蜜品質及蜂蜜結晶的一項重要因素，同時也會影響蜂蜜的色澤、水活性、黏度、風味、密度及折射率等物理特性。低水分的蜂蜜可長期貯存而不易變質。在臺灣，每年 4 月為主要的流蜜期，此時氣候晴雨不定，蜂農為講求蜂蜜的最大產量，通常無法讓蜂蜜留待蜂群釀製成熟，造成蜂蜜的含水量普遍偏高，必須經人為的脫水濃縮，才能避免發酵變質。一般而言，蜂蜜含水量在 18～19% 為佳；含水量 19～20% 者，仍可能因保存不當而導致緩慢發酵。從表 2-2 觀之，參加 2012 年全國龍眼蜂蜜評鑑的樣品，含水量平均為 18.14 ± 0.57%，顯見多數蜂農已了解蜂蜜含水量的重要性。

二、醣類

蜂蜜的固形物中，95% 以上是醣類，大部分是單醣類。醣類以分子結構的大小分為單醣類、雙醣類及多醣類。葡萄糖、果糖、半乳糖等是單醣類；蔗糖（含葡萄糖及果糖）、麥芽糖（含兩單位葡萄糖）及乳糖（含葡萄糖及半乳糖）等是雙醣類。花蜜中一般含有 40～50% 醣類，主要為蔗糖、葡萄糖及果糖，其中以蔗糖占最大量，但蜜蜂在釀蜜過程會分泌轉化酶（invertase）將蔗糖轉化爲果糖與葡萄糖，使得葡萄糖及果糖約占蜂蜜中總醣類 85～95%，它們是蜂蜜的甜味、營養成分及一些物理特性的主要來源，而且二者具有還原性，又稱爲還原糖。一般而言，果糖與蜂蜜的吸溼性（hygroscopicity）有關，因爲其水溶性大於葡萄糖。蜂蜜的結晶則是因其葡萄糖處於過飽和溶解的狀態下，與水分子鍵結形成固態的葡萄糖水合物，使其結晶物與液態狀的蜂蜜分離析出。大多數蜂蜜的果糖含量高於葡萄糖，少數葡萄糖量較高，也有少數蜂蜜的蔗糖含量較高超過 5%，如德國產的石南蜜、美國少數地區產的柑橘蜜及紫花苜蓿蜜等。此外，蜂蜜中還有其他微量的雙醣及多醣的衍生物，如麥芽糖（maltose）、異麥芽糖（isomaltose）、海藻糖（trehalose）、棉子糖（raffinose）、松二糖（turanose）、松三糖（melezitose）、蜜二糖（melibiose）、龍膽二糖（gentiobiose）、maltulose、nigerose、kojibiose、palatinose 等。這些微量醣類，有些在花蜜中並未發現，可能是由蜜蜂採集昆蟲分泌的蜜露或微生物發酵產生。

三、有機酸類

蜂蜜很甜往往使人們忽略其中所含的有機酸類，事實上它們是構成蜂蜜具有不同風味的主要原因。蜂蜜中最主要的有機酸類爲葡萄糖酸（gluconic acid），它源自於蜜蜂分泌葡萄糖氧化酶（glucose oxidase）將葡萄糖氧化產生葡萄糖酸與過氧化氫（H_2O_2），如此使得蜂蜜具有抑菌性。此外，蜂蜜中尚含有檸檬酸（citric acid）、酪酸（butyric acid）、醋酸（acetic acid）、甲酸（formic acid）、蘋果酸（malic acid）、琥珀酸（succinic acid）、乳酸（lactic acid）等。

有機酸在食品中扮演重要的角色，它們大多可溶於水，而且影響食品的色、香、味、穩定性和品質的好壞，蜂蜜自然也不例外。食品中有機酸類含量常以酸度（acidity）表示，其單位爲「毫克當量 / 千克」（milliequivalents per kilogram, meq / kg），此單位可乘以特定係數而轉換爲特定有機酸的當量，例如蜂蜜主要的有機酸爲葡萄糖酸，則 1 meq / kg 相當於 0.0196% gluconic acid（19.6 mg%），即 100 g 蜂蜜樣品含 19.6 mg 葡萄糖酸。新鮮蜂蜜的酸度較低，它是衡量蜂蜜質量標準的指標之一，我國 CNS 1305 蜂蜜標準要求在 40 meq / kg 以下。酸度過大，通常爲蜂蜜中的耐糖性酵母菌增殖產生酒精，再由醋酸菌將酒精變成醋酸，因而提高蜂蜜的酸度。另一常被用以表示樣品溶液的酸度單位爲 pH 值，其代表溶液中氫離子的濃度，pH 值等於 7 時是中性，低於 7 是酸性，高於 7 是鹼性。由於 pH 值受樣品中無機離子的影響甚鉅，因此低 pH 值並不表示樣品的有機酸類含量高（表 2-3）。蜂蜜的 pH 值約 3.9，範圍在 3.10～4.05，約相當於弱醋酸。

表 2-3　巴西產蜂蜜樣品的 pH 值與酸度

樣品編號	pH 值	酸度	樣品編號	pH 值	酸度
M01	3.56	38.5	M07	4.05	39.5
M02	3.84	38.2	M08	3.84	32.2
M03	4.00	28.5	M09	3.54	36.3
M04	3.75	39.0	M10	3.10	28.2
M05	3.65	36.4	M11	3.46	28.2
M06	3.82	35.0	M12	3.20	32.1

※ 資料摘自 Azeredo et al.（2003）

四、礦物質

蜂蜜中礦物質（灰分）的含量很少，只占 0.17%（範圍在 0.02～1.0%），因蜂蜜種類不同差異很大。其中的鈣及磷含量最高，具有其他動物生長需要的鎂、鐵、銅、錳、碘、鋅、鉬等。鐵是血紅素及一些酵素的必要成分，鎂與酵素及代謝作用有關，銅與皮膚色素有關，深色的蜂蜜所含的礦物質量較高。重要的礦物質含量如表 2-4（White, 1992）。表中可發現蜂蜜中的鉀含量遠高於鈉含量，而一般以高果糖漿製成的人造蜜則反之，因此 Na/K 比例亦可作爲判斷蜂蜜眞僞的特徵之一。

表 2-4　蜂蜜中的礦物質含量（ppm）

礦物質	樣本數與色澤	平均含量	範圍
鉀（potassium）	13 淺	205	100～588
	18 深	1,676	115～4,733
鈉（sodium）	13 淺	18	6～35
	18 深	76	9～400
鈣（calcium）	14 淺	49	23～68
	21 深	51	5～266
鎂（magnesium）	14 淺	19	11～56
	21 深	35	7～126
鐵（iron）	10 淺	2.40	1.20～4.80
	6 深	9.40	0.70～33.50
銅（copper）	10 淺	0.29	0.14～0.70
	6 深	0.56	0.35～1.04
錳（manganese）	10 淺	0.30	0.17～0.44
	10 深	4.09	0.46～9.53
氯（chlorine）	10 淺	52	23～75
	13 深	113	48～201
磷（phosphorus）	14 淺	35	23～50
	21 深	47	27～58
硫（sulfur）	10 淺	58	36～108
	13 深	100	56～126
矽（silicon）	10 淺	9	7～12
	10 深	14	5～28

五、酵素

酵素是細胞中的複合蛋白質，能催化引起細胞內外的化學反應及作用。一般而言，酵素對熱敏感，蜂蜜加工過程中加熱不當，蜂蜜貯放過久或貯放環境不良，皆易使蜂蜜中的酵素喪失活性。我國的蜂蜜 CNS 標準即把酵素活性標準列入其中。蜂蜜中的主要的酵素有：轉化酶（invertase）、葡萄糖氧化酶（glucose oxidase）、澱粉酶（diastase），此外尚有酸性磷酸酶（acid phosphatase）及催化酶（catalase）。

(一) 轉化酶

蜂蜜中的轉化酶（invertase）幾乎全部是由蜜蜂釀蜜時加入，一般認爲來自成蜂的下咽頭腺，只有極少量是來自於蜜蜂採集的植物。在所有蜜蜂添加於蜂蜜的酵素中，轉化酶是其中最重要者，它可將 1 分子蔗糖轉化爲 1 分子葡萄糖及 1 分子果糖，如此增加其滲透壓，使得蜂蜜的水活性下降，蜂蜜得以長期貯存而不易受雜菌汙染。蜜蜂分泌的轉化酶是屬於 *α*- 葡萄糖苷酶（*α*-glucosidase），它也可使麥芽糖或其他醣類轉化爲 *α*- 葡萄糖。酵母菌的轉化酶與一般植物的轉化酶是屬於果糖苷酶（fructosidase），其將轉化的葡萄糖游離於水中，或與其他醣類結合形成較複雜的產物；蜂蜜中也含有少量此種植物類型的轉化酶，使得蜂蜜含有許多量微且不常見的醣類。

蜂蜜從蜂巢搖下後，轉化酶仍可繼續作用，使得蜂蜜中的蔗糖含量緩慢下降。有些蜂蜜（柑桔蜜、三葉草）的蔗糖含量高，此可能因其流蜜量太大或花蜜的蔗糖量高，使得蜜蜂分泌的轉化酶相對不足，無法適時地分解蔗糖所致。新鮮柑桔蜜常因蔗糖量過高而不被國際市場接受（一般容許量爲 5% 以下），但往往貯放於室溫（24～30℃）數週或數月後，由於轉化酶持續作用，蔗糖量因此下降至容許範圍。

轉化酶催化反應的最適條件爲 pH 5.9、40℃。大部分的蜂蜜，轉化酶的活性約爲 80～120 單位／公斤，它對熱敏感，高溫會明顯破壞其活性，根據 White et al.（1964）的研究（表 2-5），在 25℃ 的貯存條件下，轉化酶活性的半衰期約是 250 日，澱粉酶則是 540 日；當溫度升高至 60℃，轉化酶半衰期只有 4.7 小時，澱粉酶則是 1.1 日，可見轉化酶對熱的敏感度更甚於澱粉酶。對蜂蜜的加工品質而言，轉化酶的重要性極高，但由於測定過程較爲繁複，反而不列入蜂蜜品質檢驗項目中，而是藉由測定澱粉酶值作爲蜂蜜加工品質的指標。

表 2-5　貯存溫度對蜂蜜轉化酶與澱粉酶的半衰期時間

貯存溫度（℃）	轉化酶半衰期	澱粉酶半衰期
10	9,600 日	12,600 日
20	820 日	1,480 日
25	250 日	540 日
30	83 日	200 日
35	28 日	78 日
40	9.6 日	31 日
50	1.3 日	5.4 日
60	4.7 小時	1.1 日
70	47 分鐘	5.3 小時
80	8.6 分鐘	1.2 小時

(二) 葡萄糖氧化酶

花蜜的含水量高，蜜蜂釀蜜時加入葡萄糖氧化酶（glucose oxidase）產生葡萄糖酸，如此低 pH 值可避免蜂蜜的發酵。另一方面，過氧化氫則具強烈的殺菌力，使蜂蜜有殺菌效果。值得玩味地，葡萄糖氧化酶只有在稀釋的蜂蜜液才會產生作用，亦即花蜜初釀時作用強，而此時的蜜汁最易受雜菌汙染；當蜂蜜熟成時（含水量降至 18～19%），葡萄糖氧化酶即停止作用，此時蜂蜜的高滲透壓足以使微生物無法增值；事實上，若以水稀釋蜂蜜飲用，此時葡萄糖氧化酶又會開始作用，使蜂蜜汁具有抑菌的功能，然葡萄糖氧化酶對熱敏感，水溫過高可能影響其活性。

(三) 澱粉酶

澱粉酶（diastase）也是蜜蜂釀蜜時加入的，它源自蜜蜂的下咽頭腺，可分解澱粉，在蜂蜜中的作用仍不明瞭，因爲花蜜是不含澱粉的；有些學者認爲澱粉酶可幫助蜜蜂消化蜂蜜中的花粉粒。澱粉酶可分爲 α、β、與 γ 等 3 種型態，蜂蜜屬於 α-澱粉酶。蜂蜜澱粉酶對溫度敏感，其活性隨溫度與貯放時間成反比，再加上其活性測定容易，可作爲蜂蜜加熱不當或貯放新鮮度的指標。我國蜂蜜 CNS 1305 標準即明定澱粉酶值須達 8 以上。蜂蜜於 30℃ 貯放 200 天，澱粉酶活性會被減低一半（表

2-5），而同樣的破壞在 60℃ 時只需 1.1 天，70℃ 則僅需 5.3 小時。

由於澱粉酶活性測定，被國際間列入蜂蜜品質的必檢項目，也經常被影射爲蜂蜜品質的指標成分，也就是說，澱粉酶活性越高，隱含著蜂蜜的品質越佳。事實上，澱粉酶是一種常見的酵素，人體的唾液就有澱粉酶，將其類比代表蜂蜜品質的優劣，實爲過度解釋。再者，有些蜂蜜的澱粉酶活性原本即偏低，例如柑橘蜜。有些國家會針對特定的單花蜂蜜，制定較低的澱粉酶活性標準，例如國際間最常依據的 CODEX 12-1981（Standard for Honey）即指出一般蜂蜜的澱粉酶值≧ 8，但有些澱粉酶含量原本就較低的蜂蜜，澱粉酶標準可下修爲≧ 3。

在臺灣，也有一些澱粉酶活性偏低的蜂蜜，例如：烏桕蜜、紅淡蜜。它們的口感與風味都很好，但澱粉酶活性只有 4～6，常因此被誤認爲是次等蜂蜜。目前 CNS 1305 已將烏桕蜜的澱粉酶活性修訂爲 3 以上，但紅淡蜜則尚未修訂，建議有關單位應正視這個問題，適度地修訂標準，避免消費者與生產者的困擾。

六、蛋白質

蜂蜜中的蛋白質含量很少，其含量隨蜂蜜的蜜源而有很大的差異。蜂蜜中的蛋白質約有一半以膠質體（colloidal material）形式存在，這些蛋白質膠體含量雖微，但在特定物理化學因素影響下，例如鹽析作用、改變 pH 值、加熱、超音波、重金屬、有機溶劑等因素，蛋白質顆粒會失去電荷、脫水、甚至變性，因而從蜂蜜溶液中以固態形式析出，造成蜂蜜溶液產生沉澱的現象，這些沉澱物一般均爲蛋白質。蜂蜜中蛋白質的來源，一則來自蜜蜂體，例如釀蜜過程中加入的酵素，其餘來自植物的花蜜，或採集過程中混入的花粉粒。Azeredo et al.（2003）曾分析巴西不同蜜源的蜂蜜樣本，發現其蛋白質含量隨蜜源不同而差異甚大，高蛋白質蜜源如茜草科（Rubiaceae）的輪生豐葉草（*Borreria verticillate*），其蜂蜜中的蛋白質達 2.0 mg / g 以上，柑桔（*Citrus*）與油加利（*Eucalyptus*）蜜源則爲 0.5～1.0 mg / g，斑鳩菊（*Vernonia*）蜜源爲主的蜂蜜樣本則蛋白質含量不到 0.2 mg / g。臺灣龍眼蜜也是屬於高蛋白質含量的蜂蜜，Chen et al.（2018）檢測 2012～2017 年採收的蜂蜜樣本，臺灣龍眼蜜的蛋白質含量最高，平均達 1.35±0.17 mg / g（$n = 101$，範圍

0.93～1.73 mg / g）；臺灣荔枝蜜的含量次之，蛋白質含量爲 0.87±0.16 mg / g（n = 14，範圍 0.64～1.13 mg / g）；值得注意的是，泰國龍眼蜜的含量較低，蛋白質含量僅 0.72 ± 0.10 mg / g（n = 50，範圍 0.48～0.96 mg / g）。因此，蜂蜜的蛋白質含量亦可作爲蜜源與產地鑑定的重要特徵。Chen et al.（2018）提出以蛋白質含量 1.0 mg / g 爲參考分界值，絕大部分的臺灣龍眼蜜均高於此分界值，泰國龍眼蜜則低於 1.0 mg / g。

一般而言，食品中含氮化合物以蛋白質爲主，常測定其總氮量，例如常用的凱氏定氮法，然後再乘以蛋白質換算係數（一般爲 6.25），得到蛋白質含量的估算值，稱爲粗蛋白含量，它可能包括了核酸、生物鹼、含氮色素與含氮脂類等非蛋白質氮的量。有研究者指出蜂蜜中約有 35～65% 的含氮化合物以非蛋白質形態存在，因此常用的換算係數（6.25）可能必須向下修正；但也有研究者利用蛋白質透析的方式，發現蜂蜜中約有 40～80% 的含氮化合物爲蛋白質。前述蜂蜜中非蛋白質形態的含氮化合物，多爲游離態的胺基酸，蜂蜜的胺基酸約有 18 種。蜂蜜的胺基酸含量變異頗大，約爲 290～2,500 ppm，平均含量約爲 980 mg / kg。一般而言，普胺酸（proline）在蜂蜜中含量最多，含量達 250～550 mg / kg，占了游離胺基酸總量的 1/2 以上。普胺酸含量可作爲蜂蜜蜜源與品質的特徵之一，它是蜂蜜的風味來源之一；板栗（chestnut）蜜的普胺酸含量普遍較高，達 559～718 ppm；然而，洋槐（acacia）蜜、椴樹（linden）蜜的含量只有 151～264 ppm。蜂蜜中普胺酸的來源，除了源自蜜源植物的因素外，也有部分源自蜜蜂的釀蜜過程，例如，蜂蜜成熟度不足，或是蜂群食用糖水，皆可能降低普胺酸的含量。因此，有些學者認爲蜂蜜的普胺酸含量至少應達 160 ppm 以上，品質才算合格。

除了普胺酸以外，蜂蜜中還有多種組成與含量不一的胺基酸，這些胺基酸主要源自蜜源，也是鑑定單花蜂蜜的重要特徵，例如，向日葵蜜的苯丙胺酸（phenylanaline）含量達 92.2±20.6 mg / kg，而板栗蜜與洋槐蜜分別僅有 8.8±4.5 mg / kg 與 10.2±4.7 mg / kg。

七、維生素

蜂蜜中的維生素含量不多，種類至少有 6 種。其中有維生素 C 含量最多，約爲 2,000～3,400 μg / 100 g；菸鹼酸（niacin）爲 442～978 μg / 100 g；維生素 B_6 爲 299～320 μg / 100 g；泛酸（pantothenic acid）爲 96～105 μg / 100 g；維生素 B_2 爲 21～63 μg / 100 g；維生素 B_1 則爲 5.5～22 μg / 100 g。

八、其他物質

蜂蜜中還含有色素、花粉粒、類黃酮、多酚類與其他生物活性物質。一般而言，蜂蜜中花粉相的組成可作爲鑑定其蜜源植物的依據。實務上評斷單一蜜源時，該蜜源花粉粒必須占總花粉相 45% 以上；例如評斷某樣品爲龍眼蜜，則其花粉相中龍眼花粉粒須達 45% 以上。類黃酮爲植物多酚類的一大類，具有抗氧化與抗菌的生物活性。蜂蜜中大約含有 6 ppm 的類黃酮，而且其含量與種類隨蜜源而異，因此分析蜂蜜中類黃酮的組成亦可作爲鑑定其蜜源與產地的參考。除了類黃酮外，蜂蜜中還有其他多酚類，其含量約 0.01～10 ppm，分析多酚類的組成亦可作爲鑑定蜜源與產地的參考（Anklam, 1998），例如，紐西蘭著名的 Manuka 蜂蜜，methyl syringate 的含量占其多酚類之 70%，因此可作爲評斷 Manuka 蜂蜜的標示化合物（Weston et al., 2000）。

蜂蜜的特性

一、蜂蜜的物理特性

(一) 密度及比重

密度（density）是物質在單位體積的重量。比重（specific gravity）是固定溫度下，物質與同體積水重量的比值。蜂蜜的比重範圍在 1.401～1.443，平均比重是 1.4129。換言之，蜂蜜比水重，可用比重計測量，得出數據。常用的有波美比重計（Brix hydrometer）。比重與蜂蜜中的含水量及溫度也有密切關係。蜂蜜的含水量少則比重大，會沉於底部；反之，則浮於上層。當蜂蜜吸收潮溼空氣中水分後，比重減少會浮於上層，形成明顯的不同層次，因此，蜂蜜的貯存要特別小心。兩種不同比重的蜂蜜混合時，要特別注意，不容易混合均勻。

(二) 吸溼性

吸溼性（hygroscopicity）是物質從空氣中吸取水分的能力。物質中的水分含量少，會從空氣中吸取水分；物質中的水分含量多，會把水分放出到空氣中；如果兩者的水分含量相同，則成為平衡狀態。蜂蜜的吸溼作用，主要來自於所含的糖類，特別是果糖。蜂蜜暴露於空氣中，含水量在 17.4% 的蜂蜜與空氣相對溼度 58% 為平衡點。空氣的相對溼度高於 58% 時，含水量在 17.4% 的蜂蜜，就會吸收空氣中的水分增加蜂蜜的水分。空氣的相對溼度低於 58% 時，含水量在 17.4% 的蜂蜜，就會放出水分到空氣中以達到新的平衡點。蜂蜜含水量與空氣相對溼度之間的平衡點見表 2-6。

表 2-6　蜂蜜含水量與空氣相對溼度平衡點

相對溼度（%）	蜂蜜含水量（%）
50	15.9
55	16.8
60	18.3
65	20.9
70	24.2
75	28.3
80	33.1

蜂蜜吸收空氣中的水分，是由上層吸收後慢慢滲入內層，使蜂蜜有層次的發酵並且變色。空氣中的相對溼度低，蜂蜜的表面會形成一層薄膜，減緩水分的散失。含有 22.5% 水分的蜂蜜，以 5.5 公分表面暴露於相對溼度 86% 的空氣中，經過 7 天後蜂蜜表面 2 公分以上的含水量增加到 26%；24 天後蜂蜜表面 2 公分以上的含水量增加到 29.6%，表面 2 公分以下的含水量增加到 23%，只增加了 0.5%。利用

蜂蜜的這種特性，可除去採收蜂蜜中的多餘水分。蜂蜜的吸溼性利於烘焙食品使用，增加食品的鬆軟及防止乾燥。

(三) 黏滯性

黏滯性（viscosity）或稱爲黏稠度，與蜂蜜中的含水量及溫度有密切關係。蜂蜜中含水量少，則黏稠度高並且流動緩慢，溫度升高蜂蜜的黏稠度會降低。此外，黏滯性會受到蜂蜜中蛋白質的含量影響。蜂蜜的黏滯性高，在取蜜、處理及加工時很不方便，可利用加溫的方法減低黏滯性。在過濾蜂蜜時，會因爲黏滯性高而不容易通過濾網，一般建議適宜的溫度爲 43℃，此溫度下蜂蜜的黏稠度已降到易於通過濾網的程度，再提高溫度對黏稠度的降低影響有限。其次，當蜜溫過高時，蠟屑會變得柔軟而易於堵塞篩網。

(四) 色澤

色澤（color）是一種光學的特性，蜂蜜中的物質吸收不同波長的光線，呈現不同的色澤。不同種類的蜂蜜，具有特定的天然色澤。經過裝瓶、貯存或加工後，蜂蜜色澤深淺會改變，這種改變與蜜蜂採集的花蜜成分、蜂群中貯蜜巢脾的新舊、盛裝或貯存蜂蜜的容器質料、蜂蜜貯存時間長短、光線、溫度等諸多因素有關。因此，色澤是蜂蜜分級及鑑定蜂蜜品質的一項參考因素。美國使用波恩色澤儀（Pfund grader）測定蜂蜜的色澤，並分爲 7 類，如表 2-7。

表 2-7　美國農業部分離蜜（extracted honey）的顏色分類標準

顏色分級	波恩色澤儀（公釐）	吸光值
水白（water white）	≤ 8	0.0945
極白（extra white）	> 8 至 ≤ 17	0.189
白（white）	> 17 至 ≤ 34	0.378
極淡琥珀（extra light amber）	> 34 至 ≤ 50	0.595
淡琥珀（light amber）	> 50 至 ≤ 85	1.389
琥珀（amber）	> 85 至 ≤ 114	3.008
深琥珀（dark amber）	> 114	

(五) 旋光性

旋光性（optical rotation; polarization）也是一種光學的特性。有機物質含有不對稱碳原子或不對稱基團，都會使平面偏振光旋轉，這種性質稱爲旋光性。果糖爲左旋糖，葡萄糖則爲右旋糖，蜂蜜中的果糖含量一般高於葡萄糖，因此具有左旋性（levorotatory）；甘露蜜則呈右旋性（dextrorotatory），因爲其含某些糖類（如松三糖）呈強烈的右旋性之故。

(六) 折射率

折射率（refractive index）也是一種光學的特性，指光線通過物質的速度與通過空氣速度的比值。因此，當光線從空氣進入蜂蜜時，會產生折射的現象，此折射率爲蜂蜜的物理常數之一，與含水量成反比，常以手持式折射計（refractometer）來測定蜂蜜的折射率，是測量蜂蜜含水量最簡便的方法。折射率與溫度有關，測定折光率時要同時測定溫度，並且校正其數值，目前商業生產的蜂蜜專用型折射計，多已附有溫度校正計，使用者只要加（減）其讀值即可（圖 2-14）。

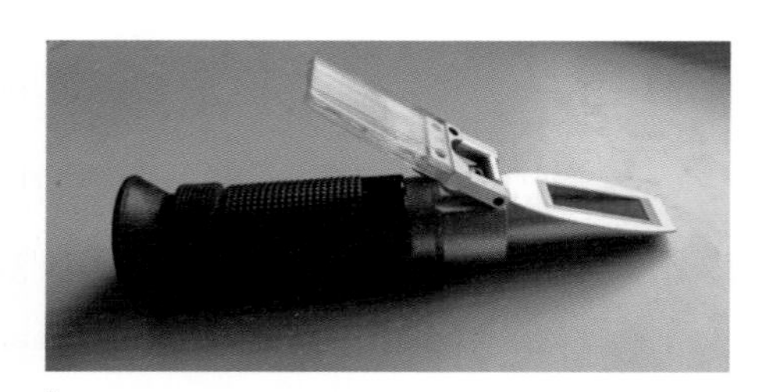

圖 2-14　蜂蜜專用型折射計

(七) 結晶作用

蜂蜜含有多種糖類，如葡萄糖、果糖、蔗糖及麥芽糖等，是一種過飽和狀態的溶液。過飽和溶液很不穩定容易析出過量的物質成爲結晶，稱爲結晶作用（granulation）。形成結晶後的過飽和溶液，會恢復到穩定狀態。蜂蜜中所含的過量葡萄糖，會與一個水分子形成結晶狀葡萄糖，其他的糖類則不容易結晶。每一個葡萄糖結晶的周圍，包含一層果糖、蔗糖及其他物質，由此可知，蜂蜜結晶是一種物理變化，而結晶與否則和葡萄糖的含量有關。此外，蜂蜜中的水分含量及溫度，都會影響蜂蜜是否結晶。有些蜂蜜不容易結晶，常溫貯放 1 年也不結晶，有些蜂蜜採收後數天內就會結晶，結晶的蜂蜜並不是蜂蜜變質或劣蜜。換言之，蜂蜜品質的好壞與結晶或不結晶並不具相關性。在常見的單花蜜，龍眼蜜、紅淡蜜比較不易形成結晶，荔枝蜜、鴨腳木蜜、烏桕蜜則非常容易結晶。

蜂蜜的結晶快慢與蜂蜜中的葡萄糖結晶核（crystal nuclei）數目有關。結晶核非常細小，葡萄糖微結晶體、花粉粒與灰塵微粒都可能是結晶核，它們會漂浮在空氣中、巢脾內或採收蜂蜜的工具上。蜂蜜中所含的結晶核數目越多、結晶越快。蜂蜜結晶的型態，有油脂狀、細粒狀及粗粒狀或塊狀。結晶核數量多而且密集，每個結晶核形成顆粒的速度快，蜂蜜結晶會成油脂狀；結晶核數量少不密集，結晶核形成顆粒的速度慢，晶體逐漸形成，蜂蜜結晶則形成粗粒狀或塊狀。

溫度對於蜂蜜結晶的速度有顯著影響，13～14℃ 時最容易結晶，低於此溫度，蜂蜜的黏稠度提高，使結晶緩慢。蜂蜜在 0℃ 的冰箱保存，不結晶但是不能消除結晶。5～7℃ 是蜂蜜開始結晶的有效低溫，溫度高於 15℃ 時，蜂蜜中糖分的溶解度提高，減少溶液的過飽和程度，結晶速度減慢；溫度超過 40℃ 時，結晶的蜂蜜會熔化為液態。

蜂蜜中含有的葡萄糖與水分的比率，會影響結晶的程度。事實上，葡萄糖會溶於水或與水分子鍵結形成結晶態，此二者呈現動態平衡；溫度高則平衡往溶解態傾斜，結晶會變得柔軟甚至完全液化；水分比例小則溶解態減少，結晶態葡萄糖增加，蜂蜜會呈現較硬的完全結晶。自然狀況下不結晶的蜂蜜，其葡萄糖與水分的比值為 1.70 或更低；易結晶的蜂蜜其比值為 2.10 以上。White（1992）把不同比值的蜂蜜熱處理後，貯存於 23～28℃ 環境之下 6 個月，蜂蜜結晶的現象歸納於表 2-8。我們可以發現，如果蜂蜜中含水量較高，則只能形成部分結晶，而此部分結晶的葡萄糖會沉於底部，而且此結晶糖的含水量約為 9.1%，造成其他未結晶部分的含水量會相對增高。因此，這種部分結晶的蜂蜜，上層的液態蜂蜜層很容易發酵變質。

表 2-8　蜂蜜中葡萄糖與水的比值所造成的結晶狀況

結晶狀況	樣品數	葡萄糖／水平均比值
未結晶	96	1.58
少許游離狀結晶	114	1.76
1.5～3 mm 的底層結晶	67	1.79

（接續下表）

結晶狀況	樣品數	葡萄糖／水平均比值
6～12 mm 的底層結晶	68	1.83
少許團塊狀結晶	19	1.86
1/4 的深度結晶	32	1.99
1/2 的深度結晶	19	1.98
3/4 的深度結晶	16	2.06
柔軟狀的完全結晶	18	2.16
堅硬狀的完全結晶	28	2.24

基於以上的論述，蜂蜜的結晶作用受到其糖類組成、結晶核的數量、含水量與環境溫度的影響甚鉅。簡而言之，幾乎所有的蜂蜜都可能產生結晶，只是程度不同而已，絕不是變質或是假蜜，儘管結晶糖的外觀類似蔗糖。實務上容易結晶的蜂蜜有油菜蜜、棉花蜜、向日葵蜜、茘枝蜜等，國人偏好的龍眼蜜則不易結晶。蜂蜜結晶後顏色會變淺；完全結晶的蜂蜜如果保存溫度過高，上層會溶解而液化，此時如再度置於 13～14℃，也無法使其再度結晶，除非再次混入結晶核。

(八) 如何避免結晶

雖然大部分的蜂蜜很難避免結晶，但蜂蜜中出現結晶體的確會影響其商品價值，嚴重者出現固液分層狀甚至因此有發酵的現象。再者，自然結晶粒通常粗大而口感不佳，如何避免或延緩蜂蜜結晶對業者確實非常重要。事實上，可以著力者非常有限，因爲提高含水量會衍生發酵的問題，提高貯放溫度則會使 HMF 含量增加且酵素活性下降，改變蜂蜜組成會影響蜂蜜的風味，權衡得失，降低結晶核的數量爲最合適的做法。結晶核的數量會影響結晶析出的速率，結晶核數量越多，過飽和糖液中的葡萄糖向結晶核表面聚合沉積的距離與時間越短，結晶體長大的速度也越快，因此，去除結晶核是保持蜂蜜維持液狀的重要措施。蜂蜜中主要的結晶核是肉眼看不見的花粉粒和糖的小晶體。花粉粒的數量不多且易被 200 目的濾網濾除，糖的小晶體數量多且大小不一，可以加熱方式融化之。

至於加熱的溫度與處理時間的長短，則必須與其他因素（滅菌、酵素破壞、HMF 增加量）通盤考量。有學者建議，蜂蜜加熱到 60～65℃ 之下維持 30 分鐘，攪拌後過濾可消除結晶核。也有學者建議，蜂蜜加熱到 76.6℃ 維持 5 分鐘，再急速冷卻可防止蜂蜜結晶。加熱處理必須極爲小心，處理不當會破壞蜂蜜的顏色及香氣。經過加熱處理後的蜂蜜，要防止結晶核再度混入，否則仍然容易結晶。清洗採收蜂蜜的工具、貯蜜桶及養蜂設備，使附著的結晶核數目減少，可使蜂蜜結晶的機會減少。經過這些處理後，可以延緩蜂蜜重新析出結晶，使商品保持較長時間的液體狀態。相反地，也可人爲的促使蜂蜜形成完全且細緻的結晶，成爲乳酪狀蜂蜜，以廣口容器包裝上市也很受歡迎。乳酪狀蜂蜜塗麵包食用，別有一番風味。這種乳酪狀蜂蜜的處理技術另於蜂蜜加工中敘述。

二、蜂蜜的其他特性

(一) 發酵作用

食品中的水可被微生物有效利用的程度，稱爲水活性（water activity, A_w），此數值爲食品中水的蒸氣壓與同溫度下純水蒸氣壓的比值，即 $A_w = P/P_0$。對純水而言，P 和 P_0 相等，故 $A_w = 1$；食品中的水分，由於其中溶有無機鹽和有機物，P 總是小於 P_0，即 $A_w < 1$。各種食品在不同條件下都有其特定的 A_w 值，而不同微生物也各有其生存適應的 A_w 值。一般而言，細菌比眞菌需要較高的 A_w 值，例如大多數腐敗性細菌無法於 $A_w = 0.91$ 以下的環境生長，然而腐敗性黴菌卻可於 0.80 下生長。蜂蜜發酵是由蜂蜜中的耐糖性酵母菌（sugar-tolerant yeasts）引起的，一般酵母菌的生長適值 $A_w > 0.88$，而這種耐糖性酵母菌甚至可於 $A_w = 0.60$ 的環境生長，它們分解蜂蜜中葡萄糖及果糖，產生二氧化碳及酒精，這種作用稱爲發酵作用（fermentation）。蜂蜜發酵後產生的酒精經氧化，使酒精分解爲醋酸和水，致使蜂蜜變酸，二氧化碳形成小的氣泡，逐漸上升到蜂蜜的表面成爲白色的泡沫。蜂蜜發酵在瓶裝蜂蜜顯而易見，瓶口的白色泡沫即是二氧化碳，使蜂蜜酸化。結晶的蜂蜜也會發酵，在晶體中產生白色的細線條或紋線，同時結晶轉爲液態並發泡；發酵的結晶蜂蜜加熱時產生的氣泡更多，會在蜂蜜的上方形成一層厚厚的氣泡。蜂群內蜜脾中的蜂蜜，也會產生發酵作用。

根據蜂蜜水活性換算公式（陳崇羔，1999）

$$A_w = 0.025 \times \text{每百克蜂蜜中的含水克數} + 0.13$$

當蜂蜜含水量爲 18.8%，經公式換算得 $A_w = 0.60$，此時即可能會發酵變質，尤其當處於 25～30℃ 的酵母菌生長適溫的環境下，更會加速發酵作用。

耐糖性酵母菌來自於花朵及土壤，一旦耐糖性酵母菌汙染養蜂器具就難以消除，巢脾上、蜂箱中、搖蜜機表面、蜂蜜桶內及處理蜂蜜的房舍等，到處都會有耐糖性酵母菌生存，並於往後的時日裡促使蜂蜜發酵。蜂蜜中分離出的酵母菌種類，有 *Nematospora ashbya gossypii*、*Saccharomyces bisporus*、*S. torulosus*、*S. mellis*、*Schizosaccharomyces octosporus*、*Schwanniomyces occidentilis*、*Torula mellis*、*Zygosaccharomyces richteri*、*Z. mellis*、*Z. barkeri* 及 *Z. nussbaumeri* 等。

蜂蜜中的含水量及酵母菌含量，與發酵有密切的關係（表 2-9）。耐糖性酵母菌多而且含水量高的蜂蜜，最容易發酵。蜂蜜中的含水量又與結晶作用有關，容易結晶的蜂蜜也容易發酵。蜂蜜貯存在 11℃ 以下時，酵母菌無法生長，可以防止發酵作用。溫度在 11～15℃ 之間，蜂蜜容易結晶，蜂蜜結晶時會放出水分加速發酵作用，許多蜂蜜是在結晶後發酵。隔水加熱到 63℃ 保持半小時可以殺死酵母菌，抑制發酵作用。

表 2-9　蜂蜜發酵與含水量及酵母菌含量關係

蜂蜜含水量	酵母菌數量	發酵作用
17.1% 以下	不論多少	一年內不發酵
17.1-18.0%	每克 1,000 個以下	一年內不發酵
18.1-19.0%	每克 10 個	一年內不發酵
19.1-20.0%	每克 1 個	一年內不發酵
20.0% 以上	微量	隨時發酵

(二) 香氣及風味

蜂蜜的香氣（aroma）及風味（flavor），對於養蜂者及消費者都是一項重要的特色。喜好蜂蜜而且懂得蜂蜜的行家，都非常喜好蜂蜜未經加工處理的特有香氣及風味。世界上各地區的人，對當地蜂蜜的風味會有特殊的偏好，例如本國人喜好龍眼蜜，澳洲人則喜好油加利（桉樹）的蜂蜜。那麼不爲當地人們喜好的蜂蜜，往往只是用來餵食蜜蜂使用，人們喜好的蜂蜜，則包裝上市。市售的蜂蜜爲了包裝及耐存，必須經過加工處理，往往無法兼顧香氣及風味。加熱及貯存處理不當，就會造成蜂蜜香氣及風味散失。

蜂蜜按其花蜜來源的不同，各有特殊的香氣及風味。這些揮發性芳香物質主要是醇與醛的衍生物及其相應的酯類化合物所發出，其多來自於花蜜，少部分是蜜蜂於釀蜜過程中產生。而蜂蜜中所含的花粉氣味也可能與蜂蜜的香氣有關，因此，蜜源植物決定了蜂蜜的香氣與風味。有 50 多種化學成分與蜂蜜的香味有關，例如德國出產的石南蜜（heather honey）的香氣成分主要是聯乙醯（diacetyl），柑橘蜜的香氣是磷胺基苯甲酸甲酯（methyl anthranilate）。張景煇等（1998）則探討龍眼花及龍眼蜜中的重要香氣成分，發現龍眼花中的 linalool oxide（具花香及木頭香）與 2-phenylethanol（有花香及蜂蜜香）對龍眼花的香氣最具貢獻；龍眼蜂蜜中最重要的香氣成分則爲 epoxylinalool（具有蜂蜜香及甜香）與 β-damascenone（甜香、花香及蜂蜜香）。

(三) 羥甲基糠醛

蜂蜜本身呈酸性，經加熱或長期貯藏後，蜂蜜中的還原糖（特別是果糖）會脫水分解產生羥甲基糠醛（hydroxymethylfurfural, HMF），這是一種典型的梅納反應。像其他化合物一樣，其生成量會因加熱而加速累積的速度。新鮮蜂蜜含 HMF 一般不超過 10 mg / kg，但經過長期貯存及環境溫度過高時，HMF 值會大量增加到 100 mg / kg 以上，使得蜂蜜的色澤變深，而且呈現苦味失去商品價值。再者，摻入人工轉化糖漿也會導致 HMF 的含量增加。如果蜂蜜的色澤正常，而 HMF 的含量卻超過 150 mg / kg，則可能摻入人工轉化糖漿。世界上許多國家（包括臺灣）都規定 HMF 的含量不得超過 40 mg / kg，因此，HMF 的含量可反映蜂蜜的新鮮度、加工處理是否失當或摻入人工轉化糖的質量指標之一。

HMF 的生成與蜂蜜貯存的溫度與貯存時間的關係密切，White（1963）指出新鮮蜂蜜貯存於不同溫度，蜂蜜中 HMF 含量達到 30 ppm 所需的時間如表 2-10。

表 2-10　新鮮蜂蜜貯存於不同溫度，HMF 含量達 30 ppm 所需的時間

貯存溫度（℃）	時間
10	25～30 年
20	600～800 日
30	150～250 日
40	20～50 日
50	4.5～9.0 日
60	1～2.5 日
70	5～15 小時
80	30～40 分鐘

第五節　蜂蜜的加工及利用

一、初級的蜂蜜加工

從蜂巢取下的蜂蜜爲液體狀，它的含水量較高，而且含有大小不一的渣滓與晶核，不但影響蜂蜜的商品價値，而且後續貯存又會面臨結晶及發酵的問題，因此必須經加工處理予以預防。處理的方法是一連串的加熱與過濾，然而加熱不當會使香氣及風味的化學物質散失，又會影響蜂蜜的品質，兩者會相互影響。爲了兼顧兩種需求，只有在加熱的過程愼密的控制，並輔以適當的過濾渣滓。一般可使用急速加熱到適當的溫度再冷卻的方法，使蜂蜜中的水分脫除。而過濾則採漸進式，先以粗網目過濾，而最終以 200 網目過濾，如此處理的蜂蜜純淨且可延緩結晶的速度。處理的方法見本章相關各節。

二、進階的蜂蜜加工

採收蜂蜜爲臺灣養蜂戶的主要收入，採收濃縮後多以自產自銷供爲飲料用。國

人偏好龍眼蜜，且普遍認為蜂蜜結晶乃假蜜。然而，國產蜂蜜除了龍眼蜜不易結晶外，大多數的蜂蜜均會產生結晶的現象。尤其近年來咸豐草等蜜源植物眾多，使得流蜜期不再局限於每年 4 月的龍眼花期，但這些「非龍眼蜜」卻因容易結晶或風味不同而影響價格。以產量大宗的荔枝蜜為例，其香味濃郁且呈良好的淡琥珀色，卻因結晶的問題而價格僅約龍眼蜜的 1/2，殊為可惜。如能藉由加工的方式提高國產「非龍眼蜜」的附加價值，必當有利於臺灣養蜂業的經營。

近年來利用蜂蜜進階加工的產品非常多樣，包括蜂蜜啤酒、蜂蜜甜酒、蜂蜜釀製醋、蜂蜜優格等發酵產品。也有將蜂蜜添加於美妝用品，包括護唇膏、香皂、護手膏、洗髮精等，頗受消費者的歡迎。

三、結晶蜜的製作

本國蜂蜜多使用小口的酒瓶包裝，結晶後難以取出，有部分消費者認為結晶蜂蜜是假蜜或劣蜜，因此將容易結晶的蜂蜜製作成結晶完全的結晶蜜（crystallized honey），或稱為蜂蜜乳（creamed honey），改變蜂蜜成品的形態，可以同時解決這兩個問題。

用來製作蜂蜜乳的蜂蜜必須是純的蜂蜜，製成的蜂蜜乳風味較佳。所有的蜂蜜都能製成蜂蜜乳，蜂蜜中所含葡萄糖較多的蜂蜜，製作過程較短。蜂蜜經過加熱、攪拌、混合及冷卻的過程，就能製成蜂蜜乳。製作時要選用水分含量在 17.5～18% 的蜂蜜，製成的蜂蜜乳軟硬較為適中。蜂蜜加熱處理的溫度不可超過 66℃，最好分成兩次加熱，第一次加熱到 49℃、第二次加熱到 66℃；攪拌要均勻，才能使蜂蜜成為乳狀。攪拌後要迅速冷卻到室溫 24℃，迅速冷卻有特殊的器具處理。最後的混合過程非常重要，要在溫度 24～30℃ 之間進行。混合是在加熱及冷卻處理後的蜂蜜中混入「結晶核」。結晶核是選用結晶細膩的蜂蜜，經過攪拌機打成很細碎結晶製成。混入結晶核時要很細心，並且慢慢的混和。混合過程剛開始時會起氣泡及浮渣，要除去氣泡及浮渣。最後製成的蜂蜜乳上方仍然會有一層很薄的小氣泡，剛製成的蜂蜜乳要靜置一段時間，讓氣泡繼續浮出再除去。之後放置於 10～15℃ 的冷房中，約 4～6 天後就是蜂蜜乳的成品。

四、蜂蜜的利用

(一) 蜂蜜的藥理效用

蜂蜜含有大量的單醣，食用後人體可以快速吸收利用，這是一般消費者都熟知的生物效用。中國古書中有許多關於蜂蜜醫療效果的記載，摘記以供參考：

1.《神農本草經》記載蜂蜜的性能：「入心、脾、肺、胃、大腸五經，為甘和滑潤之品。能治心腹刺痛，和營衛、潤臟腑、通三焦、調脾胃、除心煩，皆蜜之功用也」。又曰：「心腹邪氣、諸驚症，安五臟諸不足，止痛解毒，除眾病，和百藥，久服強志輕身，不飢不老，延年神仙。」

圖 2-15　蜂蜜（圖片來源：維基百科）

2.《潘杏初標準藥性大字典》：「味甘、性平、無毒。為潤臟腑要藥，有鎮咳通便之效，及用作丸劑佐藥與調味藥，主益氣補中，滋養脾胃，調和營衛，治五臟不足，腸胃燥結，肌肉疼痛，除心煩，療腸癖，作梃入穀道，導便秘。」單方：《新本草綱目》：「火傷，用蜂蜜塗傷處。魚骨鯁於咽，含好蜜，稍稍入咽，蜂螫，用蜂蜜塗螫處，誤吞水蛭，用蜂蜜食之，即化水。」

3.《陳藏器本草拾遺》：「骨蒸發熱，痰嗽暴痢，下血開胃，止渴除煩。」又曰：「牙齒痛及口瘡，並含之，良。」

4.《李時珍本草綱目》：「蜂蜜之功有五：生則性涼，故能清熱；熱則性溫，故能補中；甘而和平，故能解毒；柔而濡澤，故能潤燥；緩可以去急，故能止心腹肌肉瘡瘍之痛；和可以致中，故能調和百藥而與甘草同功。」

5.《甄權藥性本草》：「治卒心痛及赤白痢，調水作漿，頓服一碗即止，或以薑汁同蜜各一合水和頓，常服面如花紅。」

6.《孟詵食療本草》：「治心腹血刺痛，及赤白痢，同生地黃汁即下。」又云：「但凡覺有熱，四肢不和，即服蜜水一碗甚良，又點目中熱膜，與薑汁熬煉，治療甚效。」

7.《陶弘景名醫別錄》：「養脾氣，除心煩，飲食不下，止腸癖，肌中疼痛，目瘡，明耳目。」

8.《汪紉庵本草備要》：「止嗽治痢，明目悅顏，同薤白搗，塗湯火傷，煎煉成膠，通大便秘。」

9. 徐靈胎曰：「蜜者，採百花之精華而成者也。天地春和之氣，皆發於草木，草木之和氣，皆發於花，花之精英，釀而爲蜜。和合眾孳而不偏，委去糟粕則不滯，甘以養中，香以理氣，眞養生之上品也。但性極和平，於治疾則無速效耳。」

10.周志林曰：「按蜂蜜採百花之精，味甘主補，滋養五臟，體滑主利，潤澤三焦。如怯弱咳嗽不止，精血枯槁，肺焦葉舉，致成肺燥之症，寒熱均非，諸藥鮮效，用老蜜日服兩許，約月餘未有不應者，是燥者潤之之義也。生用通利直腸，老年便結，更宜服之。」

由以上眾多中醫記載可知，將蜂蜜視爲機能食品已有久遠的歷史。事實上，不只華人認爲蜂蜜具有眾多藥理作用，數千年來全世界大部分的民族皆有類似的經驗與看法。然而，從現代科學的角度來看蜂蜜（Molan, 1999, 2001），蜂蜜的確具有許多生物與藥理作用如下詳述：

1. 抗菌作用

蜂蜜的抗菌活性是其中最重要者，根據研究，抗菌活性源自於下列的理化特性：

(1)滲透壓（osmotic effect）

蜂蜜是一種過飽和的糖類溶液，其中約有 70% 爲果糖與葡萄糖，水分通常僅含 15～21%，如此造成蜂蜜的水活性僅爲 0.56～0.62，只有少數耐糖性的酵母菌可以在蜂蜜中生長，但蜂蜜的水分如低於 17.1%，則酵母菌亦無法生長發酵。而一般細菌生長所需的水活性爲 0.94～0.99，蜂蜜水活性如以 0.6 計，則 2～12% 的蜂蜜稀釋液才能符合細菌的生長。

(2)酸度（acidity）

蜂蜜的 pH 值一般為 3.2～4.5，如此低 pH 值對一般細菌具有抑制的效果。一般動物性病原菌生長最適 pH 值為 7.2～7.4，一些與傷口感染有關的細菌，其對 pH 值要求最低為：*Escherichia coli*, 4.3；*Salmonella* sp., 4.0；*Pseudomonas aeruginosa*, 4.4；*Streptococuss pyogenes*, 4.5 等。如此則以蜂蜜原液塗抹傷口，可以抑制細菌的感染。Postmes et al.（1996）以蜂蜜塗布豬的燙傷傷口，發現傷口均於 21 天內癒合，而以 silver sulfadiazine 處理者則需 28-35 天。

(3)過氧化氫（hydrogen peroxide）的生成

蜂蜜的抑菌活性中，過氧化氫（H_2O_2）扮演重要的抑菌功能。蜜蜂在釀蜜過程中，從其下咽頭腺（hypopharyngeal gland）分泌葡萄糖氧化酵素，使得葡萄糖氧化為葡萄糖酸（gluconic acid），並產生 H_2O_2，反應式如下：

$$\text{glucose} + H_2O + O_2 \rightarrow \text{gluconic acid} + H_2O_2$$

如此降低蜂蜜在釀製過程中的雜菌汙染。成熟的蜂蜜，其低 pH 值使得葡萄糖氧化酵素不會作用；但蜂蜜經稀釋後，pH 值上升，該酵素即開始作用而發揮抑菌效果。

(4)其他抑菌物質

蜂蜜中尚含有許多微量的抑菌物質，例如：pinocembrin、terpenes、benzyl alcohol、syringic acid 等。Bogdanov（1996）加熱去除蜂蜜的酵素活性後，將樣本分離成酸性、鹼性、非極性與揮發性等 4 種物質，分別探討它們的抑菌能力，結果發現抑菌能力的強弱如下：

酸性部分 > 鹼性、非極性部分 > 揮發性部分

而且他發現蜂蜜喪失酵素活性後，抑菌能力仍達 86～94%；此種抑菌物質經 15 個月的貯存後，抑菌能力僅輕微減退。可見蜂蜜經長期貯存後，仍具有一定的抑菌能力。

2. 營養補給作用

蜂蜜中含有大量糖類，故服用後能直接爲機體吸收並利用，又能促進機體受傷組織的復原，使動物體重增加，是一種使身體強壯的特殊滋補劑。曼菲斯大學研究人員的最近研究，比較蜂蜜與其他糖類，發現食用蜂蜜後在血液中產生最少量的胰島素，而大多數的醫師認爲，會讓身體快速增加胰島素的食物，長期食用會造成健康問題。即以短期效應而言，胰島素遽增會奪走身體內的糖分，導致低血糖，引起疲倦、暈眩、昏沉或嘔吐。蜂蜜比起其他糖類而言，似乎更具穩定血糖的作用。尤其，糖尿病患有時會出現低血糖的緊急狀況，此時食用蜂蜜可快速提升血糖，效果優於一般巧克力或糖果。近年來國人運動風氣興盛，有些運動會消耗大量的能量，例如長跑、長距離騎單車等，建議可隨身攜帶小包裝蜂蜜，直接食用無須用水稀釋蜂蜜，可快速恢復體力。

3. 促進傷口癒合作用

蜂蜜含有促進人體生長的活力物質，能使燒傷和開刀後感染部位很快長出肉芽組織，使表皮組織生長癒合。2001 年，紐西蘭政府核准了全世界第一件的醫藥用蜂蜜，這是一種蜜蜂採自當地麥奴卡（manuka）樹的蜂蜜，這種蜂蜜含有高量的多酚類與類黃酮，具有抗菌與抗氧化的醫藥效果。

4. 調整胃腸道疾病作用

根據研究，天然蜂蜜可以防止乙醇誘發的老鼠胃部病變；天然蜂蜜中有「sucralfate like」物質，其和抗氧化能力有關，可以增加老鼠血管通透性，並防止「缺氧—再灌注—誘發」之胃黏膜病變。目前確定，天然蜂蜜有保護胃的作用，且具有抗氧化能力。此外，蜂蜜有通便作用，這和果糖的不完全吸收有關。歐美國家也有把蜂蜜當成治療燒傷、外科手術、營養不良、咳嗽、腫瘤等醫藥方面的調和藥劑使用。

(二) 蜂蜜的食品用途

蜂蜜是人類最早利用的甜食，容易消化及吸收，是一種健康的天然食品。歐美國家對蜂蜜烤麵包及烘培蛋糕最爲喜好，用於製作糕餅類、糖果、燕麥粥，調製火腿、檸檬汁、紅茶等，也可用於運動員、登山者、潛水者、素食者等補充體力的飲料。國人有藥補及食補的觀念，對於蜂蜜有特殊的喜好，如製成蜜餞、糖果、月餅、糕餅、飲料、泡菜等。烹飪的食譜中也有蜂蜜甲魚、蜜汁火腿、蜜汁排骨等名菜（圖 2-16）。

圖 2-16　蜂蜜可以廣泛用於各類食物

(三) 蜂蜜的其他用途

蜂蜜加工製成的蜂蜜酒，是許多國家古老的傳統，參見蜂蜜酒章節。此外，蜂蜜醋、蜂蜜肥皂及蜂蜜化妝品等近年也在國內開始流行。

五、蜂蜜的貯存

蜂蜜就像一般的農產品或食品，必須有適當的保存條件與環境，才能延長蜂蜜的保鮮期。有些人認爲蜂蜜陳年不壞，這絕對是錯誤的觀念。相對於一般農產品，蜂蜜的貯存期雖然較長，但仍必須有適當的貯存環境，才能降低蜂蜜品質劣化的程度。評估的指標主要有下列項目：

1. 蜂蜜發酵導致風味與口感劣化，酸度增加。
2. 酵素活性下降，指標澱粉酶活性下降（澱粉酶值 < 8）。
3. HMF 含量超標（> 40 mg / kg），蜂蜜色澤加深，口感劣化。

蜂蜜多以容器盛裝，一般的保存原則如下：

1. 使用性質穩定與堅固的容器，避光，而且瓶口可以氣密隔絕外界空氣，容器內的蜂蜜儘量盛滿，避免過多空氣留存於容器內。
2. 在不影響蜂蜜的結晶變化下，儘量選擇低溫環境保存蜂蜜，以減緩蜂蜜品質劣化的速度。低溫環境可以延長酵素活性的半衰期時間，又可以減緩 HMF 的生成量，例如在 20°C 定溫下，蜂蜜澱粉酶活性半衰期達 1,480 日（表 2-5），約

600～800 日 HMF 的生成量才會達 30 ppm（表 2-10）；相對的，在 30℃ 的定溫環境，上述數值縮短為 200 日（澱粉酶）與 150～250 日（HMF）；在 40℃ 環境，更縮短為 31 日（澱粉酶）與 20～50 日（HMF）。

在實務操作上，流蜜期蜂農採收的大量蜂蜜，多存放於 50 加侖的鐵桶中。鐵桶經過清洗後，桶的內壁塗布一層蜂蠟，藉以貯存蜂蜜。蜂蜜不能與鐵桶壁接觸，否則長期貯存後蜂蜜顏色加深、有鐵鏽味及蜜質變劣，建議可改用不鏽鋼桶來裝蜂蜜。如果採收的蜂蜜水分太高，容易在桶中發酵並產生氣泡。

臺灣的流蜜期主要於 3～5 月，建議應於 6 月儘早出售給收購商，因為 7～8 月的氣溫通常高於 30℃，蜂農多欠缺環境控溫的條件，鐵桶中的蜂蜜極易因高溫而變質。建議蜂農控留自身零售的鐵桶數量，貯存於 30℃ 以下的環境，並且儘早將蜂蜜分裝於零售容器中，尤其是容易結晶的蜂蜜，更應該於秋天來臨前分裝完畢，避免蜂蜜於鐵桶內結晶，後續處理不易。

專業的蜂蜜收購商，應設有可控溫的蜂蜜貯存環境，並依照蜂蜜結晶的難易程度與預定貯存的時程，分類貯存之。例如，不易結晶且貯存期 1 年以內的蜂蜜，可貯存於 20～25℃ 的環境；容易結晶的蜂蜜，例如荔枝蜜，溫度維持在 25～27℃，避免結晶，才能維持 2～3 年的貯存。要避免在 11～15℃ 貯存，這種溫度容易使蜂蜜結晶。如果貯存 1 年以上，不論是否容易結晶，建議都應冷凍保存蜂蜜。

如果是已經分裝的零售商品蜜，應依商品性狀來考慮貯存室溫。通常，液態狀蜂蜜最好要避免結晶，因此溫度不能太低，但溫度太高又會加速蜂蜜老化，著實兩難取捨。然而，標榜結晶狀的蜂蜜，最好要避免蜂蜜解晶液化，此時保存溫度避免 27℃ 以上的溫度。但是，結晶蜜貯存低於 20℃，容易出現結晶過度的現象，即蜂蜜層出現不規則的紋理，雖不影響其風味，但外觀卻不佳，有些消費者會誤認為蜂蜜變質。

綜合以上諸多因素的考量，蜂蜜的貯存溫度，猶如難解的習題，很難給明確的答案，最終仍須回歸蜂蜜的本質來考量。對於本身就容易結晶的蜂蜜，例如荔枝蜜、鴨腳木蜂蜜，這類很難避免其結晶現象，這種蜂蜜應該儘早從鐵桶分裝至零售包裝，並且製作成結晶性狀良好的產品。這種結晶產品可保存於 25℃，避免解晶液化。而本身不易結晶的蜂蜜，例如龍眼蜜、紅淡蜜，則可於鐵桶內貯放較長的時間，視需要再分裝於零售容器即可。這種液態蜜的貯放溫度較寬廣，仍以低溫為宜，避免 30℃ 以上的高溫。

對於一般消費者而言，應儘量選購當季採收的蜂蜜，並於 1 年內食用完畢。只要將蜂蜜置於室內陰涼處即可，開封後應儘早食用完畢，並注意旋緊瓶蓋，以避免螞蟻入侵或蜂蜜吸溼導致發酵變質。蜂蜜結晶是正常的物理變化，有些蜂蜜在春夏購入時為液態，到了秋冬則自然結晶，因此，宜選購廣口瓶裝，避免結晶後取用不便。如果購入結晶蜜則可放在冷藏，避免夏季高溫解晶液化。如果購買數量較多，可考慮將一部分的蜂蜜放在冷凍室，食用前幾日取出自然回溫即可。筆者研究蜂蜜已有 20 年，因研究需要而於國立宜蘭大學設立蜂蜜標本保存庫，這些標本樣品都是貯放於 -20℃ 的冷凍庫，以利長期保存。

有些蜂蜜經過貯存後，會產生結晶的問題。結晶的蜂蜜，可以用水浴法間接加熱到 40～50℃ 處理，以溶解結晶。20 公升桶裝全部結晶的蜂蜜，需要加熱處理 24 小時結晶才能完全消除。經過加熱處理的結晶蜂蜜，每加熱一次顏色會加深一些，因為 HMF 含量增加之故。但是也只有加熱處理才能除去結晶，惟不可反覆加熱融晶，如此蜂蜜的 HMF 含量必然超標。

六、蜂蜜的產銷

(一) 臺灣蜂蜜的產量與進出口

根據 2011～2021 年臺灣農業統計年報的資料顯示，近年來臺灣養蜂戶數與飼養蜂群數，皆呈現增加的趨勢（圖 2-17）。2021 年養蜂戶數達 1,136 戶，飼養蜂群達 167,018 箱，平均每戶飼養 147.0 箱蜜蜂，其中尤以 2016 年飼養蜂群 184,254 箱達最高。臺灣養蜂業主要的生產項目為蜂蜜與蜂王漿，以 2021 年為例，蜂蜜生產 13,260 公噸，年產值約 30 億 1,050 萬元；蜂王漿年產 575 噸，產值 14 億 3,830 萬元，由此可知，蜂蜜為臺灣養蜂業最主要的生產採收項目。

每年 3～6 月是臺灣的主要流蜜期，依時序可採收柑橘蜜、荔枝蜜、龍眼蜜、百花蜜等。由於國人喜愛龍眼蜂蜜，它的單價最高，蜂農以採收龍眼蜜為優先考

	2011	2012	2013	2014	2015	2016	2017	2018	2019	2020	2021
飼養箱數	103,870	117,204	110,526	116,416	122,044	184,254	136,915	146,330	158,867	162,125	167,018
養蜂戶數	766	810	790	816	860	943	957	1,005	1,084	1,106	1,136
箱/戶	135.6	144.7	139.9	142.7	141.9	195.4	143.1	145.6	146.6	146.6	147.0

圖 2-17　2011～2021 年臺灣農業年報統計的飼養蜂群數與養蜂戶數（資料來源：農業部網站，陳裕文整理）

量。近年來由於氣候異常，導致國產蜂蜜產量不斷探底，進口蜂蜜數量大幅增加，2017 年的蜂蜜進口量已然逼近本國產量（圖 2-18）。2019 年臺灣蜂蜜嚴重歉收，本國產量僅 2,907 噸，當年蜂蜜進口量達 3,783 噸，首次高於本國產量。然而，蜂蜜的產地收購價格在 2010～2013 年間幾乎沒有變動，一直低於 3 美元／公斤以下，直到 2014 年才大幅提升。2016 年產地收購價格已達到 7.06 美元／公斤（圖 2-19），2017 年更高達 10 美元／公斤。再觀之進口蜂蜜的價格，2011 年以前，單價都在 0.9 美元／公斤以下，2012 年突破 1 美元／公斤，2015 年更突破 2 美元／公斤。儘管進口蜂蜜於近年大幅上揚，但與本國蜂蜜仍有 2～4 倍的差價。值得玩味的是臺灣出口蜂蜜的單價變化，在 2013 年以前，一直介於本國蜂蜜與進口蜂蜜的價格間，出口蜜單價高於進口蜜約 0.5-1.0 美元／公斤。2014 年兩者差距縮小爲 0.36 美元，2015 年兩者單價反轉，進口價高於出口價達 0.35 美元。2018 年兩者價差更達 1.40 美元／公斤，這個現象似乎不尋常。

臺灣蜂蜜出口主要以美國爲主，2014 年出口至美國蜂蜜量達 2,952 公噸，占蜂蜜總出口量 86%。2015 年出口美國蜂蜜總量來到 4,543 公噸占總出口蜂蜜 92%，

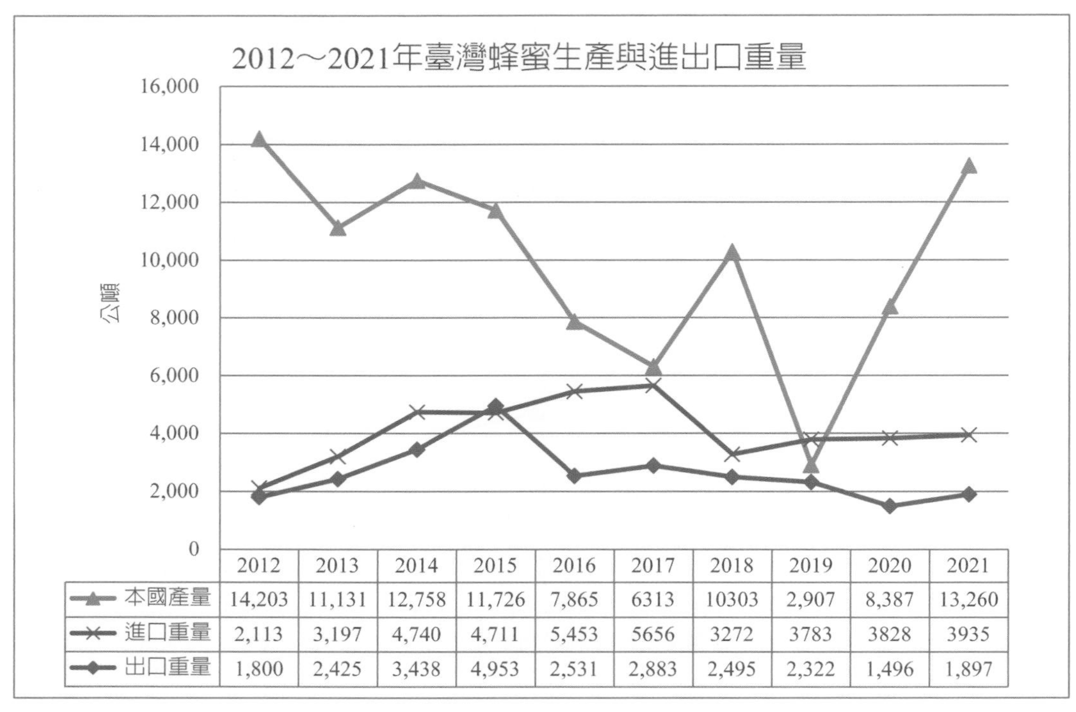

	2012	2013	2014	2015	2016	2017	2018	2019	2020	2021
本國產量	14,203	11,131	12,758	11,726	7,865	6313	10303	2,907	8,387	13,260
進口重量	2,113	3,197	4,740	4,711	5,453	5656	3272	3783	3828	3935
出口重量	1,800	2,425	3,438	4,953	2,531	2,883	2,495	2,322	1,496	1,897

圖 2-18　2012～2021 年臺灣蜂蜜生產與進出口數量（資料來源：農業部網站，陳裕文整理）

	2012	2013	2014	2015	2016	2017	2018	2019	2020	2021
本國單價	2.45	2.87	3.58	4.94	7.06	10	8.74	6.67	5.37	7.57
進口單價	1.25	1.21	1.42	2.03	2.15	2.34	2.69	2.58	2.55	2.69
出口單價	2.23	2.08	1.78	1.68	1.67	1.59	1.29	1.35	1.52	1.52

圖 2-19　2012～2021 年臺灣蜂蜜的產地價格與進出口蜂蜜單價變化（資料來源：農業部網站，陳裕文整理）

但當年出口美國平均單價卻僅有 45 元／公斤，與當年臺灣產地收購平均價格 150 元／公斤，有相當大之差異。

臺灣進口蜂蜜來源主要以泰國與越南爲主（圖 2-20），尤其是泰國進口爲最大宗，約占臺灣進口蜂蜜總量達 70～90%。由於泰國清邁地區栽植大面積的龍眼樹，大量泰國龍眼蜜出口至臺灣，雖能塡補近年來臺灣龍眼蜜歉收的不足，但市面上常發生以泰國龍眼蜜混充臺灣龍眼蜜的問題，對本土養蜂業打擊甚鉅，也嚴重影響消費者權益，問題亟待解決。

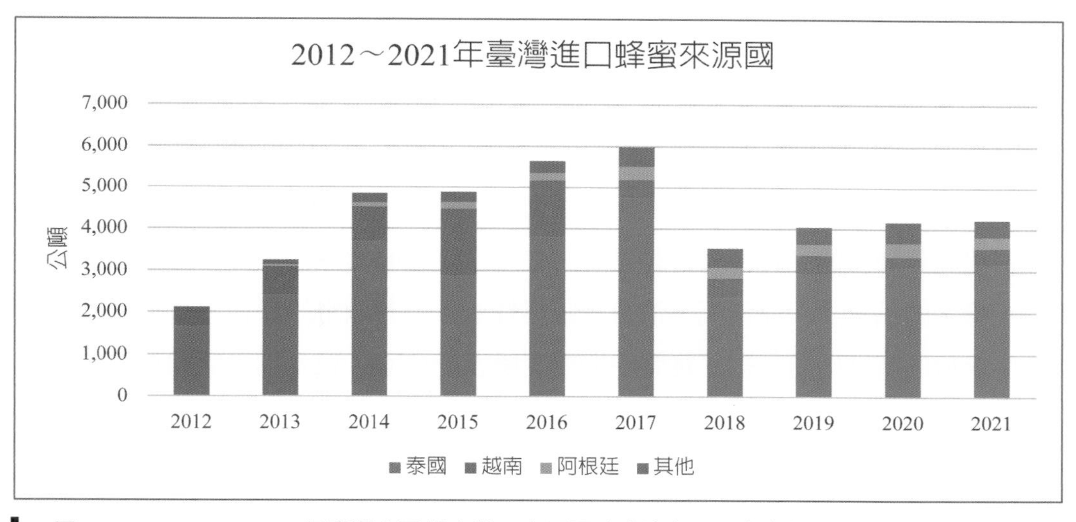

圖 2-20　2012～2021 年臺灣主要蜂蜜進口來源國（資料來源：農業部網站，陳裕文整理）

分析臺灣蜂蜜市場價格，本國龍眼蜜受到外國進口龍眼蜜的低價競爭，亦即產國摻假導致國產蜂蜜的價格長期低迷，嚴重影響臺灣蜂農的權益。此外，大約 1980 年代開始，以人工轉化糖漿調和香精製成的人工合成蜜，大量出現在低價販售的銷售通路，其售價約只有一般蜂蜜的 1/5，時至今日國人對假蜜的陰影仍餘悸猶存。2014 年起，臺灣蜂蜜產地收購價大幅提升至 3.58 美元／公斤，2015 年更提升至 4.94 美元／公斤。但觀察這兩年本國蜂蜜的產量，並無明顯下降的現象，而平均單價卻提高近 2 倍。主要原因有二，一爲這 2 年臺灣爆發諸多食安風暴，國人食安意識大幅提升，政府也大幅提高相關罰則，對摻假行爲有一定的遏阻作用；再則，宜蘭大學團隊於 2012～2013 年建立穩定同位素 C^{13} 技術，可以精確鑑別蜂蜜混摻 C4 糖的行為，導致收購商爭相收購天然蜜，也使得臺灣蜂農由原先弱勢的賣方地位，翻轉爲惜售的強勢地位。由這項案例發現，開發進步的科學檢驗技術的確可以快速撥亂返正，保障良善的生產業者與廣大的消費者。

第六節 蜂蜜的品質管制

蜂蜜的品質好壞是消費者最關心的問題。爲了銷售蜂產品，大多數的生產者也同樣關心蜂蜜品質好壞的問題。既然買售雙方都重視相同的問題，爲甚麼蜂蜜品質還需要管制？

蜂蜜的生產過程中，從蜂群強弱、蜂蜜採收方法、採收間隔、過濾、加熱、貯存、裝瓶、販售，直到消費者食用的任何一個步驟，如果處理不當都會使蜂蜜變質。蜂農要對蜂蜜的各種特性清楚了解，在生產過程的每一個步驟，都要能有效的掌控，蜂蜜的品質才可能提高。消費者購得蜂蜜後要有適當的保存方法，才不至於在家中存放的時期變質。爲了加強消費者對蜂蜜的信心，以及爲了給飼養者適當的規範標準，蜂蜜的品質管制有必要全面性加強實施。

一、蜂蜜品質的簡易鑑別法

首先要區別的是眞僞問題，能夠符合蜂蜜生產方法所採收的蜂蜜才是眞蜜，否則是僞蜜。辨出眞蜜後，再區別蜂蜜的好壞。蜂蜜摻僞的科學鑑定是非常專業的技術，不易靠感官來辨識，另由後續專節介紹。

蜂蜜含水量少、不發酵、無氣泡、不變酸、具有蜜源香氣及風味的是上品。每一種蜂蜜都應有特殊的香味，結晶與否和好壞無關。許多蜂農因採收蜂蜜的水分太高，進行加熱濃縮處理，如果加工不當以致於失去風味或褐變，或有一種特殊苦焦味，也屬劣蜜。簡易的鑑別方法可以從色澤、香氣、風味三者綜合判斷，作爲參考。

(一) 色澤

圖 2-21　好的蜂蜜應該具備透光性強

好的蜂蜜透光性強，僞劣蜜較混濁或有氣泡及雜質。不同蜜源的蜂蜜具有特定的顏色，有濃淡及深淺的差異，如柑橘及荔枝蜜顏色較淡，龍眼蜜顏色較深。顏色深淺與裝瓶前存放之容器有關。用鐵質容器貯蜜會使顏色加深，同時會有鐵鏽味，是爲下品。日本及歐美以蜂蜜顏色呈淡琥珀色而透明者爲上品，顏色深者較次之，臺灣消費者則喜好顏色較深的龍眼蜜。結晶蜂蜜以白色而結晶細膩均勻者爲上品，褐色而晶粒粗不均勻者較次（圖 2-21）。

(二) 香氣

好的蜂蜜須標示蜂蜜種類的特有香氣，打開蜂蜜的瓶口立即輕輕嗅一嗅，好的蜂蜜可嗅出蜜香。用數瓶不同廠牌的同種蜜比較，即明顯的分出高下。將蜂蜜倒出少許於手掌上一點，輕輕搓揉後嗅聞，蜂蜜的香氣受到手掌溫度及搓揉逸出，香氣很容易辨別。在搓揉之際手上有光滑而不黏的感覺爲好蜜，而有油膩感是劣品。

(三) 風味

好的蜂蜜自瓶中倒出少許含於口中，慢慢嚥下會有清爽香醇的風味，嚥下後口齒會有餘香。僞劣蜂蜜入口後略有黏性，無香味，或有鐵鏽味及酸敗味等不良氣味。取數瓶蜂蜜按以上方法比較數次，即可略爲辨識眞僞與好壞。在比較時要注意味覺及嗅覺疲乏問題，必須間隔數分鐘或用水漱口再次品試。

二、蜂蜜檢驗的國家標準

我國的蜂蜜檢驗國家標準（CNS 1305），由經濟部中央標準局於 1960 年 12 月 22 日公布，於 2023 年 7 月 5 日第七次修訂。蜂蜜檢驗的國家標準中，除了適用範圍、定義、一般性狀、品質、衛生要求、包裝、標識及檢驗項目都有適當的規範。事實上，若比較其他先進國家的蜂蜜國家標準，我國對蜂蜜採高標準的要求，以鍥合本國社會對蜂蜜的需求。

蜂蜜檢驗的國家標準中，把蜂蜜分爲一般蜂蜜與龍眼蜂蜜兩級。一般蜂蜜的水分要求爲 20% 以下、蔗糖 5% 以下、還原糖 60% 以上、酸度 50 以下、水不溶物 0.1% 以下、HMF 值 40 mg / kg 以下、澱粉酶值 8 以上。龍眼蜂蜜的標準更嚴格，蔗糖 2% 以下、酸度 30 以下、HMF 值 30 mg / kg 以下。

CNS 1305 蜂蜜國家標準雖經專家嚴格審定，但仍有不足之處。國人最關心的蜂蜜摻假問題，CNS 1305 表列的檢驗項目顯然無法鑑別，也就是說，摻僞的蜂蜜仍有機會符合其檢驗標準。此外，有些特色蜂蜜的澱粉酶值較低，例如新鮮的紅淡蜜、烏桕蜜的澱粉酶值僅 4-6，嚴重影響這些特色蜂蜜的產銷，建議應針對單花蜂蜜的特性，制定相對應的標準，不宜用單一的標準（澱粉酶值 > 8）來檢視所有的蜂蜜。目前 CNS 1305 已將烏桕蜜的澱粉酶值修訂爲 3 以上，但其他特色蜂蜜則尚未修訂。重要內文摘要如下：

中華民國國家標準 CNS 1305 蜂蜜（1960 年 12 月 22 日公布，2023 年 7 月 5 日修訂）

1. 適用範圍

本標準適用於由蜜蜂採集釀造之蜂蜜，包含所有濃縮最終用於直接食用的蜂蜜（未包含工業使用、已加在食品中之蜂蜜或散裝批發產品）。

3. 用語及定義

3.1 蜂蜜（honey）

蜜蜂採集植物之花蜜（nectar）或蜜露（honeydew），經蜜蜂收集、混合自身特殊物質進行轉化、貯存、脫水到熟成之天然甜味物質。

3.2 龍眼蜂蜜（longan honey）

蜜蜂採集之花蜜以龍眼花蜜爲主要之蜜源，稱爲龍眼蜂蜜或龍眼花蜜者。

3.3 花蜜蜂蜜（blossom honey 或 nectar honey）

主要來自植物之花蜜。

3.4 蜜露蜂蜜（honeydew honey）

主要來自吮吸植物汁液的昆蟲所排出的甜味物質。

4. 一般性狀

蜂蜜由多種不同的糖類組成，主要是果糖和葡萄糖。另含有機酸、酵素及來自於蜜蜂採集的固體顆粒物如植物花粉等，其色澤隨蜜源的不同而由無色到深棕色，一般呈黏稠流體狀，貯存時間越長或溫度較低時可能形成部分或全部結晶，其風味及氣味隨蜜源植物不同而異。

5. 品質

5.1 一般要求

一般要求依下列規定。

(a) 蜂蜜不得添加任何食品添加物，應無任何可能引起反感物質、風味、氣味及在加工或貯藏過程中吸附之其他外來物質，亦不得有任何發酵或產生氣泡的現象、沉澱及異物（如蜜蜂肢體、幼蟲、蠟屑及其他肉眼可見異物）。

(b) 不得因加熱或加工而造成蜂蜜基本成分改變或品質受損。

(c) 不得使用化學或生化處理方法改變蜂蜜的結晶變化。

5.2 成分

各種蜂蜜之成分應符合表 2-11 之規定。

表 2-11　成分規定

成分項目	蜂蜜	龍眼蜂蜜
水分含量（%）	20 以下	20 以下
蔗糖含量（%）	5 以下	2 以下
糖類含量（%）（果糖與葡萄糖含量之總和）	60 以上	60 以上
水不溶物含量（%）	0.1 以下	0.1 以下
酸度（meq H^+/1,000 g）[a]	50 以下	30 以下
澱粉酶活性（Schade unit）[b]	8 以上	8 以上
羥甲基糠醛（mg / kg）[c]	40 以下	30 以下

備考 1：蜜露蜂蜜之蔗糖含量爲 10% 以下；蜜露蜂蜜及花蜜混合蜜露蜂蜜之糖類含量爲 45% 以上。

備考 2：烏桕蜜的澱粉酶活性適用標準爲 3（Schade unit）以上。

註 [a] meq H^+ 即爲 milliequivalents acid。

[b] 蜂蜜的澱粉酶活性，其數值會隨著貯放時間增長而降低。

[c] 蜂蜜的羥甲基糠醛含量（hydroxymethylfurfural，簡稱 HMF），其數值會隨著貯放時間增長而上升。

※ 備考：蜂蜜係天然產品，其成分受到蜜蜂種類、蜜源、產地、氣候、加工過程及貯存條件影響而有所變化，上頁表 2-11 係提供業者產銷及消費者選用之參考，不宜以本表規範數值作爲蜂蜜眞僞之唯一依據。

三、中國蜂蜜的檢驗標準

本標準最初於 1982 年由中華全國供銷合作總社發布，後變爲國家標準（GB 18796-2005）。由於 2011 年 4 月 20 日《食品安全國家標準——蜂蜜》的發布，現修訂爲行業標準，於 2012 年 4 月 20 日開始實施，如表 2-12。中國將蜂蜜分爲一級品與二級品，並將特殊的單花蜜如荔枝蜜、龍眼蜜、鵝掌柴蜜、烏桕蜜等，放寬其含水量、蔗糖或澱粉酶值的標準，值得臺灣借鏡與參考。此外，在蜂蜜眞實性要求，採用穩定同位素方法檢測蜂蜜中 C4 糖不得大於 7%。並且特別要求，不應使用化學或生化處理方法改變蜂蜜的結晶變化。

表 2-12　中國蜂蜜的理化標準

項目	一級品	二級品
水分（%）≤		
荔枝蜂蜜、龍眼蜂蜜、柑橘蜂蜜、鵝掌柴蜂蜜、烏桕蜂蜜	23	26
其他	20	24
果糖和葡萄糖含量（%）≥	60	
蔗糖（%）≤		
桉樹蜂蜜、柑橘蜂蜜、紫花苜蓿蜂蜜、荔枝蜂蜜、野桂花蜂蜜	10	
其他	5	
酸度（1 mol/L 氫氧化鈉），mL / kg ≤	40	
羥甲基糠醛（HMF），mg / kg ≤	40	
澱粉酶活性（1% 澱粉溶液），[mL / (g · h)] ≥		
荔枝蜂蜜、龍眼蜂蜜、柑橘蜂蜜、鵝掌柴蜂蜜	2	
其他	4	
灰分（%）≤	0.4	

四、中國大陸常見單一花種蜂蜜的感官特性

產品名稱	蜜源植物	色澤	氣味／滋味	結晶狀態
桉樹蜂蜜	桃金娘科 桉屬 大葉桉 *Eucalyptus robusta* Smith	琥珀色、深色	有桉醇味，甜，微澀	易結晶，結晶暗黃色，粒粗
	桃金娘科 桉屬 隆緣桉 *Eucalyptus exserta* F. V. Muell.	琥珀色、深色	有桉醇味，甜，微酸	易結晶，結晶暗黃色，粒粗
	桃金娘科 桉屬 檸檬桉 *Eucalyptus citriodora* Hook.F.	琥珀色、深色	有檸檬香味，甜，微澀	易結晶，結晶暗黃色，粒粗
白刺花蜂蜜	豆科 白刺花 *Sophora viciifolia* Hance	淺琥珀色	清香，甜潤	結晶乳白，細膩
草木樨蜂蜜	豆科 黃香草木樨 *Melilotus officinalis* (L.) Desr.	淺琥珀色	清香，甜潤	結晶乳白，細膩
	豆科 白香草木樨 *Melilotus albus* Desr.	水白色、白色	清香，甜潤	結晶乳白，細膩
刺槐蜂蜜（洋槐蜂蜜）	豆科 刺槐 *Robinia pseudoacacia* L.	水白色、白色	清香，甜潤	不易結晶，偶有結晶乳白細膩
椴樹蜂蜜	椴樹科 紫椴 *Tilia amurensis* Rupr.	特淺琥珀色	香味濃，甜潤	易結晶，結晶乳白，細膩
	椴樹科 糠椴 *Titia mandschurica* Rupr.	特淺琥珀色	甜潤	易結晶，結晶乳白，細膩
鵝掌柴蜂蜜（鴨腳木蜂蜜）	五加科 鵝掌柴 *Schefflera octophylla* Harms.	淺琥珀色、琥珀色	甜，微苦	易結晶，結晶乳白，細膩
柑橘蜂蜜（柑桔蜂蜜）	芸香科 柑橘 *Citrus reticulata* Blanco	淺琥珀色	香味濃，甜潤	易結晶，結晶乳白細膩
胡枝子蜂蜜	豆科 胡枝子 *Lespedeza bicolor* Turcz.	淺琥珀色	略香，甜潤	易結晶。結晶乳白，細膩
荊條蜂蜜（荊花蜂蜜）	馬鞭草科 荊條 *Vitex negundo var. heterophylla* (Franch.) Rehd.	淺琥珀色	略香，甜潤	易結晶。結晶乳白，細膩
老瓜頭蜂蜜	蘿藦科 老瓜頭 *Cynanchum romarovii* Al. Iljinski	淺琥珀色	有香味，甜膩	結晶乳白色

（接續下表）

產品名稱	蜜源植物	色澤	氣味/滋味	結晶狀態
荔枝蜂蜜	無患子科 荔枝 *Litchi chinensis* Sonn.	淺琥珀色	香味濃，甜潤	易結晶。結晶乳白，粒細
柃屬蜂蜜（野桂花蜂蜜）	山茶科 柃屬 *Eurya*	水白色、白色	清香，甜潤	不易結晶。偶有結晶乳白細膩
龍眼蜂蜜	無患子科 龍眼 *Dimocarpus longan* Lour.	琥珀色	有香味，甜潤	不易結晶。偶有結晶琥珀色，顆粒略粗
密花香薷蜂蜜（野藿香蜂蜜）	唇形科 密花香薷 *Elsholtzia densa* Benth.	淺琥珀色	有香味，甜	結晶粒細
棉花蜂蜜	錦葵科 陸地棉 *Gossypium hirsutum* L.	淺琥珀色、琥珀色	無香味，甜	易結晶，結晶乳白，粒細、硬
	錦葵科 海島棉 *Gossypium barbadense* L.	淺琥珀色、琥珀色	無香味，甜	易結晶，結晶乳白，粒細、硬
枇杷蜂蜜	薔薇科 枇杷 *Friobotrya japonica* (Thunb.) Lindl.	淺琥珀色	有香味，甜潤	結晶乳白，顆粒略粗
蕎麥蜂蜜	蓼科 蕎麥 *Fagopyrum esculentum* Moench.	深琥珀色	有刺激味，甜膩	易結晶，結晶琥珀色，粒粗
烏桕蜂蜜	大戟科 烏桕 *Sapium sebiferum* (L.) Roxb.	琥珀色	甜味略淡，微酸	易結晶，結晶暗黃，粒粗
	大戟科 山烏桕 *Sapium discolor* (Champ.)	琥珀色	甜味略淡	易結晶，結晶微黃，粒粗
向日葵蜂蜜（葵花蜂蜜）	菊科 向日葵 *Helianthus annuus* L.	淺琥珀色、琥珀色	有香味，甜潤	易結晶，結晶微黃
野壩子蜂蜜	唇形科 野壩子 *Elsholtzia rugulosa* Hemsl.	淺琥珀色，略帶綠色	有香味，甜	極易結晶，結晶分粗細兩種，細膩的質硬

（接續下表）

產品名稱	蜜源植物	色澤	氣味／滋味	結晶狀態
野豌豆蜂蜜（苕子蜂蜜）	豆科 廣布野豌豆 *Vicia sativa* L.	淺琥珀色	清香，甜潤	結晶細膩
	豆科 長柔毛野豌豆 *Vicia villosa* Roth.	特淺琥珀色	清香，甜潤	結晶細膩
油菜蜂蜜	十字花科 油菜 *Brassica campestris* L.	琥珀色	甜，略有辛辣或草青味	極易結晶，結晶乳白、細膩
棗樹蜂蜜（棗花蜂蜜）	鼠李科 棗 *Zizyphus jujuba Mill.*var. *inermis* (Bunge.) Rehd.	淺琥珀色、琥珀色、深色	甜膩	不易結晶
芝麻蜂蜜	胡麻科 芝麻 *Sesamum orientale* L.	淺琥珀色、琥珀色	有香味，甜，略酸	結晶乳白色
紫花苜蓿蜂蜜	豆科 紫花苜蓿 *Medicago sativa* L.	淺琥珀色	有香味，甜	易結晶，結晶乳白，粒粗
紫雲英蜂蜜	豆科 紫雲英 *Astragalus sinius* L.	白色、特淺琥珀色	清香，甜膩	不易結晶，偶有結晶乳白、細膩

註：色澤的描述採用 SN/T 0852—2000 中 3.2 用詞。依水分含量不同，色澤、氣味和滋味略有差異。

五、國際常用的蜂蜜品質標準

由於蜂蜜一直是國際貿易的主要農產品之一，國際食品法典委員會（Codex Alimentarius Commission, CAC; Codex）於 1981 年頒布蜂蜜品質標準（CODEX STAN 12-1981），又於 1987 年與 2001 年兩次修訂，成為世界各國制定蜂蜜標準的重要參考。重要內容摘要如下：

CODEX STAN 12-1981（1981 年公布，1987、2001 年修訂）

1. 蜂蜜的定義與描述

1.1 定義：蜂蜜是一種天然的甜味物質，由蜜蜂採集植物的花蜜或植物的分泌液，或是刺吸式昆蟲吸食植物所產生的分泌液，經由蜜蜂釀製貯存於蜂巢。

1.2 Blossom honey / nectar honey，源自植物花蜜釀成的蜂蜜。

1.3 Honeydew honey，源自半翅目（Hemiptera）昆蟲分泌的蜜露，或是源自活體植物直接分泌的甜汁，皆稱爲甘露蜜。

1.4 描述：蜂蜜主要含有多種糖類，尤其以果糖與葡萄糖爲主，還有其他物質，例如有機酸、酵素與源自蜜蜂在採集過程的細微顆粒。蜂蜜的顏色從近似無色到深棕色，外觀從液態、黏稠態或是結晶態。蜂蜜的風味與口感互異，但都是源自植物蜜源的不同而產生變異。

2. 重要的組成與品質因子

2.1 蜂蜜不可以添加任何食品添加劑，或是任何非蜂蜜的物質。蜂蜜在貯存或加工過程中，不可從外界吸附不良物質或不良氣味，也不可以有發酵現象。除不可避免去除外來無機或有機物外，不得去除蜂蜜特有的花粉或成分。

2.2 蜂蜜不得加熱或加工到其基本成分改變或質量受損的程度。

2.3 化學或生化處理不得用於影響蜂蜜結晶。

2.4 含水量

(a) 一般蜂蜜	不可高於 20%
(b) Heather honey（*Calluna*）	不可高於 23%

2.5 糖類含量

2.5.1 果糖與葡萄糖（兩者相加）

(a) 一般蜂蜜	不可低於 60 g /100 g
(b) 甘露蜜，或是甘露蜜混合花蜜	不可低於 45 g /100 g

2.5.2 蔗糖含量

(a) 一般蜂蜜	不可高於 5 g /100 g
(b) Alfalfa (*Medicago sativa*), *Citrus* spp., False Acacia (*Robinia pseudoacacia*), French Honeysuckle (*Hedysarum*), Menzies Banksia (*Banksia menziesii*), Red Gum (*Eucalyptus camaldulensis*), Leatherwood (*Eucryphia lucida*), *Eucryphia milliganii*	不可高於 10 g /100 g
(c) Lavender (*Lavandula* spp.), Borage (*Borago officinalis*)	不可高於 15 g /100 g

2.6 水不溶物含量

(a) 一般蜂蜜	不可高於 0.1 g /100 g
(b) 擠壓蜜（pressed honey）	不可高於 0.5 g /100 g

2.7 酸度

不可超過 50 meq H^+ / 1,000 g。

2.8 澱粉酶值

蜂蜜加工後，澱粉酶值不可低於 8 Schade units。部分澱粉酶值較低的蜜種，不可低於 3 Schade units。

2.9 羥甲基糠醛（HMF）

蜂蜜加工後，HMF 不可高於 40 mg / kg。然而，源自熱帶地區生產的蜂蜜，HMF 不可高於 80 mg / kg。

2.10 電導度

一般蜂蜜不可高於 0.8 mS / cm。Strawberry tree (*Arbutus unedo*)、Bell Heather (*Erica*)、Eucalyptus、Lime (*Tilia* spp.)、Ling Hea her (*Calluna vulgaris*) Manuka 或 Jelly bush (*Leptospermum*)、Tea tree (*Melaleuca* spp.) 等蜜源例外。

3. 蜂蜜眞實性檢驗

(1) AOAC 977.20 檢測糖類組成

(2) AOAC 991.41 檢測穩定碳同位素比值（stable carbon isotope ratio analysis, SCIRA）

蜂蜜摻假的問題與鑑別技術

一、問題背景

蜂蜜爲大自然的恩賜，每一種蜜源植物都有其特定開花的條件，且須有配合的環境條件才會泌蜜。例如，臺灣的龍眼花期通常在 4 月，除了前一年的冬季氣候條件，會影響春季花芽的分化，4 月間也正値氣候變化劇烈的時節，連日陰雨會縮短龍眼花期，泌蜜產量減少，乾旱少雨，泌蜜量更會大減；龍眼花屬於高溫流蜜型，外界氣溫需達 27℃ 以上才流蜜，因此，「風調雨順」龍眼蜜才有機會豐收。蜂蜜像酒類、茶類、咖啡等記錄風土出名的食材一樣，可以記錄和反映該年的氣候、花種特性、土壤狀況的農產品。近年來全球氣候變遷日漸劇烈，「風調雨順」日漸不可得，再加上蜜蜂面臨「蜂群崩解失調症」的威脅，導致全球蜂蜜價格不斷上揚。

相較於其他農產品而言，蜂蜜更容易成爲國際貿易的農產物資，這也使得不肖商人利用各種摻僞方式，降低成本爭取利潤。蜂蜜摻僞已經成爲國際關注的問題，歐盟曾於2014年票選最易摻僞的食品，蜂蜜名列第6名。蜂蜜摻僞的動機在降低成本，增加自身的利潤，符合美國食品藥物管理局的「食品欺詐」（food fraud）或「經濟動機摻僞」（economically motivated adulteration, EMA）的工作定義，即「欺騙地、蓄意地取代或添加產品中的某一物質，以增加其外觀價值或降低其生產成本，以爭取經濟或財務收益。」亦觸犯《食品安全衛生管理法》第15條「七、攙僞（即本文中的摻僞）或假冒之食品或食品添加物，不得製造、加工、調配、包裝、運送、貯存、販賣、輸入、輸出、作爲贈品或公開陳列」之規定。

二、蜂蜜摻假的類型

蜂蜜摻假的議題，基本上可區分爲下列五種類型：

1. 人造蜂蜜：以高果糖漿爲主要原料，混入少許的天然蜜，再添加少量的焦糖色素與香精，市面上常以「調和蜂蜜」名稱販售，成本極低。
2. 工廠混摻糖漿：由於天然蜜的原料成本極高，部分工廠爲求降低成本，於天然蜜中混摻30～70%高果糖漿，由於含有的天然蜜的比例較高，通常不再添加焦糖色素與香精，市面上也以「蜂蜜」名稱販售。
3. 糖蜜殘留：此種摻假通常發生於養蜂生產端，蜂農於蜜源不足時期餵飼砂糖漿，殘留於蜂蜜中，於採蜜期一併被採收。由於其來源不符合「蜂蜜」的定義，也是一種摻假。一般多發生於頭期蜜，殘留比例多爲30%以下，市面上也以「蜂蜜」名稱販售。
4. 產地摻假：臺灣民眾普遍喜愛龍眼蜜，但純正臺灣龍眼蜜量少而價昂，而進口泰國龍眼蜜的價格較低，因而發生泰國龍眼蜜混充臺灣龍眼蜜的現象，一般對外皆以「臺灣龍眼蜜」名稱販售。現階段由於缺乏科學鑑別技術，這種產地混摻的情形近年來變得非常嚴重，對良善蜂蜜業者與消費者的權益影響甚鉅。
5. 蜜源混摻：基本上就是以較低價的天然蜜混摻於高價的特色蜜，例如以百花蜜或荔枝蜜混摻於龍眼蜜，以西洋蜂採收的百花蜜混充爲高價的東方蜂蜂蜜。

三、蜂蜜摻假相關的檢測技術

由於蜂蜜摻假涉及國際貿易議題，而且明顯不符合民眾對蜂蜜眞實性的期待，文獻上對於蜂蜜摻假的研究眾多。Anklam（1998）曾針對人造蜂蜜摻假、特定蜜源植物與蜂蜜產地三項議題發表重要的綜合論述，也歸納了許多分析鑑定的方法如下：胺基酸與蛋白質分析、芳香物質的分析、糖類分析、酵素分析、發酵產物的分析、類黃酮分析、花粉相分析、微量元素分析、有機酸分析、多酚類分析與穩定同位素分析。Siddiqui et al.（2017）又針對人造蜂蜜摻假、特定蜜源植物與蜂蜜產地三項議題發表綜合論述，明確指出不同分析方法各有其優缺點與適用範圍。而且各地的天然蜜本身就存在諸多變異，加上蜂蜜貯存過程容易產生變化，因此，縱使現代分析技術進步迅速，然對於蜂蜜摻假議題，仍有諸多技術問題亟待克服。以下介紹幾種重要的檢測技術。

(一) C4 糖漿檢驗——C^{13} 穩定同位素分析法

C^{13} 穩定同位素分析法為目前國際上最廣為採用以鑑別蜂蜜混摻人造糖漿的方法。AOAC Official method 998.12 已詳實記載本分析方法，國際食品法典委員會（Codex Alimentarius Commission）也將本方法列入作為鑑別蜂蜜成分摻假（CODEX STAN 12-1981）。植物光合作用的途徑分為 C3、C4 與 CAM 等 3 種類型，它們都是利用大氣中的 CO_2 為原料，經光合作用合成碳水化合物；由於大氣 CO_2 的碳原子約 1% 為 C^{13}，導致 C4 光合作用的產物之 $\delta^{13}C$ 值約為 -10‰，另二者則約為 -25‰。蜜源植物都屬於 C3 光合作用的植物，而常見之商業糖漿原料，如甘蔗及玉米皆屬 C4 光合作用植物。並且，蜂蜜檢體的 $\delta^{13}C$ 值非常穩定，即使長時間貯存或加工，也不會改變其數值，堪稱最穩定的蜂蜜摻假分析方法。Croft（1987）最早提出利用穩定碳同位素作為蜂蜜的摻假鑑定法。實務分析技術（AOAC Official method 998.12），利用花粉的 $\delta^{13}C$ 值作為內標準品，而眞實蜂蜜的 $\delta^{13}C$ 值與其花粉 $\delta^{13}C$ 值的差值平均為 +0.1‰（範圍從 +1.1 到 -0.9‰），一般認為兩者的差值 $<$ 1.0‰ 皆可判定為眞蜂蜜。如果兩者差值 $>$ 1.0‰ 則可用以推估摻假的比例，其最低可檢出的摻假比例限值為摻入 7% 的人工轉化糖。

本方法對於工廠混摻 C4 糖漿於蜂蜜，可以做出非常精確的判定。並且，由於蜂農多以甘蔗糖漿補充餵飼蜂群，此種糖蜜殘留的情形也可以利用本方法鑑別之。

(二) C3 糖漿混摻的問題

AOAC 998.12 穩定同位素 C^{13} 方法可以精確鑑別 C4 糖混摻蜂蜜的問題，但卻無法解決包括小麥、甜菜、大米與樹薯等 C3 植物糖漿混摻的問題。這些 C3 植物源的 δ^{13}C 數值也約為 -25‰，造成蜂蜜摻假鑑別上很大的漏洞。此種 C3 糖漿混摻的問題，已經引起國際間廣泛的討論，並試圖提出有效鑑別的方法。

(三) 液相層析—穩定同位素質譜法（LC/EA-IRMS）鑑別 C3 糖漿

關於 C3 植物糖漿摻假的鑑別技術，發展最成熟者當屬液相層析—穩定同位素質譜法（LC/EA-IRMS）。Elflein & Raezke（2008）提出先利用傳統 C^{13} 同位素技術，檢測全蜂蜜樣品與蛋白質之 δ^{13}C 值。接著利用液相層析串連同位素質譜法（LC-IRMS），針對蜂蜜中各種糖類成分檢測個別之 δ^{13}C 值。他們共分析 451 件真實蜂蜜樣本，歸納分析結果指出：蜂蜜蛋白質、果糖、葡萄糖、二糖和三糖（di- and tri-saccharides）之 δ^{13}C 值範圍在 -22.5 至 -28.2‰ 之間；△ δ^{13}C fructose-glucose= ±1.0‰；蜂蜜蛋白質、果糖、葡萄糖、二糖和三糖，以上數值最大差異值（△ $\delta^{13}C_{max}$）為 ±2.1‰。本方法為科學界首先提出用以鑑別蜂蜜中混摻 C3 糖漿的方法，並宣稱可以鑑別含 10% 之 C3 糖漿的混摻。本方法後來也被德國 Intertek 公司開發作為蜂蜜混摻人造糖漿之收費檢驗項目。臺灣也有蜂蜜廠商自行付費送樣給 Intertek 公司檢驗之，但卻發生△ $\delta^{13}C_{max}$ > ±2.1‰，因而衍生誤判的爭議。

檢視 Elflein & Raezke（2008）用以分析 451 件真實蜂蜜樣本，發現其中並無臺灣蜂蜜樣品，也沒有泰國、越南等地之龍眼蜜相關樣品。因此，本方法是否適用於臺灣蜂蜜的鑑別，有待進一步釐清。目前臺灣並無 LC/EA-IRMS 蜂蜜樣本資料，鑑於各國蜂蜜可能有差異，建議未來可有系統地收集臺灣蜂蜜樣品，探討本方法是否適用於鑑別臺灣蜂蜜混摻 C3 糖漿。

(四) 建立臺灣蜂蜜資料庫的重要性

若要鑑別蜂蜜摻假，首先要收集具代表性的眞實性蜂蜜樣品庫，並據以建立眞實蜂蜜樣品的理化特徵，才能根據這些參考樣品與混摻樣品的細微差異與特徵，建立可信任的鑑別技術。臺灣地處亞熱帶，蜜源植物豐富且多樣，但由於地狹人稠且蜂群密度高，導致主要的流蜜期多集中於春季。一般而言，特定花源的單花蜜具有特定的香氣與口感，其價值性高於百花蜜。臺灣常見的單花蜜有柑橘蜜（3 月）、荔枝蜜（3～4 月）與龍眼蜜（4 月），5～6 月則有大花咸豐草、烏桕，後二者由於蜜源分散，一般以百花蜜稱之。此外，也有一些地區性的單花蜜，例如白千層蜜、文旦蜜、水筆仔蜜、紅淡蜜、楠木蜜、紅柴蜜、鴨腳木蜜等。單花蜜中尤以龍眼蜜最受國人喜愛，堪稱臺灣代表性的蜂蜜。臺灣龍眼蜜的產地集中於臺灣中南部，色澤呈現深琥珀色，香氣濃郁，口感芳香可口。中國福建、廣東與廣西也出產龍眼蜜，花期比臺灣稍晚；泰國北部與越南北部也出產龍眼蜜，花期約於 2～3 月，產量大且價格較低，但香氣遠不如臺灣龍眼蜜。

相對於其他國家而言，臺灣蜂蜜的種類較為單純，尤其要建立單花蜜的特徵資料，困難度相對較低。然而，過去臺灣農政單位並未重視這項工作，未能有系統地收集蜂蜜樣品，更遑論進一步分析各項特色蜂蜜的理化特徵。歐盟在單花蜂蜜資料庫的建立，則投入大量的工作。他們針對 15 種歐洲地區常見的單花蜜，收集了來自 21 個國家共 6,719 件蜂蜜樣品，建立了這些單花蜂蜜的理化特徵，包括感官分析（外觀、嗅覺與味覺）、花粉相、色澤、電導度、旋光度、含水量、澱粉酶、轉化酶、脯胺酸含量、pH、酸度、果糖、葡萄糖、蔗糖、果糖 + 葡萄糖、果糖／葡萄糖比值、葡萄糖／水分比值等，分析得理化數據達 46,181 筆之譜（Oddo & Piro, 2004）。

宜蘭大學團隊深知建立蜂蜜資料庫的重要性，約於 2012 年開始收集臺灣蜂蜜的樣品，目前已累積上千件的蜂蜜樣品。尤其，為了服務臺灣北部的小農，宜蘭大學也裝設了高規格的小型蜂蜜濃縮設備，每批次可濃縮 20～80 公升。本設備使用 50℃ 低溫濃縮，又搭配蜂蜜出料降溫裝置，濃縮後不會減低蜂蜜澱粉酶活性，每到流蜜期總有眾多小農前來委託濃縮，也藉機收集更多量的臺灣北部特色蜂蜜樣品。目前這些樣品均保存於 -20℃，除了樣品數量仍需持續收集外，更需要進一步建立臺灣蜂蜜的理化特徵，並作爲摻假蜂蜜的比對參考樣品。目前，農糧署也開始重視蜂蜜標本庫的重要性，自 2020 年開始委託臺灣蜜蜂與蜂產品學會收集臺灣蜂蜜的樣品，並保存於苗栗區農業改良場，供學術單位申請研究用。

(五) 蜜源與產國鑑別

蜂蜜的蜜源與產國鑑別，具有極高的困難度（Oddo & Bogdanov, 2004）。主要原因是各種類別蜂蜜的理化組成，歧異度大，很難用已知成分的方式去定義。

由於食品多源自天然產物，未知變因太多而無法用已知的組成分定義之，近年來國際間提出以非特定物質指紋圖譜（non-targeted fingerprinting）的方式作爲食品管制的策略。Esslinger et al.（2014）特別以蜂蜜、橄欖油和酒類等 3 種食品爲例，提出利用非特定物質指紋圖譜的方法，再結合多變量的統計分析方法，例如 PCA、LDA、PLS-DA 等，藉以鑑別蜂蜜的眞實性、蜜源類別與產地。

用以獲得非特定物質指紋圖譜資料的分析技術，常見有 ^{1}H NMR、HPLC-UV、NIR、FT-IR、GC-IMS、Raman 等技術與方法。現階段以 ^{1}H NMR（核磁共振法）最受矚目。目前已有歐洲的檢驗公司建立蜂蜜 NMR 資料庫，宣稱可以同時鑑識蜂蜜摻假、蜜源與產國等資料，並已對外進行收費檢驗。

第八節 結語

蜂蜜是人類最早利用的甜食，被譽爲最健康的糖，也是養蜂業最重要的採收項目與收入來源，可說是最重要的蜂產品。隨著社會的進步，消費大眾對蜂蜜的品質要求日漸提高，養蜂業者必須不斷精進自身的專業能力，才能產出質量兼具的蜂蜜產品。鑒於國內蜂蜜產品常因標示問題而衍生諸多疑義，臺灣衛福部也特別針對蜂蜜產品的標示特別訂定辦法，並公告於 2023 年 7 月 1 日開始實施。其中「蜂蜜」係指符合前述定義且無任何添加物者稱之；人爲添加糖或有糖蜜殘留者，而且純蜂蜜含量大於 60%，可稱爲「加糖蜂蜜」；如以蜂蜜爲主要材料（≧ 60%），添加其他可食性物質，例如添加人蔘萃取物，可稱爲「含人蔘蜂蜜」；蜂蜜含量小於 60% 者，不得以蜂蜜爲名詞，例如含 30% 蜂蜜的糖漿產品，應標示爲「蜂蜜風味（口味）糖漿」；如果完全不含蜂蜜成分，則商品標示不可有「蜜」字。此外，蜂蜜產品應標示蜜源的產國，如果混合不同產國，應依比例高低依序標示。這也是一種進步的政策，希望能因此減低蜂蜜標示的問題。此外，多數蜂農也會以完整包裝的蜂蜜產品直接零售給消費者，如此必須符合一般食品衛生與食品標示的規定，才能避免被罰，蜂農朋友必須特別留意相關規定。

延伸閱讀及引用文獻

林世斌、陳莉臻、陳裕文。2002。蜂蜜酒及蜂蜜醋釀製用酵母菌及醋酸菌篩選之初步研究。宜蘭技術學報（生物資源專輯）9：297-304。

陳春廷。2018。建構臺灣龍眼蜂蜜之鑑別技術。國立宜蘭大學博士論文 72 頁。

陳冠樺。2015。2014 年春季流蜜期臺灣產蜂蜜質量研究。國立宜蘭大學碩士論文 40 頁。

魏于凡。2017。氣象層析離子泳動光譜分析技術應用在蜂蜜鑑定的研究。國立宜蘭大學碩士論文 56 頁。

Anklam, E. 1998. A review of the analytical methods to determine the geographical and botanical origin of honey. Food Chem. 63: 549-562.

Batista, B. L., Da Silva, L. R. S., Rocha, B. A., Rodrigues, J. L., Berretta-Silva, A. A., Bonates, T. O., ... & Barbosa, F. 2012. Multi-element determination in Brazilian honey samples by inductively coupled plasma mass spectrometry and estimation of geographic origin with data mining techniques. Food Research International 49: 209-215.

Cabanero, A.I., Recio, J.L., & Ruperez, M. 2006. Liquid chromatography coupled to isotope ratio mass spectrometry: a new perspective on honey adulteration detection. J. Agric. Food Chem. 54: 9719-9727.

Cengiz, M. F., Durak, M. Z., & Ozturk, M. 2014. In-house validation for the determination of honey adulteration with plant sugars (C4) by Isotope Ratio Mass Spectrometry (IR-MS). LWT - Food Science and Technology 27: 9-15.

Chen, C. T., Chen, B. Y., Nai, Y. S., Chang, Y. M., Chen, K. H., & Chen, Y. W. 2019. Novel inspection of sugar residue and origin in honey based on the 13C/12C isotopic ratio and protein content. J. Food Drug Anal. 27: 175-183.

Croft, L. R. 1987. Stable isotope mass spectrometry in honey. Trends in Analytic Chemistry 6: 206-

209.

Consonni, R., Cagliani, L. R. 2008. Geographical characterization of polyfloral and acacia honeys by nuclear magnetic resonance and chemometrics. Journal of Agricultural and Food Chemistry 56: 6873-6880.

Consonni, R., Cagliani, L. R., & Cogliati, C. 2013. Geographical discrimination of honeys by saccharides analysis. Food Control 32: 543-548.

Elflein, L., Raezke, K. P. 2008. Improved detection of honey adulterationby measuring differences between $^{13}C/^{12}C$ stable carbon isotoperatios of protein and sugar compounds with a combination ofelemental analyzer - isotope ratio mass spectrometry and liquidchromatography - isotope ratio mass spectrometry (^{13}C-EA/LC-IRMS). Apidologie 39: 574-587.

Esslinger, S., Riedl, J., & Fauhl-Hassek, C. 2014. Potential and limitations of non-targeted fingerprinting for authentication of food in official control. Food Research International 60: 189-204.

Fei, X., Wu, B., Sehn, C., Ding, T., Li, L., & Lu, Y. 2011. Honey adulteration detection using liquid chromatography/elemental analysis-isotope ratio mass spectrometry. Se pu= Chinese journal of chromatography/Zhongguo hua xue hui, 29(1), 15-19.

Guler, A., Kocaokutgen, H., Garipoglu, A.V., Onder, H., Ekinci, D., & Biyik, S. 2014. Detection of adulterated honey produced by honeybee (*Apis mellifera* L.) colonies fed with different levels of commercial industrial sugar (C3 and C4 plants) syrups by the carbon isotope ratio analysis. Food Chemistry 155: 155-160.

Kanua, A. B., and H. H. Hill Jr. 2008. Ion mobility spectrometry detection for gas chromatography. Journal of Chromatography A 1177: 12-27.

Karpas, Z. 2013. Applications of ion mobility spectrometry (IMS) in the field of foodomics. Food Research International 54: 1146-1151.

Kropf, U., Golob, T., Necemer, M., Kump, P., Korošec, M., Bertoncelj, J., & Ogrinc, N. 2010a. Carbon and nitrogen natural stable isotopes in Slovene honey: adulteration and botanical and geographical aspects. Journal of Agricultural and Food Chemistry 58: 12794-12803.

Kropf, U., Korošec, M., Bertoncelj, J., Ogrinc, N., Ne emer, M., Kump, P., & Golob, T. 2010b. Determination of the geographical origin of Slovenian black locust, lime and chestnut honey. Food Chemistry 121: 839-846.

Oddo, L. P., Bogdanov, S. 2004. Determination of honey botanical origin: problems and issues. Apidologie 35: S2-S3.

Oddo, L. P., Piro, R. 2004. Main European unifloral honeys: descriptive sheets. Apidologie 35: S38-S81.

Padovan, G. J., De Jong, D., Rodrigues, L.P., & Marchini, J.S. 2003. Detection of adulteration of commercial honey samples by the $^{13}C/^{12}C$ isotopic ratio. Food Chemistry 82: 633-636.

Panseri, S., Manzo, A., Chiesa, L. M., & Giorgi, A. 2013. Melissopalynological and volatile compounds analysis of buckwheat honey from different geographical origins and their role in botanical determination. Journal of Chemistry: 2013.

Rogers, K. M., Somerton, K., Rogers, P., & Cox, J. 2010. Eliminating false positive C4 sugar tests on New Zealand Manuka honey. Rapid Commun. Mass Spectrom. 24: 2370-2374.

Ruoff, K., Luginbühl, W., Bogdanov, S., Bosset, J. O., Estermann, B., Ziolko, T., & Amadò, R. 2006a. Authentication of the botanical origin of honey by near-infrared spectroscopy. Journal of Agricultural and Food Chemistry 54: 6867-6872.

Ruoff, K., Luginbühl, W., Künzli, R., Bogdanov, S., Bosset, J. O., von der Ohe, K., ... & Amadò, R. 2006b. Authentication of the botanical and geographical origin of honey by front-face fluorescence spectroscopy. Journal of Agricultural and Food Chemistry 54: 6858-6866.

Siddiqui, A. J., Musharraf, S. G., Choudhary, M. I., & Rahman A. 2017. Application of analytical methods in authentication and adulteration of honey. Food Chemistry 217: 687-698.

Simsek, A., Bilsel, M., & Goren, A.C. 2012. $^{13}C/^{12}C$ pattern of honey from Turkey and determination of adulteration in commercially available honey samples using EA-IRMS. Food Chemistry 130: 1115-1121.

Stanimirova, I., Üstün, B., Cajka, T., Riddelova, K., Hajslova, J., Buydens, L. M. C., & Walczak, B. 2010. Tracing the geographical origin of honeys based on volatile compounds profiles assessment using pattern recognition techniques. Food Chemistry 118: 171-176.

Tosun M. 2013. Detection of adulteration in honey samples added various sugar syrups with 13C/12C isotope ratio analysis method. Food Chem. 138: 1629-32.

Wang, S., Guo, Q., Wang, L., Lin, L., Shi, H., Cao, H., & Cao, B. 2015. Detection of honey adulteration with starch syrup by high performance liquid chromatography. Food Chemistry 172: 669-674.

White, J. W., Subers, M. H. 1964. Studies on honey inhibine 3- Effect of heat. J. Apic. Res. 3: 45-50.

筆記欄

CHAPTER 3

神奇的食物——蜂王乳

對蜜蜂而言，蜂王乳是一種神奇且特殊的食物。蜂后與工蜂都是由受精卵發育而成的雌性個體，如果雌性幼蟲以蜂王乳爲主要食物，則該幼蟲將發育爲蜂后，她具有強大的產卵能力，而且壽命可長達 3 年以上；相對的，如果雌性幼蟲取食一般的食物（工蜂乳），則發育爲一般工蜂，通常不具產卵能力，成年工蜂壽命僅約 1～2 個月。

基本上，蜜蜂屬（*Apis*）昆蟲都有蜂王乳，但由於只有西洋蜂（*A. mellifera*）的蜂王乳才具有生產應用價値，而且絕大部分的文獻都是以西洋蜂的蜂王乳爲探討對象，因此，本章中所言的蜂王乳，都是指西洋蜂的蜂王乳。

第一節　蜂王乳的來源

蜂王乳（royal jelly）一詞，最早在 1792 年由 Francois Huber 提出。1950 年代墨西哥、法國及義大利最早開始生產銷售，成爲飼養蜜蜂的一種新產品。最早引起世人注意是因爲天主教教宗皮奧十二世（Pope Pius XII）食用蜂王乳的保健功效。到 1955 年及 1958 年有美國的 Johansson 發表有關蜂王乳的成分、特性及利用的報告。Townsend et al.（1959, 1960）發表於 Nature 與 Cancer Reasercch 的重量級文獻指出，蜂王乳富含的癸烯酸（10-HDA）具有抗癌作用。1959～1960 年日本的 Inoue 提出蜂王乳的生產研究及蜂王乳的科學生產方法兩篇報告後，使得蜂王乳得以量產，蜂王乳開始普及化，尤其在日本最爲風行。

蜂王乳又稱王乳、蜂皇漿、皇漿、王漿，中國則稱爲「蜂王漿」。蜂王乳是 5～15 日齡年輕工蜂的下咽頭腺（hypopharyngeal gland）及大顎腺（mandibular gland）分泌的乳狀物，是蜜蜂餵飼蜂后成蟲和幼蟲的食物。蜂后由卵孵化爲幼蟲至成蟲階段，終生都以蜂王乳爲食物，因此，這種乳漿狀的食物稱爲蜂王乳。工蜂及雄蜂幼蟲的食物與蜂后幼蟲的食物，在成分上有差異。嚴格區分時，可把工蜂幼蟲的食物稱爲工蜂乳，雄蜂幼蟲的食物稱爲雄蜂乳。

第二節 蜂王乳的生產

一、生產蜂王乳的基本流程

※選取適合生產蜂王乳的蜜蜂品系

※維持強勢健壯的蜂群

→

※隔王板隔開蜂后

※王臺框內移入約1日齡工蜂幼蟲，置於無王區

→

※3日後（約72小時）取出王臺框

※割除蠟脾並夾除幼蟲，取出王杯內剩餘食物，即為蜂王乳

圖 3-1　蜂王乳生產流程

養蜂者利用強勢蜂群分封建造王臺的原理，生產蜂王乳。在單箱飼養的蜂群中，先把蜂群用隔王板分成有王區及無王區，無王區中放置一組黏有人造塑膠王臺的王臺框，每個王臺框通常有 3 排塑膠王臺，每 1 排則有 32 個王杯，如此共有 96 王杯／王臺框。這 96 王杯每一個都要以移蟲針小心移入 1 隻孵化 12～36 小時的工蜂幼蟲（圖 3-2），誘使工蜂培育蜂王並分泌蜂王乳。72 小時後自蜂箱抽出王臺框（圖 3-3）取出幼蟲，將王杯內的蜂王乳採收後，經過 100 目的濾網或濾布過濾後，即得新鮮的蜂王乳。使用繼箱飼養蜜蜂，採收蜂王乳較不方便。

圖 3-2　人造塑膠王臺內移入 12～36 小時孵化的幼蟲

圖 3-3　移蟲 72 小時後自蜂箱抽出王臺框，可發現蜂群在接受的塑膠王杯上，利用蜂蠟加高王杯的高度

圖 3-4　每一人工王杯中約可生產 400～500 毫克的蜂王乳

通常繼箱中多放置封蓋幼蟲脾，需要如同單箱飼養的方式調整巢脾，並把採收蜂王乳的王臺框，用隔王板隔在上方的繼箱中以便採收蜂王乳。每一人工王杯中約可生產 400～500 毫克的蜂王乳（圖 3-4），每箱蜜蜂每次約可採收 40～50 克的蜂王乳。

生產蜂王乳的蜂群必須強壯健康，巢脾數目要維持有 8 片，蜂群中要維持有足夠的蜂糧及蜂蜜，才適於生產蜂王乳。生產蜂王乳期間如果田間粉蜜源缺乏，要適當的補充糖水與花粉餅。產王乳框插在蟲卵脾之間，或在蟲卵脾與封蓋脾之間，可使分泌王乳的工蜂集中而提高產量。有王區及無王區的巢脾約 5～7 天調整一次，以保持產乳框附近有充足的適齡工蜂。

二、生產蜂王乳的飼養管理策略

(一) 選擇適當的蜜蜂品系

基本上，不同的西洋蜂群有其遺傳生理與行爲特性，如果要生產蜂王乳，當然要培養高產且質優的產乳品系。在臺灣，商業飼養的蜂群主要以採收蜂蜜與蜂王乳爲生產項目，一般簡單區分爲蜜種（以高採蜜爲主）與乳種（高產蜂王乳）兩種生產性狀的蜂種。以平箱飼養而言，蜜種蜂群大約只能採收約 30 g / 箱 / 次，而乳種則可達 50 g / 箱 / 次。然而，後者常有指標成分——癸烯酸含量偏低的疑慮，如何培育高產且質優的乳種蜜蜂品系，應是重要的議題。

(二) 維持蜂群的健壯

除了選擇適合的蜜蜂品系，維持蜂群的健壯也是非常重要的關鍵因素。基本上，蜜蜂的病敵害必須有效控制，外界必須有豐富的蜜粉源，如果環境條件不足，也應補充餵飼充足的花粉與蔗糖水。一般來說，在蜜粉源充足的環境下生產的蜂王乳，品質與產量都會比較高。臺灣屬於亞熱帶地區，理論上全年都可以生產蜂王乳，但蜜粉源條件在不同的地區、季節仍有很大的變化。在臺灣，春季是蜜粉源最佳的季節，但 3～4 月蜂農多忙於採蜜而停止生產蜂王乳；7～8 月盛夏，外界粉蜜源普遍不佳，多數的蜂農也會停止生產蜂王乳；因此，1 年中大約只有 9 個月適於生產蜂王乳，這段期間應選擇天然條件較佳的蜂場位置，並給予適度餵飼糖水與花粉，才能確保蜂王乳的品質與產量。關於糖水的配置，要選用特級砂糖，不可使用高果糖漿。花粉餅的配置，則應儘量提高天然花粉的比例，黃豆粉的比例應儘量降低。目前，在臺灣尚無代用花粉的商品，仍由蜂農自行配置，期待未來有高品質的代用花粉商品上市。

(三) 適當的生產與採收模式

除了上述蜂群本身與環境條件因子外，仍有一些重要的細節必須注意：

1. 選擇正確蟲齡的幼蟲與正確的採乳時間

蜂后的幼蟲約於 132 小時蟲齡進入封蓋期，適合採乳期約是 90～100 小時蟲齡期。因此，應選擇 12～36 小時的工蜂幼蟲來移入王杯中，並於 68～72 小時候採收蜂王乳。蟲齡太小不易移蟲，產量也較低；蟲齡太大或太晚採收，將導致王杯中的蟲齡太大，有時甚至出現王杯幼蟲已封蓋，這種老齡蟲的蜂王乳產量低，而且品質不佳。

2. 選擇適當的王杯數

移蟲時，應確保幼蟲完好且正確的置於王杯底部，並且有效阻隔蜂后，才能提高王杯幼蟲的接受率。王杯的數目也很重要，理想的單一王杯產乳量應達 500 mg。如果王臺框使用 3 排王杯（32×3 = 96 王杯），則每次可採收 40～50 g 蜂王乳。如果王杯內的蜂王乳量僅 300～400 mg，表示王杯數量太多，超出蜂群的泌乳能力，應加強補充餵飼並減少爲 2 排王杯（32×2 = 64 王杯），則每箱次約可採收 30～35 g 蜂王乳。有些蜂農在泌乳能力較強的蜂群放入 4～5 排王杯，採收量可達 65～75 g / 箱次，但應特別注意癸烯酸可能偏低的問題。

3. 注意蜂王乳保鮮與衛生條件

圖 3-5　蜂王乳採收設備

幼蟲移入王杯後，應儘速放入蜂群照護；抽出王臺框後，應儘速收乳，並立即置於低溫保鮮。目前臺灣已有商業量產的蜂王乳採收設備（圖 3-5），其利用離心原理將王杯內的蜂王乳與幼蟲一起拋離，幼蟲會被不鏽鋼篩網攔截，而蜂王乳則收集於容器中，節省不少人力與時間。然而，有少數的幼蟲體壁可能發生破裂，其體液會汙染蜂王乳。實務上發現這種體液汙染的蜂王乳易出現發泡現象，口感也會產生改變。因此，目前建議仍應人工夾除幼蟲後，再放入蜂王乳離心設備收獲之，雖然較費工，但可以避免幼蟲體液汙染的問題。

第三節　蜂王乳的組成分

蜂王乳的 pH 值爲 3.4～4.5，屬於弱酸性。蜂王乳的成分變化大，影響的因素很多，例如：蜂群的強弱、蜜蜂的品種、採收的時間、採收的方法、採收後的貯存、分析蜂王乳成分的方法等。蜂群本身的影響因子，包括蜂群的營養狀況、蜜蜂採集花粉的種類、分泌蜂王乳的工蜂日齡等。一般而言，商業生產的蜂王乳爲移蟲後 3 日採收者，3 日生鮮蜂王乳與冷凍乾燥加工後的組成分見表 3-1，其中 furosine 被認爲是蜂王乳新鮮度的指標之一（Marconi et al., 2002）。

表 3-1　生鮮蜂王乳與冷凍乾燥蜂王乳的組成分（Sabatini et al., 2009）

成分	生鮮蜂王乳	冷凍乾燥蜂王乳
水分（%）	60～70	<5
脂類（%）	3～8	8～19
癸烯酸（10-HDA）（%）	>1.4	>3.5

（接續下表）

成分	生鮮蜂王乳	冷凍乾燥蜂王乳
蛋白質（%）	9～18	27～41
果糖（%）	3～13	-
葡萄糖（%）	4～8	-
蔗糖（%）	0.5～2.0	-
灰分（%）	0.8～3.0	2～5
pH	3.4～4.5	3.4～4.5
酸度（mL 0.1N NaOH/g）	3.0～6.0	-
Furosine（mg/100 g protein）	<50	

事實上，蜂王乳只是統稱的名詞，護士蜂顯然會根據幼蟲的日齡而供應不同的食物。可以發現移蟲後 48 小時與 72 小時採收的生鮮蜂王乳，兩者組成分類似表 3-2，但 24 小時採收者，水分含量約減少 10%，粗蛋白增加 3% 以上，糖類也增加 2%。值得注意的是，生鮮蜂王乳含有超氧岐化酶（SOD），這是一種重要的抗氧化與清除自由基的酵素。

表 3-2　移蟲後 24、48 與 72 小時採收之生鮮蜂王乳的成分比較（Zheng et al., 2011）

成分	24 h RJ	48 h RJ	72 h RJ
水分（%）	53.3 ± 4.7	62.8 ± 2.1	64.3 ± 1.8
粗蛋白（%）	19.6 ± 1.4	16.2 ± 1.5	15.0 ± 1.0
醣類（%）	14.3 ± 1.8	12.4 ± 1.5	12.1 ± 1.4
酸度（mL 1N NaOH/100 g）	47.3 ± 4.1	39.4 ± 3.2	37.2 ± 3.0
10-HDA（%）	2.5 ± 0.4	2.0 ± 0.3	2.1 ± 0.2
SOD（U/g）	134.0 ± 48.1	147.0 ± 51.1	139.8± 28.1

一、醣類

醣類在蜂王乳中的含量很高（7.5～15%），約占蜂王乳乾物質 30%。如同蜂蜜一樣，蜂王乳中的醣類約有 90% 為葡萄糖與果糖，蔗糖含量很低（0.5～2.0%）。此外，也含有微量的寡糖類，如麥芽糖、蜜二糖（melibiose）、龍膽二糖（gentiobiose）、花粉糖（trehalose）、核糖（ribose）、棉子糖（raffinose）等。

對蜜蜂幼蟲而言，醣類具有促進取食的功能，並導致幼蟲發育爲蜂后。Wang et al.（2016）比較蜂王乳與工蜂乳的營養組成，發現兩者在水分、蛋白質、癸烯酸與果糖＋葡萄糖含量皆有顯著的差異。其中最大的差異是工蜂乳的水分含量比蜂王乳高約 10%，而果糖＋葡萄糖含量則減少約 8%。

二、蛋白質

蛋白質是蜂王乳非常豐富且重要的成分，比例高達生鮮蜂王乳 9～18%，諸多蜂王乳的生物活性多與蛋白質相關。蛋白質約占蜂王乳乾重的 50%，其中水溶性蛋白質約占 80%，水不溶性蛋白質只占 20%。蜂王乳中重要蛋白質的成分、含量與生物活性見表 3-3。

表 3-3　蜂王乳中重要蛋白質的成分與其生物活性

化合物	類別	生鮮 RJ 含量	生物活性
MRJP 1	Protein	5.89%	殺線蟲活性、抗腫瘤、降低膽固醇、抗高血壓、過敏原
Royalactin	Protein	0.25%	延長無脊椎動物壽命、刺激大鼠肝臟細胞增殖、蜜蜂蜂后的分化、促進幹細胞的自我更新（self-renewal）
MRJP 2 與異構物	Protein	1.41%	抗腫瘤、抗微生物活性、抗氧化、過敏原、保肝、保護腎臟、促進傷口癒合
MRJP 3	Protein	1.66%	調節 T 細胞免疫反應、降低發炎細胞激素的分泌、免疫調節、促進傷口癒合
MRJP 4	Protein	0.89%	抗微生物活性
MRJP 5	Protein	0.64%	
MRJP 6	Protein	-	
MRJP 7	Protein	0.51%	促進傷口癒合
MRJP 8	Protein	-	抗細胞凋亡，減低蜂毒引起的反應
MRJP 9	Protein	-	
Royalisin	Peptide	0.83%	抗細菌活性、抗真菌活性
Apisimin	Peptide	0.13%	刺激人類單核球增殖
Jelleines	Peptide	0.37%	抗微生物活性

水溶性蛋白質由蜂王乳主蛋白（major royal jelly protein, MRJP）家族所組成，共分爲 9 個蛋白，分子量 49～87 kDa，稱之 MRJP 1～9。MRJP 的數字編號主要以發現的先後命名之，同時也代表這些蛋白含量的高低。因此，MRJP 1 幾乎占了 1/2 的含量，而 MRJP 1～5 的總合則占約 90% 水溶性蛋白含量，也是最重要的活性成分，而 MRJP 6～9 則尚未發現明顯的生物效用。MRJPs 不只存在於蜂后的食物中，它們也存在於工蜂與雄蜂幼蟲食物中。這也顯示 MPJPs 的普遍性與多功能性，例如，蜜蜂的腦中也發現會合成 MRJPs（Kucharski et al., 1998），蜜蜂的毒腺與蜂毒中則發現 MRJP 8～9。也有許多研究提出 MRJPs 可作爲蜂蜜眞實性的標誌物（BÍlikova′ & Šimūth, 2010）。除了營養價値外，MRJPs 對細胞的增殖、細胞分化、細胞生理與免疫功能有關，可以說是蜂王乳非常重要的機能性成分。

由於 MRJP 1 是蜂王乳中含量最高的蛋白質，約占 48% 之多，因此它的相關的研究也最多。MRJP 1 是一種弱酸性的醣蛋白、等電點（pI 4.9～6.3），具有單體（monomer）與聚合體（oligomer）形式。MRJP 1 單體分子量 55 kDa，與蜜蜂階級的分化有關，又稱爲 royalactin。聚合體型態又稱爲 apisin，分子量 280～420 kDa。Tian et al.（2018）指出，在中性 pH 情況下，apisin 呈現 H 狀結構，分子量 254 kDa，由 4 個 MRJP 1 單體 +4 個 apimisin +8 個 24-methylene cholesterol 所組成。apimisin 是一種目前只發現於蜜蜂的特殊胜肽，分子量 40 kDa。MRJP1 聚合體對熱比較穩定，但不同 pH 環境可能改變聚合體的鍵結。MRJP 1 可以作爲蜂王乳鮮度與活性指標。

Kamakura（2011）發表於 Nature 期刊的研究指出，rayalactin 是導致幼蟲發育爲蜂后的關鍵成分。它可以增加蜜蜂的體重與卵巢發育，並縮短發育期。類似的生物效應也顯現於果蠅上，當食物添加蜂王乳或是添加適量 rayalactin，育成的果蠅體長與體重皆顯著較高，而且成蟲的產卵量與壽命皆大幅增加。但由於 Kamakura 認爲 rayalactin 是決定蜜蜂階級分化的唯一關鍵物質，許多學者認爲有疑慮，Buttstedt et al.（2016）即進行類似的試驗並提出不同的意見。關於蜜蜂如何調控幼蟲發育爲工蜂或蜂后階級的問題，雖然食物是關鍵因子，但其中涉及許多生理生化的調控，目前普遍認爲並非單一物質可以決定（Maleszka, 2018）。

MRJPs 2～5 也是醣蛋白（glycoproteins），分子量分別爲 49、60～70，60 與 80 kDa。MRJP 2 爲微鹼性蛋白，MRJP 3～5 爲中性蛋白，MRJP 7 是鹼性蛋白。MRJP 8 和 MRJP 9 在蜂王乳的含量極微，但同時存在於蜜蜂的毒腺。Kim（2021）指出 MRJP 8 具有抗細胞凋亡的功能，它可以抑制蜂毒肽（melittin）所導致的細胞凋亡與過敏反應。因此，MRIPs 可以保護哺乳動物細胞避免蜂毒所造成的過敏反應。

蜂王乳中也含有其他非 MRJPs 類的蛋白質，但相對微量。Royalisin 是一種抗菌胜肽，具有廣泛性的抗細菌（包括革蘭氏陽性與陰性）與抗眞菌活性；Jelleins 是源自 MRJP 1 的胜肽，可抑制革蘭氏陽性與陰性細菌，還有酵母菌；蜂王乳的 Jelleins 與 royalisin，使其具有廣泛的抗微生物活性（Fratini et al., 2016）。

游離胺基酸（free amino acids, FAA）也是蜂王乳中另一重要成分，新鮮蜂王乳的 FAA 含量平均爲 9.21 mg / g（Wu et al., 2009），其中脯胺酸（proline）含量最高（2.4～5.4 mg / g），離胺酸次之（0.6～2.2 mg / g），麩胺酸（0.5～0.9 mg / g），胺基丙酸（0.3～0.5 mg / g），丙胺酸（0.2～0.6 mg / g），天門冬胺酸（0.2～0.5 mg / g），絲胺酸（0.1～0.3mg / g）。

三、脂類

就像哺乳動物的乳品一樣，蜂王乳也富含脂類（lipids），這包括脂肪酸（fatty acids）與固醇（sterols）。脂類含量在生鮮蜂王乳含量約 3～8%，在乾燥蜂王乳約 7～19%，也是蜂王乳的重要組成分之一。蜂王乳源自護士蜂的大顎腺與下咽頭腺所分泌。一般認爲，前述的糖類與蛋白質爲源自下咽頭腺分泌製造，脂類則源自大顎腺。蜂王乳的脂類大部分（80～90%）爲脂肪酸，另有少部分爲酚類（4～10%）、蠟（5～6%）、固醇類（3～4%）與磷脂質（0.4～0.8%）。

一般常見於動物或植物的脂肪酸，多爲 14～20 碳鏈者，但蜂王乳的脂肪酸卻是 8～10 碳鏈的短鏈脂肪酸（圖 3-6），其中最重要的是 10- 癸烯酸（10-hydroxy-2-decenoic acid, 10-HDA），它的含量約達蜂王乳脂類萃取物質的 70%，而且在天然物僅出現於蜂王乳，又具有許多重要的藥理活性，因此被認爲是蜂王乳重要的指標

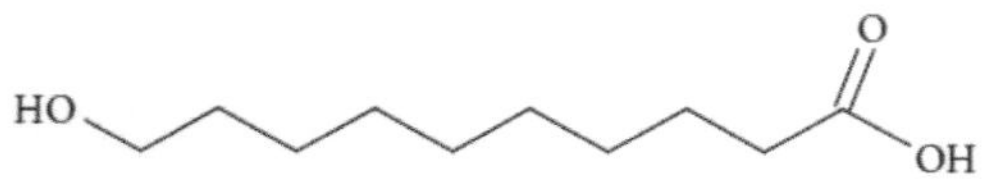

10-hydroxy-2-decenoic acid (10-HDA)

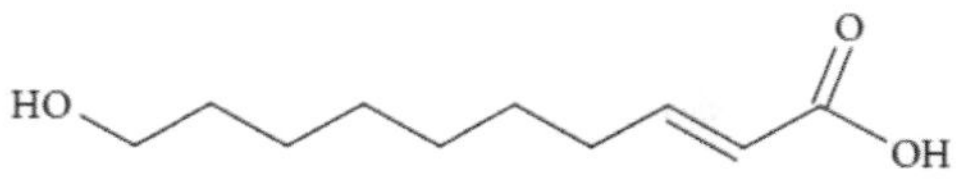

10-hydroxydecanoic acid (10-HDAA)

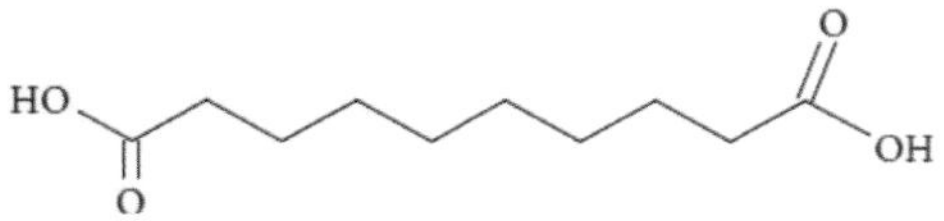

1, 10-decanedioic acid (sebacic acid)

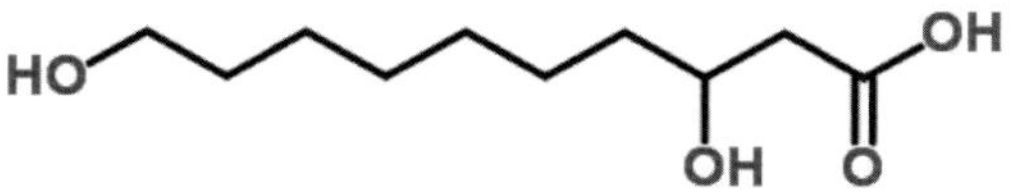

3, 10-dihydroxydecanoic acid

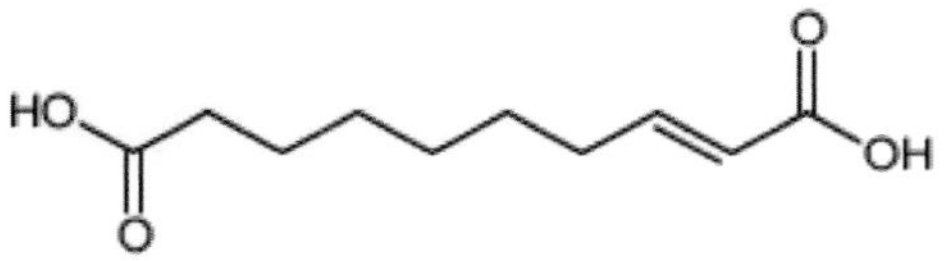

2-decene (-1,10-) dioic acid

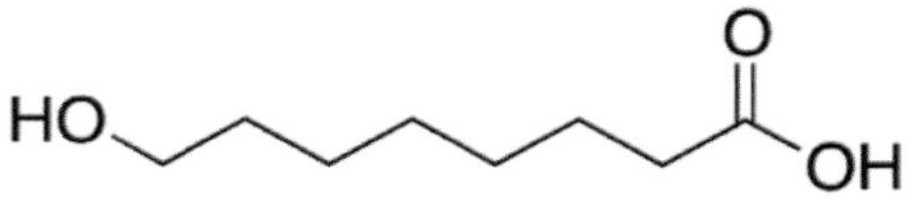

8-hydroxyoctanoic acid

圖 3-6　蜂王乳中主要脂肪酸的化學結構，其中以 10-HDA 與 10-HDAA 的含量最高

成分。一般而言，10-HDA 在生鮮蜂王乳含量約 1.6～2.1%，會依蜂群的營養狀況而變化。

目前，蜂王乳中至少已發現 94 種游離脂肪酸（Li et al., 2013），但多數含量極微，其中最主要的成分爲 9 碳鏈的脂肪酸，尤其是 10-HDA，含量超過 50%。此外，10-HDA 的前驅物 10-HDAA（10-hydroxydecanoic acid）含量約 15.9%，因此，10-HDA 加上 10-HDAA 總和占蜂王乳脂肪酸 60～80%。此外，還有 5 個含量相對較多的 9 碳鏈脂肪酸，包括 3,10-dihydroxydecanoic acid (5.9%)、2-decene (-1,10-) dioic acid (4.1%)、1,10-decanedioic acid (3.3%)、9-hydroxy-2-decenoic acid (1.7%) 和 3-hydroxydecanoic acid (1.2%)。另有 7 碳鏈的 8-hydroxyoctanoic acid，含量約 4.9%。

蜂王乳含有少量的固醇類（sterols），主要源自植物的花粉。其中含量最多的是 24- 甲烯膽固醇（24-methylene cholesterol），約占蜂王乳固醇含量達 49～58%。這可能是 24-methylene cholesterol 參與 MRJP 1 聚合體（apisin）的鍵結，1 個 apisin

需要 8 個 24-methylene cholesterol 分子參與鍵結。此外，還有 2 個含量次之的固醇，*β*-sitosterol 和 Δ5-avenasterol，含量各約 20%。另有其他微量的固醇類，包括膽固醇（cholesterol）、24- 脫氫膽固醇（desmosterol）、菜油固醇（campesterol）、豆固醇（stigmasterol）與燕麥固醇（Δ7-avenasterol），但這些固醇在蜂王乳的總固醇含量比例都不高，低於 0.1 mg/g lipids（Collazo et al., 2021）。蜂王乳中重要脂質的成分與其生物活性整理於表 3-4。

表 3-4　蜂王乳中重要脂質的成分與其生物活性

化合物	類別	生鮮 RJ 含量	生物活性
10-Hydroxy-2-decenoic acid (10-HDA)	Fatty acid	0.75～3.39%	抗微生物活性、免疫調節、抗癌、類雌激素活性、抗發炎、延長線蟲的壽命、促進神經生長、保護皮膚避免紫外線損傷
10-hydroxydecanoic acid (10-HDAA)	Fatty acid	0.78～1.05%	類雌激素活性
8-hydroxy octanoic acid	Fatty acid	0.18～0.39%	蜂蟹蟎忌避作用
3-hydroxydecanoic acid	Fatty acid	0.05～0.09%	抗真菌活性
3,10-dihydroxydecanoic acid	Fatty acid	0.26～0.46%	免疫調節活性、刺激樹突細胞分化
9-hydroxy-2-decenoic acid	Fatty acid	0.07～0.15%	蜂后費洛蒙
1,10-decanedioic acid (sebacic)	Fatty acid	0.15～0.24%	抗發炎活性
2-Decenedioic	Fatty acid	0.18～0.33%	-
Phenols	Lipid	0.24～0.6%	抗氧化活性
Waxes	Lipid	0.3～0.36%	-
Steroids	Lipid	0.18～0.24%	膠原蛋白合成
24-methylene cholesterol	Steroid	6.06 mg/lipid	類雌激素活性

四、維生素

蜂王乳中含有豐富的維生素 B 群，其中以泛酸（pantothenic acid, vitamin B_5）最多，含量達 52.8 mg / 100 g；菸鹼酸（niacin, B_3）次之，含量也達 42.42 mg / 100 g。另有其他少量的維生素 B 群（B_1、B_2、B_6、B_8、B_9 和 B_{12}），還有維生素 C、D、E 和 A。

五、礦物質與微量元素

灰分約占生鮮蜂王乳的 0.8～3%，在蜂王乳乾物質約 2～5%。蜂王乳的礦物質有 K^{+}、P^{3-}、S^{2-}、Na^{+}、Ca^{2+}、Al^{3+}、Mg^{2+}、Zn^{2+}、Fe^{2+}、Cu^{+} 和 Mn^{2+}；微量元素有 Ni、Cr、Sn、W、Sb、Bi 和 Ti。基本上，蜂王乳的礦物質與微量元素的組成，與蜂群的蜜粉源植物有關，但變異不大。一般而言，鉀的含量最高（2,462～3,120 mg / kg），磷的含量次之（1,940～2,350 mg / kg），硫（1,154～1,420 mg / kg），鎂（264～312 mg / kg），鈣（113～145mg / kg）和鈉（106～142 mg / kg）（Stocker et al., 2005）。

Balkanska et al.（2017）分析了 30 件保加利亞產蜂王乳樣品，礦物質與微量元素的含量仍以鉀與磷的含量最高，平均皆達 2,000 mg / kg 以上；鎂與鈣的含量也很高，分別為 259 mg / kg 與 153 mg / kg；鈉的含量 95 mg / kg，只有鉀含量的 1/20 不到，可見蜂王乳是高鉀低鈉的食品；蜂王乳的鋅（21 mg / kg）與鐵（17 mg / kg）的含量也較高，可以發現，蜂王乳的礦物質與微量元素的組成，與花粉類似，但花粉中的含量顯然較高。特別的是，蜂王乳含有一些特別的稀有元素，例如：硒（0.41 mg / kg）、鍶（0.36 mg / kg）、鋇（0.36 mg / kg）、鉬（0.14 mg / kg）、釩（0.013 mg / kg）與鈷（0.007 mg / kg）。

值得一提的是，蜜粉源植物與土壤條件會顯著影響蜂蜜與蜂花粉的礦物質與微量元素組成。但不同地區採收的蜂王乳卻變異不大，這也凸顯分泌蜂王乳的護士蜂，她們會穩定調節這個腺體分泌物，就如同哺乳動物與人類分泌母乳一樣。

六、酚酸與揮發物質

蜂王乳的揮發物質（volatile compounds, VC）被探討得比較晚，但卻是影響蜂王乳的氣味與口感最重要的成分。關於蜂王乳的揮發成分，不同的研究有很大的差異，這主要是因為有許多因子會影響 VC 的組成，例如蜜蜂的品系、採收時間、地理條件、貯存方法與加工技術等。

Isidorov et al.（2012）利用 headspace solid-phase microextraction/gas chromatography-mass spectrometry（HS-SPME/GC-MS）的技術探討波蘭產蜂王乳的揮發成分，共發現有 25 種揮發物質。其中以含羰基（carbonyls）的物質占 38% 最多，酚類（phenols）約占 20%，脂肪酸約占 7%。如以個別物質來看，2-heptanone 與 1-Pentadecene 兩者各占約 20% 最高，酚約占 11～12% 次之，其他比例超過 5% 的揮發物質還有乙醇（ethanol）、丙酮（acetone）、辛酸（octanoic acid）、2-Nonanone、Methyl salicylate 等 5 種成分。

蜂王乳的 2-heptanone 與辛酸被報導對蜂蟹蟎具有忌避效果，可以避免蜂蟹蟎入侵幼蟲巢房。此外，有些揮發物質則具有抗菌活性，例如 phenol、methyl salicylate、benzoic acid。蜂王乳另有一些多酚類（polyphenols）則具有抗氧化活性，蜂王乳也被發現含有少量的類黃酮（flavonoids）物質。

七、其他成分

蜂王乳含有大量的乙醯膽鹼（acetylcholine, Ach），生鮮蜂王的 Ach 濃度達 4～8 mM，乾物質的 Ach 含量約 1,000 mg / kg。由於蜂王乳的酸性條件，使得 Ach 可以穩定存在。Ach 是人體非常重要的神經傳導物質，對於記憶與認知功能扮演重要角色。因此食用蜂王乳可能具有避免失智的潛在效益。

蜂王乳也含有大量的核苷酸（nucleotides）相關物質。Wu et al.（2015）分析 10 件生鮮蜂王乳與 10 件蜂王乳商品的核酸類成分含量，發現生鮮蜂王乳含有非常高量的腺核苷單磷酸（adenosine monophosphate, AMP），平均含量高達 1,506.74 ± 331.44 mg / kg；腺核苷二磷酸（adenosine diphosphate, ADP）含量也達 154.69 ± 61.63 mg / kg，另有少量（18.69 ± 10.82 mg / kg）的 ATP 成分。此外，生鮮蜂王乳也含有其他核酸類成分，主要含有腺苷酸（adenosine）、鳥苷酸（guanosine）、肌核苷（inosine），以上 3 者含量皆超過 100 mg / kg；另有少量的尿核苷（uridine）、腺嘌呤（adenine）、胸腺嘧啶（thymidine）、胞嘧啶（cytidine）、尿嘧啶（uracil）與鳥嘌呤（guanine）。生鮮蜂王乳的核酸類物質總含量達 2,682.9 mg / kg，蜂王乳商品的核酸組成類似生鮮蜂王乳，核酸類物質總含量達 3,152.8 mg / kg，但生鮮蜂王乳的 AMP、ADP 與 ATP 的含量較高，也許可以作爲蜂王乳新鮮度品質的指標。

第四節 蜂王乳的加工及利用

圖 3-7 生鮮蜂王乳

蜂王乳呈黃白色、帶有特殊的酸辣味道（圖 3-7）。新鮮的蜂王乳非常容易變質，在室溫下不可超過 24 小時，在 4℃ 冷藏也不可超過 1 個月，必須要存放在 -20℃ 冷凍庫中才能長期保存，蜂王乳的有效成分才不至於變質。但在冷凍貯存過久，表層的蜂王乳會脫水成爲膠狀物質。雖然，生鮮蜂王乳最能保有其生物活性，但其適口性不佳，又必須保存於冷凍條件，造成食用障礙與不便，因此，必須給予適當的加工，才有助於蜂王乳商化。

一、蜂王乳眞空冷凍乾燥粉

圖 3-8 冷凍乾燥的蜂王乳粉

關於蜂王乳的加工最基本也最重要的，就是製成眞空冷凍乾燥粉（圖 3-8）。由於生鮮蜂王乳有高達 2/3 的水分，又含有豐富的營養成分，在常溫下非常容易被微生物汙染；再者，蜂王乳含有高量的蛋白質，不耐高溫加工。此外，蜂王乳呈酸性，又含有高量的糖類與蛋白質，這使得蜂王乳易於發生梅納反應（Maillard reaction）而生成 5- 羥甲基糠醛（HMF）與類黑素，導致蜂王乳產生褐變現象。類似的反映也出現在蜂蜜上，因此，探討蜂王乳中 HMF 的生成量，也可以作爲蜂王乳新鮮度的指標。

冷凍乾燥就是把含有大量水分的物質，預先進行降溫凍結成固體，然後在眞空的條件下使水蒸氣直接昇華出來。而物質本身剩留在凍結時的冰架中，因此乾燥後體積不變，疏鬆多孔。冷凍乾燥有下列優點：

1. 冷凍乾燥在低溫下進行，因此對於許多熱敏性的物質特別適用。如蛋白質、微生物類不會發生變性或失去生物活力，因此在醫藥上得到廣泛地應用。
2. 在低溫下乾燥時，物質中的一些揮發性成分損失很小，適合一些化學產品、藥品和食品乾燥。
3. 在冷凍乾燥過程中，微生物的生長和酶的作用無法進行，因此能保持原來的性狀。
4. 由於在凍結的狀態下進行乾燥，因此體積幾乎不變，保持了原來的結構，不會發生濃縮現象。
5. 乾燥後的物質疏鬆多孔，呈海綿狀，加水後溶解迅速而完全，幾乎立即恢復原來的性狀。
6. 由於乾燥在真空下進行，氧氣極少，因此一些易氧化的物質得到了保護。
7. 冷凍乾燥能排除 95～99% 的水分，使乾燥後產品能長期保存而不致變質。

因此，真空冷凍乾燥目前在醫藥工業、食品工業、科研和其他部門得到廣泛的應用，也是目前最適合用來進行蜂王乳乾燥的最佳方法。一般來說，冷凍乾燥後的蜂王乳粉含水量 < 5%，亦即蜂王乳粉減少約 60% 的重量（水），而其他成分的含量不變。因此，兩者相比，除了水分外，蜂王乳粉的主成分約提高 2.5 倍，例如，10-HDA 含量 1.8% 的生鮮蜂王乳，經過冷凍乾燥後，10-HDA 含量將提升到 4.5%，其他成分的改變，以此類推。

冷凍乾燥蜂王乳粉，可以直接填充於膠囊中，方便食用；也可以作為機能性食品添加物，製成錠劑、膠囊球、口服液等易於食用的劑型，相關的商品很多。也有添加於面膜或精華液等美容保養品中，因為，蜂王乳的機能性已深植民眾印象，使得蜂王乳的需求日益增加。然而，眾多的蜂王乳商品，不免令人眼花撩亂，這也使得蜂王乳的品質管制變得重要，這個課題將於本章第六節探討之。

二、蜂王乳冷凍乾燥粉的保存問題

基本上，蜂王乳乾燥粉可於室溫下貯存較長的時間。然而，由於臺灣為高溫高溼的氣候環境，這使得蜂王乳粉極易吸溼、結塊與產生褐變現象；有些會添加賦形劑來減緩結塊現象，但如此可能減低蜂王乳的營養價值。一般而言，冷凍乾燥蜂王乳粉，應以避光的眞空袋包裝，並貯存於冷藏或冷凍的環境爲宜。

第五節 蜂王乳的利用與產銷

一、蜂王乳的消費市場

根據美國DATAINTELO機構的研究報告，2019年全世界蜂王乳的產值爲8,100萬美元。預估至2026年可達1億美元，2020～2026每年約有2.9%的成長率。蜂王乳的應用，62.5%用於健康照護，18.7%作爲食品添加物，11.4%作爲食品與飲料用途，化妝品用途占4.2%，其他用途占3.1%。在消費地區的分析，亞太地區約占了2/3最高，北美約17.9%次之，歐洲約10.5%，中東與非洲，拉丁美洲等地的消費量則很低。

由以上資料可以發現，蜂王乳的利用雖然起始於歐美與日本，但卻於亞太地區發揚光大。除了2/3的市場集中於亞太地區，蜂王乳的產地更是集中於中國與臺灣，蜂王乳著實是華人代表性的蜂產品。

二、蜂王乳的產地

(一) 中國

中國是全世界養蜂第一大國，擁有900萬群蜜蜂，約占世界蜂群總數的13%，也是全世界蜂蜜與蜂王乳最大生產國。近年來（2011～2018），中國的蜂王乳年產量多維持於3,000噸左右（圖3-9），而全世界蜂王乳的年產量估計不到4,000噸，因此，中國蜂王乳的產量占全世界75%以上。根據方兵兵（2017）的報導，2016年中國蜂王乳產地的收購價約110～150元人民幣／kg，當年總產量爲2,980噸。

2016 年中國出口生鮮蜂王乳約 803 噸，出口金額 2,119 萬美元，平均單價 26.38 美元／公斤；出口蜂王乳凍乾粉 215 噸，出口金額 1,858 萬美元，平均單價 86.33 美元／公斤；出口蜂王乳製劑 297 噸，出口金額 282.2 萬美元，平均單價 9.5 美元／公斤。該報導也特別指出，中國大多數流動放蜂的蜂群以生產蜂蜜爲主，產漿蜂群逐年減少，定地養蜂產漿已成爲中國蜂王乳的重要來源。而定地養蜂採用高產漿蜂王，產量增加品質下降已成爲不爭的事實。

此外，由以上資料分析之，中國生產的蜂王乳有超過半數以上出口外銷，使得中國成爲國際上蜂王乳最大的供應地。

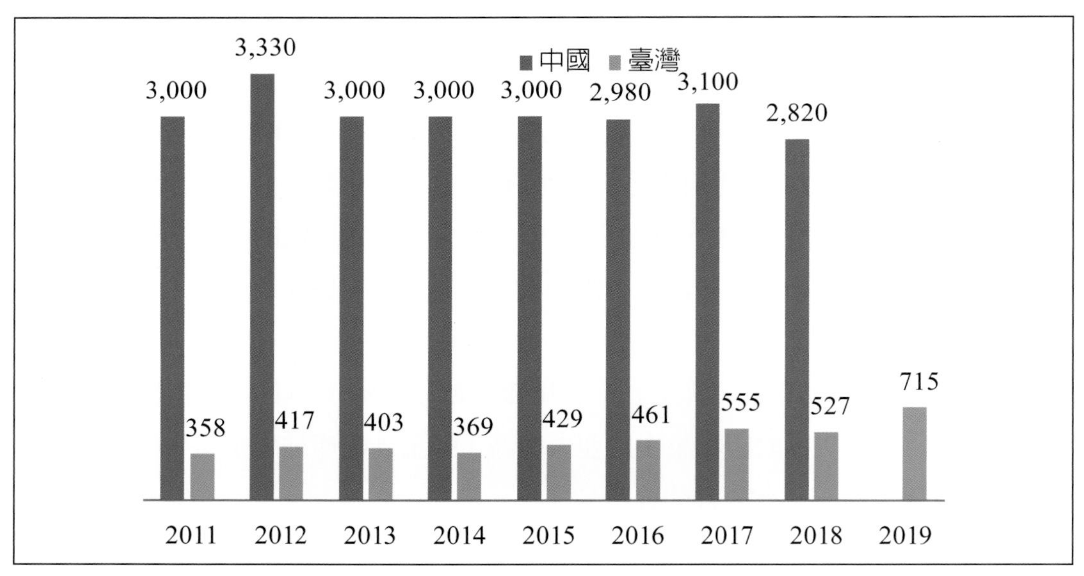

圖 3-9　中國與臺灣的蜂王乳年產量（單位：噸）

(二) 臺灣

採收蜂王乳也是臺灣養蜂業的重要特色，1970 年代的蜂王乳產量曾經占世界第一，目前產量雖早已被中國超越，但仍高居世界第二。近年來臺灣蜂王乳的產量大幅增加（圖 3-9），2011 年的產量有 358 噸，2017 年突破 500 噸，2019 年更高達 715 噸。雖然臺灣蜂王乳產量仍遠不及中國，而臺灣飼養的蜂群數約只有中國的 1/50，但蜂王乳的產量已接近中國的 1/5，由此不難看出蜂王乳在臺灣養蜂業的重要性。

臺灣於 1962 年開始採收蜂王乳，1966 年開始外銷日本。1972 年抽樣調查生產收益情形，平均每一養蜂場每年生產 8.6 月，年產量 174.2 公斤，平均單價 2,702.8 元，每箱平均收益 1,251 元。1977 年前後，臺灣蜂王乳產量開始突破 100 噸，其中 70% 以上外銷，已居世界之冠，被譽爲「蜂王乳王國」。當時以出口到日本爲大宗占全部出口的 85～96%，單價 90～120 美元／公斤。由於生產蜂王乳可帶來很高的收益，吸引臺灣養蜂戶大量投入生產，生產技術也不斷精進；1983 年，臺灣蜂王乳產量突破 200 噸，達 250 噸；此後產量仍不斷增加，1991 年已達 312 噸。然而，由於中國蜂王乳的低價競爭，1991 年臺灣出口蜂王乳減少爲 68 噸。出口量不但低於 1977 年（94.6 噸），出口平均單價從 117.17 美元／公斤（1977 年）大幅滑落至 68.96 美元／公斤（1991 年），出口比例也從 70% 下降爲 21.8%。

1990 年代以後，蜂王乳在臺灣已經轉型爲以內銷爲主，外銷量減少。2011 年以後，雖然臺灣蜂王乳產量仍呈現增加趨勢（圖 3-9），但外銷量仍不斷下降（表 3-5）。以 2019 年爲例，當年總產量達 715 噸，而出口總量僅 10 噸。值得注意的是，臺灣也有進口蜂王乳，而且進口量略高於出口量，這也顯示，臺灣已成爲蜂王乳重要產地與消費地。也就是說，臺灣蜂王乳從 1970 年代的出口賺外匯，當時多數的臺灣人民對於高價的蜂王乳消費力偏低。目前已內化爲島內自產自銷，人民得以享受物美價廉的臺灣蜂王乳。

表 3-5　2011～2020 年臺灣蜂王乳進出口重量與價值 *

年分	出口		進口	
	重量（公噸）	價值（千美元）	重量（公噸）	價值（千美元）
2011	21	1,630	23	313
2012	18	1,418	23	320
2013	16	1,118	30	686
2014	19	1,350	34	858
2015	15	1,279	40	1,103
2016	13	1,159	20	719
2017	11	892	11	480
2018	11	973	21	700
2019	13	1,024	9	435
2020	10	876	9	428

* 資料來源：農業部 > 農業貿易 > 農產品別（COA）。

從表 3-5 的資料可以發現，臺灣蜂王乳的出口平均單價約 80 美元／公斤，而進口蜂王乳的平均單價則約只有 40 美元／公斤，中國出口的蜂王乳則平均單價不到 30 美元／公斤。這顯示臺灣蜂王乳的品質仍獲得國際市場的肯定，尤其是日本市場，他們仍願意用超過 2 倍的價格來購買臺灣生鮮蜂王乳。

第六節 蜂王乳的品質管制

一、中華民國國家標準

臺灣的蜂王乳國家標準 CNS 15474，於 2011 年 5 月 6 日制定公布，又於 2016 年 6 月 8 日修訂公布。特別注意的是，此標準只適用於生鮮蜂王乳，冷凍乾燥粉並不適用。

蜂王乳國家標準 CNS 15474：2016

1. 適用範圍

本標準適用於未經任何加工之蜂王漿產品。

2. 引用標準

下列標準因本標準所引用，成爲本標準之一部分。下列引用標準是用最新版（包括補充增修）。

CNS 386 試驗篩

CNS 3192 包裝食品標示

CNS 5035 食品中粗蛋白質之檢驗法

食品器具容器包裝衛生標準

3. 用詞及定義

下列用語及定義是用於本標準。

3.1 蜂王漿（royal jelly）

爲工蜂下咽喉腺（hypopharyngeal gland）及大顎腺（mandibular gland）所分泌出的一種乳白色或淡黃色，含甜、辣、澀與酸味的黏稠狀液體，具有特殊芳香氣味，用來飼育蜂王及蜂幼蟲之漿狀物質，又名蜂王乳或蜂皇漿。

4. 一般性狀

乳白色或淡黃色黏漿狀物質，常溫或解凍後應呈現漿狀，略具流動性，於常溫或冷凍狀態下均帶有光澤，不應有雜質，例：蜜蜂肢體、幼蟲、蠟屑及其他肉眼可見之異物。

5. 品質

5.1 一般要求

5.1.1 氣味

具特有之辛辣氣味及類似花蜜或花粉味，不得有發酵、腐敗或吸附其他異味。

5.1.2 口感

冷凍狀態時會有顆粒感，入口或回溫後，呈漿狀時則有明顯的辛辣、酸、甜、澀之口感。

5.2 成分

蜂王漿之成分應符合表 3-6 之規定。

表 3-6　蜂王漿成分規定

項目	標準
水分含量（%）	61.5～68.0
灰分含量（%）	1.5 以下
酸度（meq H^+ / 1,000 g）	320～530
澱粉含量	不得檢出
粗蛋白質含量（%）	11.0～15.5
10- 羥基 -2 癸烯酸含量（%）（10-hydroxy-2-decenoic acid, 10-HDA）	1.6 以上

6. 衛生要求

應符合我國衛生福利主管機關之相關法令規定，且不得添加任何食品添加物。

二、中華人民共和國國家標準 GB 9697-2008

中國稱蜂王乳為蜂王漿，對蜂王乳的定義與感官要求基本上與臺灣類似，也是以生鮮蜂王乳為適用對象。最主要的差異是把蜂王乳分為優等品與合格品兩個產品等級，這兩個產品等級的理化要求如下：

表 3-7　蜂王乳產品的等級

指標	優等品	合格品
水分（%）	≦ 67.5	≦ 69.0
10- 羥基 -2 癸烯酸（%）	≧ 1.8	≧ 1.4
蛋白質（%）	11～16	
總糖（以葡萄糖計）%	≦ 15	
灰分（%）	≦ 1.5	
酸度（meq H^+ /1,000 g）	300～530	
澱粉	不得檢出	

三、蜂王乳新鮮度的問題

蜂王乳是一種非常具有機能性的蜂產品，但蜂王乳常因貯存不良而品質下降，因此蜂王乳的新鮮度一直是消費者與研究者非常關注的議題。如本章第三節的敘述，蜂王乳的組成分非常複雜，而且有許多因子會影響蜂王乳的成分與變化，例如：蜜蜂的品系、粉蜜源條件、蜂群的健康與營養狀態、幼蟲移蟲的齡期、採收的時間、採後的貯存與加工條件等。一般來說，蜂王乳的國家標準中，通常只是對生鮮蜂王乳做原則性論述。而其中所列出的理化指標，如水分、蛋白質、灰分、酸度與癸烯酸含量，其內容又過於簡化，這些理化標準通常無法反映蜂王乳的品質，更無法顯示新鮮度的問題。

癸烯酸（10-HDA）是蜂王乳中最廣為人知的特殊脂肪酸。天然物中僅發現於蜂王乳，又具有許多藥理活性，因此，10-HDA 常被用來當作蜂王乳的品質指標成分。例如，中國將 10-HDA 含量大於 1.8% 列為優等品，而 1.4% 以上列為合格品。

然而，10-HDA 的含量卻無法反映蜂王乳的新鮮度。因為 10-HDA 非常穩定，不易降解。Antinelli et al.（2003）的研究指出，生鮮蜂王乳經過 12 個月的貯存，在 -18℃與 4℃ 的環境下，10-HDA 的含量分別下降 0.1% 與 0.2%；而在室溫的環境，10-HDA 的含量也僅下降 0.4～0.6%。因此，10-HDA 只能作為蜂王乳眞實性的指標，不適合作為蜂王乳新鮮度的指標。關於蜂王乳新鮮度的研究很多，但目前國際研究結果尚沒有定論，茲將相關研究整理如下：

(一) Furosine

Furosine 被稱作糠胺酸或呋喃素，它是乳製品發生梅納反應的初期產物，目前已被國際乳業作為判斷液態乳品質劣化的重要指標。由於蜂王乳也可能因貯存而發生梅納反應，Marconi et al.（2002）提出以 furosine 作為蜂王乳新鮮度指標，他們分析新鮮蜂王乳的 furosine 平均含量為 41.7 mg / 100 g protein；接著將蜂王乳分別貯存於 4℃ 與室溫環境，10 個月後，在 4℃ 蜂王乳的 furosine 含量從 72.0 mg / 100 g protein 小幅增加到 100.5 mg / 100 g protein；但於室溫貯存者，furosine 含量則大幅增加到 500.8 mg / 100 g protein。

由於 furosine 已被乳品業廣泛採用為品質劣化的指標成分，也有標準的檢測方法，而一般認為新鮮蜂王乳的 furosine 含量小於 50 mg / 100 g protein（Sabatini et al., 2009）。眞空冷凍乾燥被認為是蜂王乳最適的加工技術，生鮮蜂王乳經過冷凍乾燥加工後，並不會顯著提高 furosine 的含量。然而，不論是室溫或 4℃ 冷藏，冷凍乾燥粉的 furosine 的增加速度都會比生鮮蜂王乳快速。Messia et al.（2005）指出，在 12 個月的貯存期，4℃ 冷藏環境下，冷凍乾燥粉與生鮮蜂王乳的 furosine 含量分別為 253.4 與 54.9 mg / 100 g protein；室溫貯存則分別為 884.3 與 332.5 mg / 100 g protein，顯然，蜂王乳粉也應該保存於低溫的環境為宜。然而，furosine 的含量增加，是否表示蜂王乳的生物活性已經劣化，仍值得商榷。

(二) 羥甲基糠醛（HMF）

HMF 是梅納反應的末端產物之一，常用於蜂蜜的品質檢測項目。相較於

furosine，蜂王乳的 HMF 只有在相對高溫的環境才會形成。Ciulu et al.（2015）研究指出，生鮮蜂王乳貯存於 4℃ 或 -18℃ 的環境，貯存期即使長達 270 天，HMF 的含量仍低於檢測極限（< 0.13 mg / kg）；但於室溫條件下，經過 30 日的貯存，HMF 平均含量爲 0.4 ± 0.1 mg / kg；室溫貯存 90 日、180 日與 270 日，HMF 平均含量分別提升至 0.58 ± 0.04、1.1 ± 0.7 與 1.9 ± 0.5 mg / kg。顯然，只有在極端不良的貯存環境，生鮮蜂王乳才會生成 HMF，而且生成量也不高。

(三) 蛋白質的變化

蛋白質是蜂王乳中非常豐富且重要的機能性成分，而且對貯存環境非常敏感，因此，探討蜂王乳的蛋白質變化作爲品質與新鮮度指標，相對比較合理。談到蜂王乳的蛋白質，首先就會聯想到 MRJPs 家族的蛋白質，Kamakura et al.（2001）的研究指出，在短期（7 日）的貯存過程，無論是 4℃ 或 40℃，蜂王乳的維生素成分，包括維生素 B_1、B_2、B_6，還有葉酸、泛酸、生物素與菸鹼酸，含量都不會發生明顯的變化。他們指出有一個 57 kD 的蛋白質，它的含量會隨著貯存的溫度而於 1 週內產生變化，因而認爲這個 57 kD 蛋白質適於作爲蜂王乳新鮮度的指標，這個蛋白質就是後來 Kamakura 提出可以決定蜜蜂分化爲蜂后的關鍵成分——Rayalactin。

Li et al.（2008）也提出生鮮蜂王乳的 MRJPs 的組成會隨著貯存的溫度與時間而發生變化。除了 MRJP 1 外，他們也建議以 MRJP 5 來作爲蜂王乳新鮮度的指標。Zhao et al.（2013）則進一步發現，MRJP 5 在室溫貯存 30 日會開始水解，並於 75 日後完全水解完畢，他們也認爲 MRJP 5 適於作爲蜂王乳新鮮度的指標。

基本上，MRJPs 都可能隨著貯存條件而有減退的現象，尤其是 MRJP 1、MRJP 2、MRJP 3 與 MRJP 5。然而，由於 MRJP 1 畢竟是含量最高的蛋白質，又具有許多生物與藥理活性，Shen et al.（2015）利用特異性的專一抗體，用於探討 MRJP 1 在生鮮蜂王乳貯存過程的消退狀況，發現在 40℃ 的環境，7 日後 MRJP 1 即顯著降解 37.3%，且隨著時間延長而降解程度加劇，至 49 日後，已有 73.1% 的 MRJP 1 發生降解。

(四) ATP 相關核苷酸的變化

富含 ATP 的食物容易降解而產生 ADP、AMP、inosine monophosphate（IMP）、inosine（HxR）與 hypoxanthine（Hx），在魚和雞肉的新鮮度判別上，已提出利用 K 值來判別新鮮度（Kuda et al., 2007）：

$$K-value(\%)=\frac{HxR+Hx}{ATP+ADP+AMP+IMP+HxR+Hx}\times 100$$

蜂王乳含有大量的核苷酸相關物質，而蜂王乳在貯存過程中，ATP、ADP、AMP 與 IMP 也可能發生降解。除了可能衍生 HxR 與 Hx 外，也可能水解產生 adenosine（Ao）與 adenine（Ai）。Wu et al.（2015）認爲應增加 Ao 與 Ai 於公式的分子與分母中，提出修正後的 F 值來判別蜂王乳的新鮮度。

$$F-value(\%)=\frac{HxR+Hx+Ao+Ai}{ATP+ADP+AMP+IMP+HxR+Hx+Ao+Ai}\times 100$$

依照 Wu et al.（2015）的建議，生鮮蜂王乳的 F 值需小於 20 才算合格。這代表蜂王乳於採收後貯存於 4℃ 的時間不超過 60 日，或者貯存於 30℃ 的時間不超過 6.82 日。

(五) 人工飼養蜜蜂幼蟲檢定法

上述關於蜂王乳的新鮮度探討，多以指標成分的變化來連結蜂王乳品質劣化的問題。但這些指標成分的改變是否眞的代表蜂王乳品質的劣化，事實上仍缺乏直接的證據。由於蜂王乳原本即是蜜蜂幼蟲的食物，如果將之餵養蜜蜂幼蟲卻無法讓幼蟲正常的發育，則表示其營養價値已降低，這就是所謂的「生物檢定法」。

目前，在實驗室以人工飼養蜜蜂幼蟲的技術已經發展成熟，可以將 1 日齡的幼蟲移植於塑膠盤中，人爲的餵飼配方食物，幼蟲可以在培養盤內完成排便、化蛹並羽化爲成蜂，成功率可達 80% 以上。這裡面的配方食物，由 50% 蜂王乳 +37% 水 +6% 葡萄糖 +6% 果糖 +1% 酵母抽出物組成。江等（2013）利用這項技術，探討不同蜂王乳凍乾粉的品質；結果發現，添加 10% 澱粉的蜂王乳凍乾粉，於室溫貯存 3 個月後，用於配置幼蟲食物餵養蜜蜂幼蟲，這些幼蟲僅有 30% 進入前蛹期，而且後續的羽化率爲 0%，顯示這種澱粉——凍乾粉已經明顯失去營養活性；而添加 10% 乳品抽出物製成的蜂王乳凍乾粉，即使於室溫貯存 12 個月後，用於餵養蜜蜂幼蟲，仍有 85.6% 進入前蛹期，而且羽化率達 74.6%，其飼養效果與生鮮蜂王乳無顯著差異，顯示這種特製的蜂王乳凍乾粉，即使於室溫長達 1 年，其營養效果仍完整保留。

第七節 蜂王乳的生物與藥理活性

蜂王乳是非常受歡迎的機能性食品，相關產品已經廣泛的商品化，尤其作爲營養補給與化妝保養品。目前，蜂王乳已經被證實具有許多藥理活性，可以用於預防甚至治理許多慢性疾病。因此，蜂王乳對於增進人類健康，甚至延長人類壽命具有重要意義。關於蜂王乳的生物與藥理活性的研究很多，也有多篇關於蜂王乳藥理活性的綜合論述的報導，彙整如下：

一、抗高血脂活性

由於不良的飲食習慣，血脂異常已成爲現代人的通病，這也是心血管疾病的高危險因子。血漿中過高的低密度膽固醇（LDL-C）和三酸甘油酯（triglycerides, TG），以及過低的高密度膽固醇（HDL-C），常導致動脈粥狀硬化等心血管疾病。許多研究已經就蜂王乳如何影響血液中的脂質濃度進行研究。這些研究已經證實，使用蜂王乳治療可以降低血液中的總膽固醇，並增加 HDL 的含量。血脂變化可能是由於 MRJP 抑制膽固醇在血液中的吸收。蜂王乳可以上調膽固醇 7-α- 羥基酶（cholesterol 7-α-hydroxylase, CYP7A1）的活性，增加肝臟產生膽汁酸（bile acids），用以降低膽固醇的水平。此外，MRJP 1 還可以阻止膽汁酸與膽固醇的再吸收（Collazo et al., 2021）。

目前已有人體試驗證實，每天 9 粒蜂王乳膠囊（350 mg / 膠囊）食用 3 個月，可以顯著降低人體總膽固醇與低密度膽固醇（Chiu et al., 2017）。此外，在小鼠的動物試驗中，將 5% 蜂王乳添加於高脂肪食物，可以減低白色脂肪組織的形成，並降低肝臟中的三酸甘油酯（Yoneshiro et al., 2018）。

二、抗氧化活性

人體中的活性氧（ROS）所形成的氧化壓力會導致許多慢性疾病的產生。許多研究證實，具有抗氧化活性的成分可以對人體產生多種助益，避免或減緩諸多代謝症候群。蜂王乳已被證實具有抗氧化的活性，其中蜂王乳的 MRJPs 具有良好的抗氧化活性。Park et al.（2020）證實 MRJP 1～7 都具有抗氧化活性，細胞試驗顯示 MRJP 1～7 可以降低氧化壓力所導致的細胞凋亡現象，提升細胞的存活率，並且保護細胞避免氧化壓力造成的 DNA 損傷。Mokaya et al.（2020）研究指出，蜂王乳對於 DPPH 自由基具有良好的清除效果，IC_{50} 平均爲 170 ± 60 mg / mL。此外，在很多體外試驗模式與動物試驗模式，都顯示蜂王乳可以提升超氧歧化酶（Superoxide Dismutase, SOD）、過氧化氫酶（Catalase, CAT）、穀胱甘過氧化酶（Glutathione Peroxidase, GPx）等抗氧化酵素的活性，這些酵素的作用可以清除自由基，降低丙二醛（Malondialdehyde, MDA，一種生物體內脂質氧化的產物）的含量，達到保護細胞與組織的效果。

非酒精性脂肪肝病（NAFLD）是世界上發病率很高的肝臟疾病，在人群中的患病率爲 25%。年齡、停經後狀況和肥胖等因素都會增加 NAFLD 的風險。此外，NAFLD 可導致壞死性炎症、纖維化和肝硬化，並增加肝癌或心血管疾病的風險。NAFLD 在停經後婦女的發病率高，並伴有胰島素阻抗、肥胖和血脂異常。You et al.（2020）評估了蜂王乳（150、300 和 450 mg / kg / 天，8 週）對切除卵巢（OVX）大鼠的 NAFLD。結果顯示，蜂王乳改善了 OVX 大鼠的焦慮程度，改善了血脂，並減輕了肝脂肪變性和肝損傷。蜂王乳的保護作用可歸因於其抗氧化特性，它可提高肝臟抗氧化酶的效價，因此，蜂王乳可能作爲治療 NAFLD 的治療選擇和天然食物之一。Almeer et al.（2019）注射鎘的模式來讓大鼠產生腎功能障礙，處理組則於鎘注射前先餵食蜂王乳（85 mg / kg）。他們發現餵食蜂王乳可以降低鎘造成的腎臟損傷，而蜂王乳這種腎臟保護效果可能與其降低氧化壓力有關。

三、抗腫瘤活性

癌症已成爲人類死亡原因之首，雖然隨著醫療的進步，癌症已經可以被治療，但治療過程卻常引發一些副作用，影響病人的癒後與生活品質。現代人期望從食療過程避免癌症的發生，如果不幸發生癌症，也希望藉由食療減緩癌症治療過程伴隨的副作用與不適。蜂王乳於 1950 年代末期就被發現具有抗癌與抗腫瘤細胞增生的活性，其中尤以蜂王乳中獨特的 10-HDA 最受關注。Townsend et al.（1959）發表於 Nature 期刊的文章指出，蜂王乳的 10-HDA 可以抑制小鼠的白血病與腹水腫瘤。Townsend et al.（1960）隨後又研究指出，1.5 mg / mL 濃度的 10-HDA，或是 40.0 mg / mL 濃度的蜂王乳，都可以完全抑制 4 種腫瘤的形成。這兩則權威性的研究，造成後續食用蜂王乳的風潮，人們開始發現蜂王乳的生物效用，也開創蜂王乳產業，迄今不衰。

由於 10-HDA 是蜂王乳獨有的成分，又具有抗癌活性，使得 10-HDA 被視爲蜂王乳品質的指標成分。然而，後續關於 10-HDA 抗癌的研究卻不多。近年來有兩項體外研究指出 10-HDA 對結腸癌細胞具有抗增殖活性，並且指出 10-HDA 可以調節氧化壓力，這可能與其抗癌活性有關。然而，另一項研究指出蜂王乳可以抑制雙酚（bisphenol）所誘導的乳癌細胞增生，但 10-HDA 卻沒有出現類似的抗癌效果。因此，蜂王乳的抗癌活性並非單純源自 10-HDA，應該是整個蜂王乳組成分綜合影響的結果。

關於蜂王乳的抗癌活性與藥理研究，Miyata & Sakai（2018）有詳盡的綜合論述。基本上，蜂王乳應視爲一種降低癌症發生的食療功能，並作爲搭配化學治療或放射治療的輔佐性營養補給爲主，擇要敘述如下：

(一) 蜂王乳抗癌動物試驗

在小鼠乳癌模型中，口服 RJ 作爲預防性治療可顯著抑制腫瘤生長；然而，如果先接種腫瘤細胞後再口服 RJ，就無法呈現這種抗癌作用。簡而言之，在小鼠接種乳癌細胞前，預先口服 RJ 14 天，並於接種後連續 28 天食用 RJ，腫瘤體積顯著低於對照小鼠；而未預先口服 RJ，只於腫瘤細胞移植後連續 28 天食用 RJ 的小鼠，則未發現抗癌的效果。因此，RJ 攝入可能作爲預防劑有效，但作爲治療劑無效，作者建議有效的 RJ 給藥可能需要在接種腫瘤前 ≥ 14 天給藥。

關於使用 RJ 與存活率之間的關係，與對照動物相比，RJ 給藥可以延長存活期，並且這種效應在艾氏腹水瘤小鼠模型中呈現劑量依賴性關係。在這試驗中，連續 33 天分別給予小鼠 RJ 0.5、1.0 和 1.5 g / kg 的劑量，並於餵食 RJ 第 20 天接種癌細胞；試驗結果顯示，處理小鼠存活期分別延長 38%、71% 和 85%。此外，這項研究也認爲，蜂王乳可能藉由減少前列腺素 E（PGE-2）來達到這種抗癌作用。PGE-2 被認爲具有促進癌化作用、癌細胞增殖和癌細胞擴散的刺激因子，並且是細胞凋亡的抑製劑。此外，PGE-2 也是巨噬細胞、樹突狀細胞和自然殺手細胞的重要調節因子。因此，RJ 有可能藉由下調 PGE-2 來避免癌細胞的惡性侵襲並調節免疫系統來改善預後。

(二) 蜂王漿改善癌症治療所引起的毒性

由於缺乏腫瘤特異性，化學治療過程常會導致各種不良事件，例如骨髓抑制、胃腸道疾病、腎和肝功能障礙。儘管這些症狀和程度常因人而異，但治療引起的副作用似乎很難避免。降低抗癌治療引起的不良事件發生率和嚴重程度，對於維持癌症患者的生活品質（QOL）具有重要意義。有些患者因爲嚴重的不良反應，而無法繼續進行治療，因此，開發降低此類副作用的藥劑很重要，這也是癌症研究的一個主要課題。目前，已有許多研究人員特別關注使用蜂王乳這種天然物質，希望可以改善癌症治療所引起的毒性反應。

表 3-6 綜合整理文獻報導蜂王乳對於改善癌症治療劑毒性效應的動物試驗與人體試驗的摘要內容供參考。

表 3-6　蜂王乳對於改善癌症治療劑毒性效應的動物試驗與人體試驗

毒性	藥劑	試驗對象	蜂王乳的效果摘要
肺纖維化	博萊黴素（bleomycin）	大鼠	減輕氧化損傷和纖維化
口腔黏膜炎	5- 氟尿嘧啶（5-fluorouraci）	倉鼠	藥膏顯著且劑量依賴性地改善與恢復損傷

（接續下表）

毒性	藥劑	試驗對象	蜂王乳的效果摘要
口腔黏膜炎	放療和化療	103 病人	改善口腔黏膜炎症狀，縮短癒合時間
	放療和化療	頭頸癌患者 13 人	在隨機臨床試驗中顯示 RJ 降低毒性
腸道損傷	甲氨蝶呤（methotrexate）	大鼠	增加抗氧化因子的活性來抑制損傷
心臟毒性	紫杉醇（paclitaxel）	大鼠	提供組織病理學和生化改善的保護
腎毒性	順鉑（cisplatin）	大鼠	抑制血清肌酸酐升高並防止組織學改變
	順鉑	大鼠	組織病理學和氧化參數部分回復
	順鉑	大鼠	血清肌酸酐、尿素和尿酸數值回復
	順鉑	32 病人	治療前後血清肌酸酐和尿素無變化
肝毒性	順鉑	大鼠	抑制血清標誌物的升高和組織學改變
疲勞	激素療法、化學療法和放射療法	52 病人	一項雙盲隨機研究中顯示毒性改善
睪丸損傷／生育能力	順鉑	大鼠	睪丸組織病理學發現部分症狀逆轉
	博萊黴素	大鼠	提高血清睪固酮水平和精子參數
前列腺損傷	環磷酰胺（cyclophosphamide）	大鼠	防止藥物引起的前列腺組織損傷

四、抗微生物活性

由於許多致病菌對抗生素已產生抗藥性，積極尋找新的抗生素來對抗耐藥性細菌一直是生物醫學界努力的目標。其中，抗菌肽（AMPs）一直是熱門的研究議題，有機會成爲傳統抗生素的替代品。事實上，蜂王乳本身就具有抗菌活性，它的蛋白質組成分，例如 jelleins、royalisin、MRJPs、royalactin 和 apisimin，都被認爲是 AMPs。此外，蜂王乳的脂肪酸也具有抗菌活性，其中尤以 10-HDA 最具有抑菌活性。Royalisin 是一種 5.5kDa 的小分子抗菌肽，Bílikova et al.（2015）的研究指出，它對許多常見革蘭氏陽性菌，包括 *Staphylococcus aureus*、*S. intermedius*、*S. xylosus*、*Streptococcus alactolyticus*、*Paenibacillus larvae*，還有革蘭氏陰性細菌，包括 *Pseudomonas aeruginosa*、*Salmonella cholearasuis*、*Vibro parahaemolyticus*，Royalisin 的最低抑菌濃度（MIC）約爲 4.0～10.5 mg / mL，最低殺菌濃度（MBC）

則為 6.5～15 mg / mL。顯然地，Royalisin 呈現優異的抗菌與殺菌效果。但 Royalisin 似乎對溶血性的大腸桿菌不具抗菌效果。

五、神經保護活性

全世界多數的國家都出現人口老齡化的現象，臺灣人口老化現象也特別明顯，這也造成神經退化性疾病的患者顯著增加。其中，尤以阿茲海默症（Alzheimer's disease, AD）和帕金森氏症（Parkinson's disease）是盛行率最高的兩種神經退化性疾病。阿茲海默症俗稱老年癡呆、失智症，是一種發病進程緩慢、隨著時間不斷惡化的神經退化性疾病，最常見的早期症狀為喪失短期記憶（難以記住最近發生的事）；當疾病逐漸進展，症狀可能逐漸出現包括語言障礙、定向障礙（包括容易迷路）、情緒不穩、喪失動機、無法自理和許多行為問題。當情況惡化時，患者往往會因此和家庭或社會脫節，並逐漸喪失身體機能，最終導致死亡。雖然疾病進程因人而異，但診斷後的平均餘命約為 3～9 年。阿茲海默症除了在老年人口的盛行率很高，也逐漸出現年輕化的趨勢。目前認為，神經退化多為不可逆的疾病，目前並沒有可以阻止或逆轉病程的治療，只能藉由改善個人的飲食與生活環境去避免或減緩神經退化疾病，以減低對人類生活品質的影響。

目前發現，女性更年期後雌激素水平降低，可能會導致認知功能障礙並增加患阿茲海默症的風險。在中國，女性阿茲海默症的發病率是男性的兩倍，其中絕大多數為停經後女性。動物試驗也顯示，卵巢功能喪失後，如果又攝取高膽固醇的食物，可能影響大腦代謝並且增加氧化壓力，導致類澱粉蛋白 β（Aβ）的積累，因而造成認知功能的障礙。在 AD 病理學的研究上，大腦組織出現多量的 Aβ 斑塊是 AD 重要的病灶。此外，Tau 蛋白異常也是引起阿茲海默症病情發展的主因。過度磷酸化的 Tau 蛋白會開始與其他 Tau 蛋白質配對結合，結果在神經細胞中形成了神經纖維糾結。在這種情形下，神經細胞內的微管開始瓦解，並導致由細胞骨架構成的運送系統崩壞，這將造成神經細胞之間的化學訊息溝通失效，接著導致神經細胞死亡。也有研究認為 AD 是由於神經系統減少產生神經傳導物質乙醯膽鹼而造成的，而血腦屏障功能減低也可能和阿茲海默症有關。

蜂王乳已證實具有神經保護作用。最近，Pan et al.（2019）的研究提供重要參考。由於蜂王乳具有類雌激素活性，Pan 等人利用已切除卵巢（OVX）的兔子，設計一系列的試驗，探討蜂王乳可否改善高膽固醇飲食（HCD）所造成的行爲與神經系統的失調。他們將 24 隻兔子分成 4 組，每組 6 隻兔子，第 1 組提供正常食物，爲空白對照組；第 2 組提供高膽固醇飲食；第 3 組爲 HCD+OVX；第 4 組爲 HCD+OVX+400 mg / kg 蜂王乳，連續 12 週。表 3-8 結果顯示，第（III）組兔子的體重較高，子宮縮小，雌激素低落，血脂狀況不佳，顯示高膽固醇飲食 + 切除卵巢顯著影響兔子的生理狀況；然而，蜂王乳組別（IV）的兔子，上述的不良狀況都得到大幅度的改善。在認知功能的試驗中（表 3-9），第（III）組兔子完全失去搜尋食物的行爲，而且對聲音的刺激完全沒有反應；另於大腦組織病理的分析中，這組兔子出現大量的 Aβ 斑塊，顯示這些兔子呈現明顯的神經退化徵狀。然而，給予蜂王乳的組別（IV）在認知功能試驗呈現大幅改善的現象，而且腦組織的 Aβ 斑塊也顯著減少。以上結果顯示，蜂王乳可以顯著改善這種 OVX+ 膽固醇餵養兔的行爲缺陷和大腦的組織異常現象。

表 3-8　不同組別兔子在第 12 週的體重、子宮重、雌激素與血脂的變化（Pan et al., 2019）

Parameters	(I) Sham	(II) HCD	(III) OVX + HCD	(IV) OVX + HCD + RJ
Body Weight (kg)	2.70 ± 0.06	3.03 ± 0.07$^{\Delta\Delta}$	3.05 ± 0.04$^{\Delta\Delta}$	2.84 ± 0.03*
Uterine Weight (g)	11.63 ± 0.31	11.75 ± 0.36	7.46 ± 0.62$^{\Delta\Delta}$	7.27 ± 0.43
E_2 (ng / L)	65.04 ± 4.91	63.86 ± 12.61	25.39 ± 8.71$^{\Delta\Delta}$	50.79 ± 6.36*
Progesterone (ng / mL)	2.90 ± 0.47	2.50 ± 0.29	1.06 ± 0.41$^{\Delta}$	2.15 ± 0.19*
TC (mmol / L)	1.73 ± 0.22	48.57 ± 4.61$^{\Delta\Delta}$	51.55 ± 11.83$^{\Delta\Delta}$	30.00 ± 2.94*
HDL-C (mmol / L)	0.49 ± 0.04	2.98 ± 0.12$^{\Delta\Delta}$	2.86 ± 0.09$^{\Delta\Delta}$	2.47 ± 0.10
LDL-C (mmol / L)	1.02 ± 0.19	35.23 ± 2.94$^{\Delta\Delta}$	35.29 ± 4.24$^{\Delta\Delta}$	22.76 ± 2.59*
TG (mmol / L)	0.61 ± 0.07	1.24 ± 0.18$^{\Delta}$	2.07 ± 0.77$^{\Delta\Delta}$	1.12 ± 0.16*

HCD: high cholesterol diet; OVX: ovariectomized; E2: estradiol; TC: total cholesterol; HDL-C: high-density lipoprotein cholesterol; LDL-C: low-density lipoprotein cholesterol; TG: triglycerides. Data are presented as mean ± SEM from 6 rabbits in each group. Compared with sham group, $^{\Delta}P < 0.05$, $^{\Delta\Delta}P < 0.01$; Compared with OVX + HCD group, * $P < 0.05$, ** $P < 0.01$.

表 3-9　各組搜索食物（水）和聲音刺激反應的變化

組別	N	5 分鐘內自發搜索食物 - 水行為			突然的聲音刺激		
		成功	失敗	成功率（%）	反應	不反應	反應率（%）
空白組	6	6	0	100	6	0	100
HCD	6	3	3	50%	3	3	50%
OVX + HCD	6	0	6	0% ΔΔ	0	6	0% ΔΔ
OVX + HCD + RJ	6	5	1	83.3%*	5	1	83.3%*

六、抗發炎活性

發炎是身體對感染或傷害的最初反應之一，同時也是產生免疫過程的開始。發炎是一種與生俱來的免疫反應與正常過程，但如果沒有得到很好的調節，就會產生組織損傷與疾病。蜂王乳研究已顯示具有一些異常發炎疾病之抗炎活性。爲了解蜂王乳抗發炎的機制，在最近的一項研究中，添加蜂王乳於小鼠微膠質細胞株（BV-2），再以脂多糖（LPS）刺激發炎反應。結果顯示，用RJ治療的細胞對炎症有更好的反應。這種保護作用可能是由於抑制發炎前期的 TNF-α、IL-1β 和 IL-6 等細胞激素的轉錄所導致。

此外，蜂王乳可以抑制發炎蛋白 COX-2 的表達。RJ 也呈現抗氧化作用，降低了細胞中的 NO 和 ROS 水準。此外，RJ 通過 JNK、p38 和 NF-kB 的路徑，來呈現免疫調節的效應。另外，最近在亞健康超重成人身上進行的一項研究顯示，蜂王乳具有抗發炎作用。測試者每天透過口服攝入蜂王乳膠囊 333 毫克，爲期 8 週。食用蜂王乳可降低炎症標誌物 CRP，抗發炎的脂聯素（adiponectin）增加、IL-6 細胞激素下降。這些研究都顯示可以藉由食用蜂王乳來降低人體的炎症現象。

七、蜂王乳與雌激素

雌激素（estrogen）又稱動情素，是一種主要的女性荷爾蒙，包括雌素酮（estrone, E1）、雌二醇（estradiol, E2）等。其中雌二醇是最重要的雌激素。雌激素主要由卵巢分泌，少量由肝、腎上腺皮質及乳房分泌。不同型態的雌激素都是由芳香酶（aromatase）轉換雄激素而成，特別是睪固酮（testosterone）和雄烯二酮（androstenedione）。普立馬林（Premarin）爲常用的雌激素藥物，是從懷孕的母馬取得。雌激素是人體非常重要的荷爾蒙，它幾乎影響女性一輩子的生活。當女性更年期或停經後，經常因雌激素下降而出現許多症狀與障礙。醫學上會用荷爾蒙補充療法，給予更年期或停經婦女雌激素跟其他激素來預防骨質疏鬆症（osteoporosis）和其他的更年期症狀，如熱潮紅（hot flashes）、陰道乾澀（vaginal dryness）、壓力性尿失禁（urinary stress incontinence）、怕冷（chilly sensations）、頭暈、疲勞、煩躁、出汗等。雖然，荷爾蒙補充療法有很多好處，但仍有一些可能的副作用與禁忌症。尤其是長期使用荷爾蒙補充療法可能增加罹患乳癌與子宮內膜癌的風險。

蜂王乳具有類雌激素的效用，使得它對女性呈現非常明顯的食療效果。蜂王乳本身並不含有雌激素，但蜂王乳可以與雌激素受體結合。只要 0.1～1.0 mg / mL 濃度的蜂王乳就可以活化雌激素受體，進而產生雌激素效應（Mishima et al., 2005）。由於與雌激素的相似性，蜂王乳被許多婦女用於改善和治療更年期相關併發症和衰老衍生的病症。然而，目前只有少量的人體臨床試驗，大部分研究都是利用切除卵巢的動物模型來探討。茲將近 20 年來探討蜂王乳對更年期有益作用的動物試驗整理於表 3-10（Bălan et al., 2020）。

表 3-10　使用試驗動物模型研究蜂王乳對更年期的有益作用

參考文獻	有益效果	試驗動物	蜂王乳劑量和給藥管理	蜂王乳的試驗結果
Hidaka et al., 2006	預防骨質疏鬆	48 隻低脛骨礦物質密度的雌性 Sprague-Dawley 大鼠（6 隻對照和 42 隻去卵巢大鼠）	將大鼠分為 8 組，蜂王乳與 MF 粉混合成錠片口服給藥（0.5 g 蜂王乳與 100 g MF 混合或 2 g 蜂王乳與 100 g MF 粉混合）。	* 給切除卵巢大鼠服用 2% 蜂王乳和 0.5-2% 蜂王乳後，脛骨密度恢復了 85% 以上 * 蜂王乳證明其預防骨質疏鬆症的功效
Zamami et al., 2008	改善胰島素阻抗	雄性 Winstar 大鼠	100 或 300 mg / kg，口服 8 週或安慰劑	* 蜂王乳組胰島素和 TG 水平顯著升高 * 蜂王乳組收縮壓降低 * 血糖濃度和 TC 不受蜂王乳攝入量的影響

（接續下表）

參考文獻	有益效果	試驗動物	蜂王乳劑量和給藥管理	蜂王乳的試驗結果
Takaki-Doi et al., 2009	抗高血壓	高血壓大鼠	蜂王乳蛋白水解物的七種胜肽成分，分別以 10、30、100 mg / kg iv 或 1000 mg / kg po 的劑量給藥	* 與安慰劑組相比，蜂王乳蛋白水解物和蜂王乳蛋白水解物的不同胜肽成分均顯示出有效的降血壓作用
Park et al., 2012	對皮膚的抗衰老作用	卵巢切除的處女大鼠	給大鼠餵食含有 1% 蜂王乳萃取物作為膳食補充劑	* 測量皮膚組織的膠原含量和表皮厚度 * 研究人員觀察到大鼠背部皮膚中 I 型膠原蛋白水平升高
Zamani et al., 2012	神經保護作用	大鼠雙側腦室內灌注 streptozocin	研究組大鼠補充蜂王乳，對照組餵食普通食物，使用 Morris 水迷宮測試空間學習和記憶	* 蜂王乳在研究組中顯示出改善的記憶力，支持了它可以對阿茲海默症發揮有益作用的假設
Shirzad et al., 2013	縮小惡性腫瘤	28 隻雄性 Balb/c 小鼠皮下注射腫瘤細胞	第 1 組接受 100 mg / kg 蜂王乳，第 2 組接受 200 mg / kg 蜂王乳，第 3 組接受 300 mg / kg 蜂王乳，第 4 組接受賦形劑	* 與對照組相比，處理組的腫瘤尺寸明顯縮小
Pyrzanowska et al., 2014	改善空間記憶	18 個月大的雄性 Winstar 大鼠	50 和 100 mg RJ powder/ kg / day，管胃 8 週	* 與對照組相比，50 mg / kg / 天蜂王乳治療大鼠的記憶力有顯著改善
Kaku et al., 2014	改善骨骼質量	去卵巢大鼠	大鼠口服蜂王乳 12 週	* 攝入蜂王乳不影響骨骼量，但透過調節 I 型膠原蛋白改善骨骼質量
Minami et al., 2016	改善更年期的神經症狀	去卵巢大鼠	給大鼠服用蜂王乳 82 天	* 蜂王乳改善大鼠的記憶力和抑鬱情緒 * 與雌激素 E2 給藥相比，蜂王乳顯著增加腦重量 * 蜂王乳組大鼠腦中蛋白質和半乳醣脂含量高於雌激素 E2 組

（接續下表）

參考文獻	有益效果	試驗動物	蜂王乳劑量和給藥管理	蜂王乳的試驗結果
Yoshida et al., 2016	降血糖	肥胖 / 糖尿病 KK-Ay 小鼠	每天 10 mg / kg 蜂王乳，口服管餵 4 週	* 蜂王乳給藥可改善高血糖並且部分抑制體重增加，但不影響胰島素阻抗
Chen et al., 2017	改善空間記憶	雄性老年大鼠	給大鼠補充蜂王乳 14 週，對照組接受蒸餾水	* 與對照組相比，餵食 MRJP 雄性大鼠的空間記憶提高了 48.5% 以上
Shimizu et al., 2018	改善骨骼品質	12 週齡去卵巢大鼠	每天服用蜂王乳，持續 3 個月	* 蜂王乳顯著改善大鼠股骨強度
Liu et al., 2019	保護生殖功能	50 隻雌性老鼠	第 1 組：每天 125、250、500 毫克 / 公斤 MRJP 第 2 組：每天 125 毫克 / 公斤酪蛋白 第 3 組：每天用生理鹽水灌胃給藥 7 週	* 蜂王乳（中高劑量）增加子宮和卵巢指數 *MRJPs 組中 E2 和孕酮的血清水平顯著增加 * 與對照組相比，蜂王乳組的 FSH 和 LH 水平顯著降低 * MRJPs 組的卵泡發育得到改善
Pan et al., 2019	抗高血壓作用	高血壓大鼠	第 1 組：1g / kg 蜂王乳，口服，4 週 第 2 組：對照組	* 與對照組相比，治療 4 週後，處理組的心率、收縮壓和舒張壓顯著降低
Sefirin et al., 2019	抗焦慮、防止潮熱	去卵巢的 Winstar 大鼠	100、200 和 300 毫克 / 公斤的蜂王乳	* 蜂王乳顯著降低小鼠潮熱的頻率，並發揮抗焦慮作用 *200 mg / kg BW 劑量的效果最佳
You et al., 2020	減輕非酒精性脂肪肝	去卵巢大鼠	150、300 或 450 毫克 / 公斤 / 天，持續 2 個月	*RJ 改善了焦慮水平，使血清脂質正常化，並減輕了非酒精性肝脂肪變性和肝損傷

第八節 蜂王乳的食療應用與注意事項

自從 1950 年代末期發現蜂王乳的生物活性後，人們開始食用蜂王乳。臺灣養蜂業也努力生產蜂王乳，從早期的稀少與價昂，蜂王乳目前已成為臺灣價廉物美的蜂產品。隨著臺灣民眾生活品質的提升，長壽且健康是臺灣民眾普遍的訴求。經過了 60 多年的科學研究，科學界對蜂王乳的組成分、生物藥理活性與食療價值，已有大幅的認識與進展。

蜂王乳是一種相對特殊的蜂產品，它含有特殊又豐富的蛋白質、特殊的不飽和脂肪酸，豐富的膽鹼、核酸成分、胺基酸、微量元素與維生素；又，大量的科學研究已證實蜂王乳具有抗血脂效用、抗氧化效用、抗癌效用、抗發炎、抗微生物、神經保護與類雌激素效用，使得蜂王乳成為一種重要的食療保健蜂產品，尤其是更年期與停經後的婦女，食療保健的效用更為顯著。

一般而言，蜂王乳必須連續食用 4 週以上，才能顯現其食療效用，Bălan et al.（2020）將蜂王乳對食療有益作用的人體研究整理於表 3-11。關於食用蜂王乳的安全性問題，除了極少數人可能會有過敏反應外，蜂王乳被廣泛認為是一種安全的食物。在目前發表的動物試驗與人體試驗的文獻中，蜂王乳尚未有相關毒性的報導。因此，科學界普遍認為蜂王乳在適當條件下，作為臨床使用的補充劑和藥物是安全的。

表 3-11 蜂王乳對於食療有益作用的人體研究

參考文獻	有益效果	試驗人數	蜂王乳劑量和給藥模式	試驗結果
Guo et al., 2007	改善脂蛋白代謝	15 名患者	7 例每天服用 6g 蜂王乳，連續 4 週 8 例為對照組	* 與對照組相比，TC 和 LDL- 膽固醇顯著降低 *HDL- 膽固醇和 TG 血清濃度無顯著差異

（接續下表）

參考文獻	有益效果	試驗人數	蜂王乳劑量和給藥模式	試驗結果
Mobasseri et al., 2014	降血脂	50 名女性患有 2 型糖尿病（25 例吃 RJ，25 名對照）	1,000 毫克 / 天的蜂王乳或安慰劑 8 週	* 補充蜂王乳患者中，血清 TG 水平和總膽固醇顯著降低 * 兩組的 HDL-c 均無顯著增加 *hs-CRP（高敏 C 反應蛋白）顯著降低，而對照組則保持升高
Mobasseri et al., 2015	降血糖	40 例 2 型糖尿病患者（20 例 RJ，20 例對照）	隔夜禁食 12 小時後服用 10 克新鮮蜂王乳或安慰劑	* 兩組平均血清葡萄糖濃度均顯著降低 *RJ 組的胰島素濃度在 1 小時上升，但 2 小時後下降 * 兩個研究組之間的血糖控制參數沒有觀察到顯著差異
Shidfar et al., 2015	抗糖尿病	46 名 2 型糖尿病患者	1,000 毫克蜂王乳或安慰劑，每天 3 次，持續 8 週	* 在 RJ 的患者中，HOMA-IR 顯著降低，總抗氧化能力增加 * 血清胰島素濃度無顯著差異
Mofid et al., 2016	抗疲勞	52 名癌症患者	26 名患者每天兩次 5 mL 蜂蜜 + 蜂王乳，4 週；26 名對照組則吃 5 mL 純蜂蜜，4 週	* 治療 2 週和 4 週後，吃蜂王乳 + 蜂蜜組的視覺模擬疲勞度和疲勞嚴重度均明顯改善
Chiu et al., 2016	降膽固醇 降低心血管疾病的風險	40 例輕度高膽固醇血症	9 粒蜂王乳或安慰劑，每天～3 個月（350 毫克蜂王乳或安慰劑 / 膠囊）	*RJ 組 3 個月後 LDL-c 和 TC 水平顯著改善 *RJ 組的 TG 和 HDL-C 沒有顯著改變 *RJ 組的 DHEA-S 濃度在三個月後有所改善

（接續下表）

參考文獻	有益效果	試驗人數	蜂王乳劑量和給藥模式	試驗結果
Lambrinoudaki et al., 2016	改善脂質	36 名停經婦女	150 毫克／天，3 個月	蜂王乳攝入顯著增加 HDL-C 水平並降低 TC 和 LDL-C
Seyyedi et al., 2016	改善性功能和泌尿功能	90 名停經婦女	第 1 組：15% 蜂王乳陰道乳膏，3 個月 第 2 組：潤滑劑，3 個月 第 3 組：結合雌激素，3 個月	* 蜂王乳在改善停經婦女的生活品質和泌尿生殖系統方面，優於雌激素和潤滑劑 * 在改善萎縮性陰道炎的效果，雌激素組明顯優於蜂王乳或潤滑劑
Asama et al., 2018	改善背痛、腰痛和焦慮	42 名停經婦女	800 毫克經酶處理的蜂王乳或 800 毫克糊精，3 個月	* 與安慰劑組相比，經酶處理的蜂王乳治療 12 週後，在焦慮、腰痛和背痛評分方面都顯著改善
Sharif et al., 2019	改善更年期相關症狀	200 名停經婦女	1,000 毫克蜂王乳或安慰劑／天，8 週	* 兩組試驗前的更年期評分相似，但蜂王乳組在服用 8 週後顯著降低
Petelin et al., 2019	改善脂質、飽腹感和抗氧化能力	60 名肥胖患者（30 例，30 名對照）	2 粒凍乾蜂王乳（333 毫克／粒）或安慰劑，8 週	* 蜂王乳顯著降低 TC 和炎症標誌物 C 反應蛋白 * 蜂王乳增加血清中的脂聯素、瘦體素和總抗氧化能力

然而，蜂王乳的品質與組成分可能是變動的。很多因素都可能改變蜂王乳的品質與活性，例如蜜蜂品系、採收與生產方式，蜂王乳保存與加工方式等。尤其，生鮮蜂王乳對於貯存條件非常敏感，養蜂業者與消費者都必須非常留意。由於蜂王乳的適口性不佳，消費者在食用蜂王乳加工產品必須留意加工方式與有效劑量的問題。通常，眞空冷凍乾燥的加工方式，是目前最能保持蜂王乳營養成分與活性的加工方式。

蜂王乳是臺灣養蜂業的特色產品，產量居世界第二，而且品質優良，值得列入健康食療的優先考慮，尤其是中老年的女性，食療效果明顯；有許多人誤認爲男性不適合食用蜂王乳，這是錯誤的觀念，因爲許多動物試驗是利用雄性動物來作爲試驗對象。

引用文獻

方兵兵。2016。我國蜂產品市場回顧與 2017 年市場預測。中國蜂業 68(5)：14-15。

江敬晧、吳佩珊、曹博宏、陳裕文。2013。利用人工飼養蜜蜂幼蟲技術檢測蜂王漿凍乾粉的品質。第 10 屆海峽兩岸蜜蜂與蜂產品研討會，中國：揚州。202-207 頁。

Almeer RS, AlBasher GI, Alarifi S, Alkahtani S, Ali D, Abdel Moneim AE. 2019. Royal jelly attenuates cadmium-induced nephrotoxicity in male mice. Sci. Rep. 9: 1-12.

Antinelli JF, Zeggane S, Davico R, Rognone C, Faucon JP, Lizzani L. 2003. Evaluation of (E)-10-hydroxydec-2-enoic acid as a freshness parameter for royal jelly. Food Chemistry 80: 85-89.

Bălan A, Moga MA, Dima L, Toma S, Elena Neculau A, Anastasiu CV. 2020. Royal Jelly-A traditional and natural remedy for postmenopausal symptoms and aging-related pathologies. Molecules 25(14): 3291.

Balkanska R, Mladenova E, Karadjova I. 2017. Quantification of selected trace and mineral elements in royal jelly from Bulgaria by ICP-OES and etaas. J. Apic. Sci. 61: 223-232.

Bílikova K, Huang SC, Lin IP, Šimuth J, Peng CC. 2015. Structure and antimicrobial activity relationship of royalisin, an antimicrobial peptide from royal jelly of *Apis mellifera*. Peptides 68: 190-196.

Bílikova K, and Šimuth J. 2010. New criterion for evaluation of honey: Quantification of royal jelly protein apalbumin 1 in honey by ELISA. Journal of Agricultural and Food Chemistry 58: 8776 -8781.

Buttstedt A, Ihling CH, Pietzsch M, Moritz RF (September 2016). Royalactin is not a royal making of a queen. Nature 537(7621): E10-2.

Chiu HF, Chen BK, Lu YY, Han YC, Shen YC, Venkatakrishnan K, Golovinskaia O, Wang CK. 2017. Hypocholesterolemic efficacy of royal jelly in healthy mild hypercholesterolemic adults. Pharm. Biol. 55: 497-502.

Ciulu, M., Floris, I., Nurchi, V. M., Panzanelli, A., Pilo, M. I., Spano, N., & Sanna, G. 2015. A possible freshness marker for royal jelly: Formation of 5-hydroxymethyl-2-furaldehyde as a function of storage temperature and time. Journal of Agricultural and Food Chemistry, 63: 4190-4195.

Collazo N, Carpena M, Nuñez-Estevez B, Otero P, Simal-Gandara J, Prieto MA. 2021. Health promoting properties of bee royal jelly: food of the queens. Nutrients 2021; 13(2): 543.

Fratini F, Cilia G, Mancini S, Felicioli A. 2016. Royal Jelly：An ancient remedy with remarkable antibacterial properties. Microbiol. Res. 192: 130-141.

Isidorov VA, Bakier S, Grzech I. 2012. Gas chromatographic-mass spectrometric investigation of volatile and extractable compounds of crude royal jelly. J. Chromatogr. B 885-886: 109-116.

Kamakura M. (May 2011). Royalactin induces queen differentiation in honeybees. Nature 473 (7348): 478-83.

Kamakura M, Fukuda T, Fukushima M, & Yonekura M. 2001. Storage-dependent degradation of 57-kDa protein in royal jelly: a possible marker for freshness. Bioscience, biotechnology, and biochemistry 65(2): 277-284.

Kim BY, 2021. Antiapoptotic role of major royal jelly protein 8 of honeybee (*Apis mellifera*) venom. Journal of Asia-Pacific Entomology, https://doi.org/10.1016/j.aspen.2021.05.014

Kucharski R, Maleszka R, Hayward DC, & Ball EE. 1998. A royal jelly protein is expressed in a subset of kenyon cells in the mushroom bodies of the honey bee brain. Naturwissenschaften 85: 343-346.

Kuda T, Fujita M, Goto H, & Yano T. 2007. Effects of freshness on ATP-related compounds in retorted chub mackerel Scomber japonicus. LWT e Food Science and Technology 40, 1186e1190.

Li JK, Feng M, Zhang L, Zhang ZH, and Pan YH. 2008. Proteomics analysis of major royal jelly protein changes under different storage conditions. Journal of Proteome Research 7(8): 3339-3353.

Maleszka R. 2018. Beyond Royalactin and a master inducer explanation of phenotypic plasticity in honey bees. Communications Biology, 1, 8. https://doi.org/10.1038/s42003-017-0004-4

Marconi E, Caboni MF, Messia MC, and Panfili G. 2002. Furosine: a suitable marker for assessing the freshness of royal jelly. Journal of Agricultural and Food Chemistry 50(10): 2825-2829.

Messia MC, Caboni MF, and Marconi E. 2005. Storage stability assessment of freeze-dried royal jelly by furosine determination. Journal of Agricultural and Food Chemistry 53: 4440-4443.

Mishima S, Suzuki KM, Isohama Y, Kuratsu N, Araki Y, Inoue M, Miyata T. 2005. Royal jelly has estrogenic effects *in vitro* and *in vivo*. Journal of Ethnopharmacology 101: 215-220.

Miyata Y, Sakai H. 2018. Anti-cancer and protective effects of royal jelly for therapy-induced toxicities in malignancies. International Journal of Molecular Sciences 19(10): 3270.

Mokaya HO, Njeru LK, Lattorff HMG. 2020. African honeybee royal jelly: Phytochemical contents, free radical scavenging activity, and physicochemical properties. Food Biosci. 2020, 37, 100733.

Pan Y, Xu J, Jin P, Yang Q, Zhu K, You M, Chen M, & Hu F. 2019. Royal jelly ameliorates behavioral deficits, cholinergic system deficiency, and autonomic nervous dysfunction in ovariectomized cholesterol-fed rabbits. Molecules, 24(6), 1149.

Park MJ, Kim BY, Deng Y, Park HG, Choi YS, Lee KS, Jin BR. 2020. Antioxidant capacity of major royal jelly proteins of honeybee (*Apis mellifera*) royal jelly. Journal of Asia-Pacific Entomology 23: 445-448.

Sabatini AG, Marcazzan GL, Caboni MF, Bogdanov S, de Almeida-Muradian LB. 2009. Quality and standardisation of Royal Jelly. Journal of ApiProduct and ApiMedical Science 1: 1-6.

Shen L R, Wang YR, Zhai L, Zhou W X, Tan LL, Li ML, Liu DD, & Xiao F. 2015. Determination of royal jelly freshness by ELISA with a highly specific anti-apalbumin 1, major royal jelly protein 1 antibody. Journal of Zhejiang University, Science B, 16(2), 155-166.

Stocker A, Schramel P, Kettrup A, Bengsch E. 2005. Trace and mineral elements in royal jelly and homeostatic effects. J. Trace Elem. Med. Biol. 19: 183-189.

Tian W, Li M, Guo H, Peng W, Xue X, Hu Y, Liu Y, Zhao Y, Fang X, Wang K, et al. 2018. Architecture of the native major royal jelly protein 1 oligomer. Nat. Commun. 2018, 9, doi: 10.1038/s41467-018-05619-1.

Townsend GF, Morgan, JF, Hazlett B. 1959. Activity of 10-hydroxydecenoic acid from royal jelly against experimental leukaemia and ascitic tumours. Nature 183: 1270-1271.

Townsend GF, Morgan JF, Tolnai S, Hazlett B, Morton HJ, Shuel RW. 1960. Studies on the *in vitro* antitumor activity of fatty acids. I. 10-Hydroxy-2-decenoic acid from royal jelly. Cancer Res. 20: 503-510.

Wang Y, Lanting MA, Zhang W, Xuepei CUI, Wang HF, Xu BH. 2016. Comparison of the nutrient composition of royal jelly and worker jelly of honey bees (*Apis mellifera*). Apidologie 47: 48-56.

Wu L, Chen L, Selvaraj JN, Wei Y, Wang Y, Li Y, Zhao J, Xue X. 2015. Identification of the distribution of adenosine phosphates, nucleosides and nucleobases in royal jelly. Food Chem. 173: 1111-1118.

Wu L, Wei Y, Du B, Chen L, Wang Y, L Y, Zhao J, and Xue X. 2015. Freshness determination of royal jelly by analyzing decomposition products of adenosine triphosphate. LWT-Food Science and Technology 63(1): 504-510.

Wu L, Zhou J, Xue X, Li Y, Jing Z. 2009. Fast determination of 26 amino acids and their content changes in royal jelly during storage using ultra-performance liquid chromatography. J. Food Compos. Anal. 22: 242-249.

Yoneshiro T, Kaede R, Nagaya K, Aoyama J, Saito M, Okamatsu-Ogura Y, Kimura K, Terao A. 2018. Royal jelly ameliorates diet-induced obesity and glucose intolerance by promoting brown adipose tissue thermogenesis in mice. Obes. Res. Clin. Pract. 12: 127-137.

You MM, Liu YC, Chen YF, Pan YM, Miao ZN, Shi YZ, Si JJ, Chen ML, Hu FL. 2020. Royal jelly attenuates nonalcoholic fatty liver disease by inhibiting oxidative stress and regulating the expression of circadian genes in ovariectomized rats. J. Food Biochem. 44: 1-12.

Zhao F, Wu Y, Guo, L. et al. 2013. Using proteomics platform to develop a potential immunoassay method of royal jelly freshness. Eur. Food Res. Technol. 236: 799-815.

Zheng, H. Q., Hu, F. L., & Dietemann, V. 2011. Changes in composition of royal jelly harvested at different times：consequences for quality standards. Apidologie 42: 39-47.

筆記欄

CHAPTER 4

營養豐富的食物——蜂花粉

第一節　蜂花粉的來源

蜂花粉是蜜蜂採集粉源植物雄蕊花藥上的花粉粒，花粉粒很小且帶負電，只有 2.5～250 微米（μM），蜜蜂體上布滿帶正電的絨毛，兩者之間產生靜電場藉以吸引花粉粒附著於蜜蜂體，辛苦的收集並搓揉成團放到後足的花粉籃中攜帶回巢（圖 4-1），供蜂群食用的重要營養源；在蜜蜂採集過程中，採集蜂會混入其唾液分泌物與蜂蜜，讓花粉粒易於搓揉成團。養蜂者使用採粉器（pollen trap；花粉採收器；圖 4-2）採收團塊狀的花粉團（pollen load），蜂花粉可提供廣泛用途。因爲花粉經過蜜蜂採集時加入其他成分，與直接從花朵採收的花粉在成分上不同，特別稱爲蜂花粉（bee collected pollen; bee pollen）。

圖 4-1　蜜蜂採集的蜂花粉

圖 4-2　臺灣蜂箱使用的採粉器

對蜜蜂而言，蜂蜜是主要提供蜂群碳水化合物的來源，亦即提供能量；花粉則提供蛋白質、脂質、維生素與礦物質的營養源。外勤蜂採回蜂花粉後，蜂群並不會立即食用，她們會先將花粉團置放於巢房內，並由內勤蜂進行加工。內勤蜂會在蜂花粉添加她們的分泌物，通常是一些酵母菌與乳酸菌等微生物，然後再於花粉塊的表層塗上蜂蜜來避免腐敗。這個過程類似固態發酵，大約 7 日後發酵完成，稱之爲蜂糧（bee bread；圖 4-3）。蜂糧與蜂

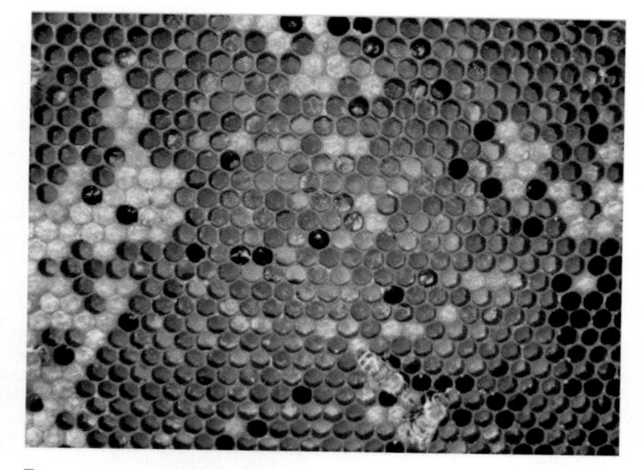

圖 4-3　蜜蜂將蜂花粉加工製成蜂糧，貯存於蜂巢內

花粉在組成分上已產生變異。蜂糧含有多量的乳酸，pH 值約爲 4.0，也含有較多量的游離胺基酸與酵素，讓蜜蜂更易於消化與吸收，也有助於在蜂巢內貯存。蜂糧主要供內勤蜂取食，以利其體內分泌食物的腺體與毒腺的發育；蜂糧也會用於餵食熟齡的工蜂與雄蜂幼蟲。

然而，顯然，蜂花粉與蜂巢內的蜂糧是不同的。蜂花粉可以利用採粉器方便收集，蜂糧則通常必須破壞巢房，採收不易，而且口感偏酸，不利商品化。因此，以下資料均是利用採粉器收集西洋蜂的蜂花粉。

蜜蜂花粉籃攜帶的花粉團大小及重量差異很大，大小約 1.4～4.0 mm，呈橢圓球狀，平均重量約 7.5 mg，最重可達 15 mg。其差異爲粉源種類與豐度不同造成。同一蜂場中不同蜂群採集花粉的種類並不相同。在北美 7 月產粉盛期的上午 8～10 點，一群繼箱蜜蜂飛出 17,000 隻 / 次，能採 250 克花粉，一天可採 740～2,000 克花粉，一群蜂一季可採 15～40 公斤花粉。美國專家估計，一群蜜蜂每年需要 50 公斤花粉。也有專家估計每季需要 35～60 公斤。在歐洲，每群蜜蜂每年大約只能採收 5～15 公斤。在臺灣，茶花粉是最主要的蜂花粉。筆者訪談業者，茶花粉的收穫期可達 70 日，平均每箱每日可收 200～250 克生鮮蜂花粉。生鮮蜂花粉必須以乾燥處理（失重約 20～25%），如以 300 群規模的蜂場，平均每日可製成 50 公斤乾燥蜂花粉，一個茶花粉產季約可採收生產得 3.5 公噸乾燥茶花粉。

蜜蜂採集花粉的時間可分爲 3 種，上午、下午及全天採集。隨花的種類、開花時間而異。花粉團的顏色有很大的差異，依粉源植物的不同，從灰白色、黃色、橙紅、紫色、黑色都有，但以黃色系列比較常見。通常，外勤蜂單趟次的採集過程只採集一種植物的花粉，因此單一花粉團的顏色一致。偶而因粉源不足而採集兩種以上花粉時，則呈混合色。通常蜜蜂採收的花粉團，只有 1% 是混合的花粉團。

從花粉團的顏色可以粗略判別粉源植物的種類，它與植物色素如類胡蘿蔔素和花青素有關。但來自不同植物來源的蜂花粉可能具有相似的顏色。同一種花粉的花粉團顏色，會隨時辰變化，早上、雨後、遇霧後、花季剛開始或即將結束的花粉團顏色較深；豔陽天、花粉粒剛開始放出，或採收同一種花粉已經有一段時間的花粉團顏色較淺。此外，加工條件也會影響顏色值，特別是 L 值和 b 值；通常，乾燥花粉粒經過研磨會導致黃色色調增加和 b 值增加，這可能是由於某些化合物（如多酚）在乾燥過程中發生氧化反應所致。總而言之，花粉團的顏色與含水量、曝晒日光、所含雜質、蜜蜂混入的花蜜與加工條件等因素，有密切的關係。同一種植物花粉粒的顏色，先天上也會有少許差異。有些植物的花粉黏著性較低，例如禾本科植物的花粉，蜜蜂只能於環境溼度較高時，例如清晨或黃昏，蜜蜂才能採集。有些植物只於清晨開花，例如荷花；有些則於黃昏與夜間開花，例如火龍果、穗花棋盤腳。這些開花期短的植物，蜜蜂只能利用短暫的時間採粉，因此，要收集這類特殊專一的蜂花粉，非常不容易。

關於臺灣地區的蜂花粉資源，Lin et al.（1993）分析 1991 年自南投名間由蜜蜂採集之花粉團，鑑定其所含花粉種類，並由花粉之出現頻率探討該地區之粉源植物。此結果可供蜂農作爲種植或尋找粉源植物時之參考，並提高花粉團產量，增加蜂農之收益。由花粉分析之結果得知：名間地區之粉源植物共計 57 科 108 種。其中菊科出現的種類最多，共 12 種，次爲豆科有 9 種、大戟科有 7 種、茄科有 5 種、禾本科有 4 種。以花粉團出現的頻率而言，有 32 種植物的年度出現頻率超過 0.2%。其中以茶花粉的出現頻率最高，占全年的 28.69%；次爲菊科的藿香薊，包括白花藿香薊與紫花藿香薊，合占 18.95%；豆科的含羞草占 6.85%；禾本科的水稻占 5.98%；芸香科的柚子占 5.80%；葎草（*Humulus scandens*）占 4.72%。顯示蜜蜂採集的粉源植物涵蓋蟲媒花與風媒花植物，且包括栽培作物與野生植物。1991 年全年中，共有 152 天可於蜂巢前裝置花粉收集器以收集花粉團；平均一個蜂群可收取 6.3 公斤之花粉團，此量恰可維持蜂群之存活。蜜蜂上午（12 點以前）採集之花粉量多於下午採集之量。3～4 月間蜜蜂偏重於採集荔枝和龍眼之花蜜，對花粉之採集量大爲降低；6～9 月爲雨季，且溫度常高於 30℃，大大影響蜜蜂之活動，因此亦使花粉團之產量減少，此爲全年中兩個花粉團之低產量期。影響蜜蜂的花粉採集活動之因子，包括花型、花色、花藥開裂之時間、植物分布及溫度等。多數粉源植物具下列特徵：花冠開展或花藥明顯可見、花色爲黃或白色、花藥於上午開裂，以及植物生長地與蜜蜂箱距離較近者。

蜂花粉能夠大量的從蜂箱中採收出來，主要靠採粉器的發明。採粉器的基本原理很簡單，只是在蜂箱入口處設置一系列圓孔狀欄柵，讓攜帶花粉回巢的蜜蜂鑽過、把後足上的花粉團刮取掉入收集盒中，就能大量收集蜂花粉。

第二節 蜂花粉的成分

蜂花粉的成分因粉源植物來源不同有很大的差異，但特定植物來源的單花花粉的理化、功能和感官特性通常較為固定。即使在植物來源相似的情況下，花粉成分也可能因季節和區域差異而有所不同。生鮮蜂花粉的含水量約為 20～30%，通常必須乾燥後才有利於貯存與利用。蜂花粉的營養價值很高，含有大量的碳水化合物（13～55%）、蛋白質（10～40%）、粗纖維（0.3～20%）、脂類（1～13%）和灰分（2～6%）。此外，它含有必需氨基酸和脂肪酸、游離氨基酸、維生素（主要是 B 群）、必需礦物質、類胡蘿蔔素和酚類化合物組成，是一種非常值得推薦的食療營養補充品（Campos et al., 2008）。

乾燥蜂花粉的一般成分含量如表 4-1（Campos et al., 2010）。由於不同的粉源植物，蜂花粉的組成分變異很大；儘管如此，常見的五大營養素在蜂花粉的含量都很高。如以每日食用 15 克蜂花粉，再參考人類每日必需攝食量（required daily intake, RDI），可以發現蜂花粉提供豐富的維生素與礦物質。尤其是 β- 胡蘿蔔素，可達 30～600% RDI；葉酸補充量達 20～67% RDI；維生素 E 的補充量達 8～66% RDI；其他還有豐富的生物素（30～42% RDI）、維生素 B_1（15～32% RDI）、維生素 B_2（12～42% RDI）、維生素 B_3（7～20% RDI）、維生素 B_6（4～13% RDI）、維生素 C（2～15% RDI）等。在礦物質的補充上，食用 15 克蜂花粉可以提供豐富的錳（15～85% RDI）、鋅（10～79% RDI）、鉀（5～27% RDI）、銅（4～36% RDI）、鐵（2～37% RDI）、鎂（2～23% RDI）、磷（2～16% RDI）與鈣（0.5～7% RDI）。

表 4-1　乾燥蜂花粉的一般成分與其可提供的營養補充比例（Campos et al., 2010）

主要營養成分	g / 100 g	% RDI（15 g 蜂花粉）	RDI（g / day）
碳水化合物（fructose, glucose, sucrose, fibers）	13-55	1-4.6	320
粗纖維	0.3-20	0.3-18	30

（接續下表）

主要營養成分	g / 100 g	% RDI（15 g 蜂花粉）	RDI（g / day）
蛋白質	10-40	5.4-22	50
脂類	1-13	0.1-4	80
維生素	mg / 100g	%RDI（15g 蜂花粉）	RDI(mg / day)
抗壞血酸（ascorbic acid, vit C）	7-56	2-15	100
β- 胡蘿蔔素（ß-carotene）	1-20	30-600	0.9
生育醇（tocopherol, E）	4-32	8-66	13
菸鹼酸（niacin, B_3）	4-11	7-20	15
吡哆素（pyridoxine, B_6）	0.2-0.7	4-13	1.4
硫胺素（thiamin, B_1）	0.6-1.3	15-32	1.1
核黃素（riboflavin, B_2）	0.6-2	12-42	1.3
泛酸（pantothenic acid）	0.5-2	2-9	6
葉酸（folic acid）	0.3-1	20-67	0.4
生物素（biotin, H）	0.05-0.07	30-42	0.045
礦物質			
鉀（K）	400-2,000	5-27	2,000
磷（P）	80-600	2-16	1,000
鈣（Ca）	20-300	0.5-7	1,100
鎂（Mg）	20-300	2-23	350
鋅（Zn）	3-25	10-79	8.5
錳（Mn）	2-11	15-85	3.5
鐵（Fe）	1.1-17	2-37	12.5
銅（Cu）	0.2-1.6	4-36	1.2

雖然不同產地與粉源植物的蜂花粉組成分變異很大，爲了給讀者一個比較完整的輪廓，參照 Xi et al.（2018）的文獻，將生鮮蜂花粉的主要成分列於表 4-2，讓讀者對蜂花粉有比較清楚的認識。

表 4-2　生鮮蜂花粉的重要組成與含量（Xi et al., 2018）

化學組成	含量	主要成分
碳水化合物	30.8%	果糖、葡萄糖、蔗糖與膳食纖維
蛋白質	22.7%	必需胺基酸、核酸
脂質	5.1%	必需脂肪酸、磷脂質、植物固醇類（例如 sitosterol）
多酚化合物	1.6%	類黃酮、白三烯素（leukotrienes）、兒茶素、酚酸等
維生素	0.7%	類胡蘿蔔素、B 群、C、E、D
生物元素	1.6%	主要元素（鈣、磷、鎂、鉀、鈉）與微量元素（鐵、銅、鋅、錳、硒）

一、碳水化合物

碳水化合物是蜂花粉中含量最高者，約占乾物質 40～55%。其中以果糖含量最高（15.2～22.4%），葡萄糖（7.0～21.9%）與蔗糖（14～19.8%）次之。果糖／葡萄糖比率在 1.20 和 1.50 之間變化，還有一些少量的麥芽糖（0.8～3.2%），微量的 isomaltose、melezitose、raffinose、trehalose 與 erlose（Li et al., 2018）。此外，蜂花粉也含有一些多醣類與粗纖維，含量約 7～20%。主要是一些膳食纖維，源自於花粉的內壁成分。但不同種類蜂花粉的含量變異很大，也可能與檢測方法不同有關（Campos et al., 2008）。

Liolios et al.（2018）報導了來自希臘的 30 種單花蜂花粉樣品的平均總糖含量爲 42.10%，從 34.70% 到 63.50% 不等。在多醣中，孢粉素存在於外壁──花粉粒的外層，提供花粉粒的骨架與特殊構型，對非氧化性物理、生物和化學降解過程（包括酸水解）具有高度抵抗力，藉此保護花粉內容物包括生物活性物質。花粉的內層被稱爲內壁，由纖維素和果膠組成，Xu et al.（2009）指出花粉內壁和植物細胞壁之間的結構相似。然而，這些多醣不具營養價値，但在調節多種生物功能方面很重要，也就是下面章節所提的膳食纖維。

二、膳食纖維

膳食纖維，也稱爲粗糧，是指在胃和小腸中保持完整的食物部分，因此對食物的營養價值沒有貢獻，但對人體健康至關重要。膳食纖維基本上有兩種類型：可溶性和不溶性。可溶性膳食纖維（SDF）可降低血液中的膽固醇和葡萄糖水平，而不溶性膳食纖維（IDF），也稱爲抗性澱粉，支持食物通過消化系統，從而增加大便體積並防止大便不規則或便祕。

膳食纖維來自花粉壁的孢粉素、纖維素、半纖維素和果膠，而澱粉和其他不溶性多醣如胼胝質（callose）、纖維素、木質素等構成粗纖維。然而，由於各種分析方法和植物來源，粗纖維的含量變化很大。

蜂花粉是一種有用的膳食纖維來源，以纖維素和胼胝質爲主要成分。中國花粉中總膳食纖維（TDF）的含量範圍爲 17.60% 至 31.26%，而 IDF 和 SDF 占 TDF 的比例分別爲 73～82% 和 0.86～5.92%（Yang et al., 2013）。同樣的，哥倫比亞花粉的 IDF 含量（8.0～13.9 g / 100 g）高於 SDF（1.3～2.3 g / 100 g），而 TDF 則爲 9.9～15 g / 100 g。然而，Fuenmayor et al.（2014）報告則指出哥倫比亞花粉中的 SDF 含量更高，爲 2.7 ± 1.8 g / 100 g，IDF 則爲 11.7 ± 3.3 g / 100 g，TDF 爲 14.5 g / 100 g。另一方面，Domínguez-Valhondo et al.（2011）研究了西班牙蜂花粉，其膳食纖維（乾重，14.50～14.65%）含量變異不大，並建議可於加工食品中添加花粉纖維以減少膳食纖維的缺乏。

三、蛋白質與胺基酸

蛋白質是蜂花粉中含量第二高的成分，僅次於碳水化合物，約占乾物質 14～30%，平均約 22.7%。不同植物來源的蛋白質含量變異很大，甚至相同植物來源的單花蜂花粉，也會因產地不同而有變異。例如，油菜花粉在印度爲 19.63%、巴西產 23%、中國 23.7%；玉米花粉蛋白質希臘產 14.86%、中國產 17.9%、埃及產 23.3%。臺灣最常見的茶花粉，蛋白質含量爲 26.14%（Jang, 2018）。蜂花粉含有如此高量的蛋白質，說明它是一種極佳的膳食補充劑，特別是素食者、老年人群與運動員。

蛋白質經過水解後的基本單元爲胺基酸，共有 20 種胺基酸。必需胺基酸（essential amino acid），是指只存在食物中，動物無法自身合成，只能由食物中攝取的胺基酸，被稱爲必需胺基酸。動物需攝取必需胺基酸以製造蛋白質。由於不同物種的合成能力不同，對於某一物種是必需胺基酸，對另一物種則不一定是必需胺基酸。對人類而言，人體無法合成的 9 種胺基酸包括：苯丙胺酸（phenylalanine）、纈胺酸（valine）、蘇胺酸（threonine）、色胺酸（tryptophan）、異白胺酸（isoleucine）、白胺酸（leucine）、甲硫胺酸（methionine）、離胺酸（lysine）、組胺酸（histidine）。食物中如果含有所有的必需胺基酸，稱爲「完全蛋白質」。肉類中的蛋白質是完全蛋白質，可以提供人體所需的全部胺基酸種類，大概在牛肉、羊肉、豬肉、雞肉等都有蘊藏。素食者則必須留意飲食，設法從非肉類食品來滿足營養需求。

蜂花粉的組成約有 10.4% 爲游離胺基酸，包括 20 種胺基酸（表 4-3），其中 9 種必需胺基酸的含量豐富，可以被定義爲完全蛋白質。雖然，不同種類的蜂花粉變異很大，但一般而言，以脯胺酸（proline）、麩胺酸（glutamic acid）與天門冬胺酸（aspartic acid）爲主要的胺基酸成分。例如，Jang（2018）報導茶花粉含有 18 種胺基酸，包括 8 種必需胺基酸與 10 種非必需胺基酸，其中以麩胺酸、脯胺酸與天門冬胺酸的含量最高，這 3 種胺基酸合計約占總胺基酸的 1/3 含量。此外，蜂花粉也含有豐富的核酸類物質。

表 4-3　蜂花粉乾物質的重要胺基酸含量與成人的必需胺基酸需要量

胺基酸種類	英文名（縮寫）	含量（mg / g）	成人需要量 **（mg / kg / day）
蘇胺酸 *	Threonine (Thr)	0.04-12.5	15
纈胺酸 *	Valine (Val)	0.06-11.9	26
甲硫胺酸 *	Methionine (Met)	0.02-5.6	10.4
異白胺酸 *	Isoleucine (Ile)	0.05-10.2	30
白胺酸 *	Leucine (Leu)	0.07-23.1	39
苯丙胺酸 *	Phenylalanine (Phe)	0.04-11.8	25
離胺酸 *	Lysine (Lys)	0.07-21.1	30
色胺酸 *	Tryptophan (Trp)	0.07-0.5	4
組胺酸 *	Histidine (His)	0.04-6.2	10

（接續下表）

胺基酸種類	英文名（縮寫）	含量（mg / g）	成人需要量 **（mg / kg / day）
天門冬胺酸	Aspartic acid (Asp)	0.1-30.2	-
天冬醯胺	Asparagine (Asn)	0.03-4.9	-
絲胺酸	Serine (Ser)	0.05-13.3	-
麩胺酸	Glutamic acid (Glu)	0.1-31.2	-
麩胺醯胺	Glutamine (Gln)	0.05-8.4	-
脯胺酸	Proline (Pro)	0.1-42.7	-
甘胺酸	Glycine (Gly)	0.05-12.8	-
丙胺酸	Alanine (Ala)	0.07-12.9	-
半胱胺酸	Cystine (Cys)	0.01-3.1	-
酪胺酸	Tyrosine (Tyr)	0.02-10.6	-
精胺酸	Arginine (Arg)	0.07-11.3	-

* 表示爲人體必需胺基酸。

** 依照 FAO/WHO（2007）建議的標準。

一般計算食品中蛋白質含量，是以凱氏氮 N×6.25 來估算蛋白質含量，但 Campos et al.（2008）建議應以 N×5.6 比較適當。

四、脂質

除了碳水化合物和蛋白質之後，脂質是蜂花粉的第三大成分，對內勤蜂的腺體分泌蜂王乳至關重要（Sattler et al., 2015）。不同種類蜂花粉的脂質含量變異也很大，約占乾物質 1～13%，平均約 5.1%。Xu et al.（2012）分析玉米花粉、茶花粉、油菜花粉、向日葵、蓮花與蕎麥等 6 種中國常見的單花蜂花粉，脂質含量爲 2.1～5.6%，其中以油菜花粉含量最高（5.6%），蓮花粉與蕎麥花粉次之，向日葵花粉與茶花粉的含量最低（2.1%）。而來自不同國家的單花蜂花粉的脂質含量也有差異，例如常見的油菜花粉，脂質含量分別爲 4.7%（巴西）、6.6%（中國）、7.76%（希臘）、12.38%（印度）。此外，臺灣常見的茶花粉，脂質含量爲 3.49%（Jang, 2018）。蜂花粉的脂質主要以極性或中性脂肪型式，包括甘油酯（mono-, di and triglyceride），還有類胡蘿蔔素與植物固醇類。另有部分以脂肪酸形態存在，目前已發現 20 種脂肪酸，包括飽和脂肪酸與不飽和脂肪酸。但不同種類的蜂花粉，脂肪酸的種類與含量變異極大，有些蜂花粉含有高量 α-亞麻酸（α-linolenic acid）、棕櫚酸（palmitic acid）或亞油酸（linoleic acid），含量可占總脂肪酸一半以上（表 4-4），花生酸（arachidic acid）的含量也可達 42.7%。此外，蜂花粉也含有 1.5% 磷脂質與 1.1% 的植物固醇（sitosterol）。

一般而言，蜂花粉已有 20 種脂肪酸被報導（表 4-4），碳鏈從 C4 到 C24 都有，其中 ω-3 脂肪酸占主導地位。肉荳蔻酸（myristic acid）、硬脂酸（stearic acid）和棕櫚酸是主要的飽和脂肪酸，而亞麻酸、亞油酸和油酸是蜂花粉中最普遍的不飽和脂肪酸。例如，中國產的玉米花粉含有 α- 亞麻酸（52%）和棕櫚酸（25%）作爲主要脂肪酸；而來自埃及的同種花粉富含油酸（42%）和肉荳蔻酸（40%）。同樣，據報導 γ- 亞麻酸（29.08%）和二十碳三烯酸（13.83%）在印度甘藍型油菜花粉中普遍存在；中國產的同種花粉則以 α- 亞麻酸（30.82%）和肉荳蔻酸（20.70%）含量較高（Yang et al., 2013 ; Thakur & Nanda, 2018a）。

表 4-4　蜂花粉中的脂肪酸含量（Li et al., 2018）

脂肪酸種類	碳鏈結構	總脂肪酸的占比
Caproic acid	C6：0	微量～0.15%
Caprylic acid	C8：0	微量～4.8%
Capric acid	C10：0	微量～15.8%
Lauric acid	C12：0	微量～27.9%
Myristic acid	C14：0	微量～21.8%
-	C14：1	微量～1.7%
Pentadecylic acid	C15：0	微量～2.4%
Palmitic acid	C16：0	微量～67.6%
palmitoleic acid	C16：1	微量～5.1%
Margaric acid	C17：0	微量～0.7%
Stearic acid	C18：0	微量～9.1%
Oleic acid	C18：1	微量～36.0%

（接續下表）

脂肪酸種類	碳鏈結構	總脂肪酸的占比
Linoleic acid	C18：2	微量～49.7%
α-Linolenic acid	C18：3	微量～63.4%
Arachidic acid	C20：0	微量～42.7%
Gadoleic acid	C20：1	微量～3.4%
Eicosatrienoic acid	C20：3	微量～0.5%
Behenic acid	C22：0	微量～18.1%
Erucic acid	C22：1	微量～1.7%
Lignoceric acid	C24：0	微量～1.5%
Nervonic acid	C24：1	微量～0.2%

回顧以往的研究，發現不同花粉中的脂肪酸種類是類似的，但其比例因花源甚至同一物種和地理區域而異。與飽和脂肪酸相比，蜜蜂更喜歡含有較多不飽和脂肪酸的花粉。Thakur & Nanda（2018a）報導了蜂花粉的不飽和：飽和脂肪酸（UFA與SFA的比率）的比值範圍為2.2～6.7，這顯示蜂花粉的脂質是優質的。蜂花粉較高的UFA/SFA值，表示其可降低脂肪和膽固醇水平，從而預防心血管疾病；但如果UFA/SFA值低於1，可能是蜂花粉不當的加工與貯存而導致不飽和脂肪酸的降解。UFA是細胞膜磷脂的重要組成部分，有助於維持細胞膜流動性，從而改善細胞膜功能和細胞代謝。

蜜蜂的繁殖、發育和營養都需要脂肪酸，例如，蜂花粉中的亞油酸、亞麻酸、肉豆蔻酸和月桂酸（lauric acid）具殺菌和抗真菌特性，可以抑制幼蟲芽孢桿菌（*Paenibacillus larvae*）與歐洲幼蟲病原（*Melissococcus pluton*），有助於蜂群的衛生（Dong et al., 2015）。必需脂肪酸（essential fatty acid, EFA）是指人（或其他高等動物）體內不能自行合成、但又必須從食物中獲得的脂肪酸。只有兩種脂肪酸是人體必需的：亞油酸（一種 *ω*-6 雙不飽和脂肪酸）和 *α*- 亞麻酸（一種 *ω*-3 三不飽和脂肪酸），其他種類的脂肪酸，均可以由這兩種為原料逐步合成。而這兩種必需脂肪酸正好是蜂花粉中含量最高的脂肪酸。許多生物功能需要EFA來調節血脂、胰島素活性、心血管和免疫功能等水平，以確保更好的健康（Kaur et al., 2014）。

現代人類的飲食結構快速改變，典型的西方飲食，其 ω-6/ω-3 比在 10：1 到 30：1 之間（也就是說，ω-6 遠多於 ω-3）。在人類身上，ω-3 多元不飽和脂肪酸被認爲有助於預防心臟疾病。根據歐洲 EC 1924／06 法規，如果 ω-3 脂肪酸的濃度達 300 毫克／100 克，則該食品可被稱爲「ω-3 脂肪酸的來源」。此外，ω-6：ω-3FAs 比例在人體內的類花生酸（eicosanoids）合成有關鍵作用。ω-6：ω-3 比例是評價食品健康特性的重要標準，必須小於或等於 5：1（Simopoulos & DiNicolantonio, 2016）。常用植物油的 ω-6：ω-3 比例分別爲：大豆油 7：1、橄欖油 3：1 至 13：1、亞麻籽油 1：3，葵花籽油、棉籽油、花生油與葡萄籽油，則幾乎不含 ω-3 脂肪酸。蜂花粉中所含的 ω-6：ω-3 比例從 0.059 到 3.090 不等，因此，它是人類飲食中 ω-3 脂肪酸的重要來源（Thakur & Nanda, 2018a）。

三萜類（triterpenes）是一群具有重要藥理活性的天然化合物，例如：角鯊烯（squalene）、熊果酸（ursolic acid）、植物固醇（sitosterol）、葫蘆素（cucurbitacin）、膽固醇（cholesterol）、人參皂苷（ginsenosides）、刺五加皂苷（eleutherosides）等。攝護腺肥大是一種困擾中老年男性的常見問題，許多富含三萜類的植物萃取物被認爲可改善攝護腺肥大的症狀，例如南瓜子萃取物、鋸棕櫚（saw palmetto）萃取物。蜂花粉也富含三萜類物質，也普遍被認爲可改善攝護腺肥大症狀（Murakami et al., 2008）。Xu et al.（2012）分析了 6 種中國常見蜂花粉的三萜類物質的組成與含量，發現蜂花粉正己烷萃取的油狀物中，三萜類的含量爲 2.6～20.4%，其中以植物固醇酯類爲主（> 67%）；蓮花粉的三萜類含量最高（20.4%），其中尤以 cycloartenol 的含量達 11.2% 最高；玉米花粉的三萜類含量次之（9.3%），也是以 cycloartenol 的含量最高（5.3%）；油菜花粉的三萜類含量爲 4.5%，蕎麥花粉爲 3.0%，茶花粉與向日葵花粉的三萜類含量最低，皆爲 2.6%。

五、多酚類化合物

多酚類化合物是植物的次階代謝產物，包括花青素（anthocyanins）、類黃酮（flavonoids）、黃酮醇（flavonols）、黃烷酮（flavonones）、單寧（tannins）等，還有酚酸（phenolic acids）。多酚類化合物具有調節酶活性和細胞訊息傳遞、清除自由基、螯合金屬離子、活化轉錄因子和基因表達等功能，目前已被發現具有抗腫瘤、抗衰老、抗炎、抗糖尿病、抗癌等多種生物學特性。

蜂花粉中含有高量的多酚類化合物，平均含量可達乾物質 2～5%（Campos et al., 2008）。但來自不同地理區與不同植物的蜂花粉，多酚化合物的種類與含量的變異很大。通常，蜂花粉常見的類黃酮如下：山奈酚（kaempferol）、異鼠李素（isorhamnetin）、槲皮素（quercetin）、芹菜素（apigenin）、白三烯（leukotriene）、兒茶素（catechin）、表兒茶素（epicatechin）、橙皮素（hesperetin）、木犀草素（luteolin）、柚皮素（naringenin）等。常見的酚酸類則有：綠原酸（chlorogenic acid）、阿魏酸（ferulic acid）、咖啡酸（caffeic acid）、沒食子酸（gallic acid）、香草酸（vanillic acid）、丁香酸（syringic acid）、香豆酸（p-coumaric acid）等。這些高量的多酚類（polyphenols）使得蜂花粉具有抗氧化、抗菌與抗發炎等藥理活性。

由於多酚類化合物的種類繁多，實務上通常以總酚酸含量（total phenolic content, TPC）與總類黃酮含量（total flavonoid content, TFC）來估算。其中，TPC 通常以沒食子酸（gallic acid）的呈色反應爲基準，因此稱之爲 gallic acid equilibrium（GAE）。同樣的，估算 TFC 是以槲皮素（quercetin）的呈色反應爲基準，因此稱之爲 quercetin equilibrium（QE）。

不同來源蜂花粉的多酚類化合物種類與含量變異很大，因此在估算不同蜂花粉的 TPC 與 TFC 含量，也有很大變異。例如，文獻報導葡萄牙、美國、巴西、中國、埃及、紐西蘭和希臘的蜂花粉，總酚含量（TPC）爲 0.50 至 213 mg GAE / g；總黃酮含量（TFC）爲 1.00 至 5.50 mg QE / g（de Melo & Almeida-Murandian, 2017; Karabagias et al., 2018）。同樣，來自巴西四個不同地區的 56 件蜂花粉樣本的 TPC 和 TFC 值分別爲 6.50～29.20 mg GAE / g 和 0.30～17.50 mg QE / g（de Melo et al., 2018）。

由於茶花粉是臺灣最主要的單花蜂花粉，Kao et al.（2011）利用冷水、熱水、50% 乙醇與 95% 乙醇等 4 種溶劑系統，探討其萃取物的產率，並估算萃取物中 TPC、TFC 的含量如表 4-5。此結果顯示，以 95% 乙醇的茶花粉萃取物，含有最高量的酚類化合物與類黃酮，但產率也最低（21.3%）。如果以 95% 乙醇萃取爲基準，換算得乾燥茶花粉的 TPC 與 TFC 含量分別為 287.67 mg GAE / g 與 38.12 mg QE / g of dry pollen。Kao et al.（2011）進一步分析這 4 種茶花粉萃取物的特定酚酸與類黃酮的含量如表 4-6。可以發現，這 4 種萃取系統的萃取物組成略有不同，茶花粉的 gallic acid 的含量最高，其中以熱水萃取物含量 2.55 ± 0.05 mg / g 最高。整體而言，除了 gallic acid 以外，以 95% 乙醇萃取物的種類最多且含量較高，尤其是 rutin，必須在極性較低（含乙醇）的溶劑才得以萃取之。

表 4-5　臺灣產茶花粉利用四種萃取系統的萃取物產率與萃取物中總酚含量、總類黃酮含量

萃取物類別	產率（% w / w）	總酚含量（mg GAE / g）	總類黃酮含量（mg QE / g）
冷水萃取	58.5	$30.80 \pm 0.24^{A*}$	2.04 ± 0.38^{A}
熱水萃取	54.4	30.20 ± 0.14^{A}	1.94 ± 0.27^{A}
50% 乙醇萃取	53.1	56.33 ± 0.30^{B}	2.50 ± 0.39^{A}
95% 乙醇萃取	21.3	61.27 ± 0.28^{C}	8.12 ± 0.32^{B}

* 平均數值 ± 標準差，3 重複。同欄數值後不同的上標文字，表示有顯著差異（$p < 0.05$）。

表 4-6　4 種茶花粉萃取物中特定酚酸與類黃酮的含量（mg / g）

化合物	冷水萃取物	熱水萃取物	50% 乙醇萃取	95% 乙醇萃取
Gallic acid	0.69 ± 0.01	2.55 ± 0.05	1.46 ± 0.08	1.44 ± 0.06
Catechin	0.13 ± 0.01	0.53 ± 0.03	0.52 ± 0.03	0.20 ± 0.01
Methyl gallate	-	-	0.007 ± 0.002	0.006 ± 0.001
Chlorogenic acid	0.42 ± 0.02	0.28 ± 0.01	0.48 ± 0.02	0.12 ± 0.01
Caffeic acid	0.41 ± 0.01	0.41 ± 0.02	0.45 ± 0.03	0.44 ± 0.01
p-Coumaric acid	0.41 ± 0.04	0.34 ± 0.01	0.38 ± 0.01	0.40 ± 0.04
Ferulic acid	0.25 ± 0.01	0.25 ± 0.01	0.35 ± 0.02	0.45 ± 0.03
Rutin	-	-	0.68 ± 0.03	1.18 ± 0.10
Myricetin	-	-	0.26 ± 0.01	0.55 ± 0.04

六、維生素與礦物質

蜂花粉含有高量的維生素與礦物質（表 4-1）。脂溶性維生素約 0.1%，包括維生素 E、β- 胡蘿蔔素與維生素 D；水溶性維生素約 0.6%，包括維生素 B 群、C、生物素、泛酸、菸鹼酸、肌醇與葉酸等。礦物質約有 1.6%，包括主要營養素的鉀、鎂、磷、鈉、鈣，其中鉀含量可能高達 60%，鎂含量則可能高達 20%，鈣含量可達 10%。微量營養素有鋅、銅、鐵、錳、硒等。這些維生素與礦物質都是人體必需的重要營養物質。

然而，根據 Jang（2018）分析韓國產的乾燥茶花粉，灰分含量達 3.25%，其中鉀（790.32 mg / 100 g）含量最高，磷（707.52 mg / 100 g）與硫（302.67 mg / 100 g）爲主要礦物質，另有高量的鎂與鈣，而鈉含量僅 5.40 mg / 100 g；微量元素則有錳、鐵、鋅與銅（表 4-7）。此外，茶花粉含有高量維生素 C（35.74 mg / 100 g），維生素 B_3（菸鹼酸）含量次之（8.16 mg / 100 g），維生素 B_2 含量 0.87 mg / 100 g，維生素 B_1 含量爲 0.33 mg / 100 g。

表 4-7　乾燥茶花粉中礦物質元素的含量（mg / 100 g）

K	P	S	Mg	Ca	Na	Mn	Fe	Zn	Cu
790.32	707.52	302.67	126.99	121.84	5.40	14.57	11.53	3.76	0.92

七、蜂花粉的特性

生鮮蜂花粉中含有 20～30% 的水分及多種營養成分，容易孳生細菌及眞菌而變質。因此，採收過程必須特別重視衛生條件，嚴格要求當日採收，最好 2 小時就採收 1 次，而且要立即低溫貯存並進行後續加工處理。雖然，生鮮蜂花粉的適口性較佳，但生食比較容易引起急性過敏反應，建議生鮮蜂花粉淺嚐爲宜。採收後的蜂花粉必須經過滅菌、乾燥與篩除雜質的過程，才能長期保存。要維持蜂花粉的營養成分，必須在乾燥、避免光線照射、低溫的條件下妥善貯存。

第三節 蜂花粉的採收

一、蜂花粉的採收

對蜜蜂而言，蜂花粉主要提供蜂群育幼用途，因此，蜂群必須要有足量的育幼需求，蜜蜂才會積極採集花粉。一般而言，蜂農只有在外界粉源充足時，才會進行採粉。如果是雜花粉，通常作爲配置花粉餅的飼料用途，只有單一花粉純度大於 80% 以上才會作爲人類食用蜂花粉。在臺灣，常見的食用蜂花粉以茶花粉爲最大宗，因爲臺灣茶葉栽培面積大，而且採收期可達 70 日。其他常見的蜂花粉還有油菜花粉、鹽膚木花粉、光臘樹花粉、蓮花粉等，這幾種蜂花粉的採收地點與採收期都不相同，專司採粉的蜂農必須不斷地轉地採集，才能豐富收穫量。以下依照花粉採收期的先後分述如下：

(一) 光臘樹花粉

光臘樹（formosan ash）俗稱白雞油，學名 *Fraxinus formosana* Hayata，半落葉中喬木，臺灣特有種，爲低海拔造林樹種，花期一年 2 次；4～6 月及 11～1 月開花，樹液則是獨角仙等昆蟲喜愛的食物（每年 6～8 月間），樹姿優美，常栽植做庭園樹、行道樹。光臘樹雖然在平地常見，但由於花朵細小，蜜蜂只能在高溼度清晨才能採集到光臘樹花粉。光臘樹花粉團細小，但香氣非常濃郁，只要含有 20～30% 光臘樹花粉就會讓蜂花粉呈現濃郁的花香，是一種非常稀有且特殊的蜂花粉，價格應該是臺灣蜂花粉最高者。在臺灣，光臘樹花粉最著名的產地爲南投霧社地區，該地萬大水庫旁有光臘樹林，水庫提供高溼度水氣，每年 6 月左右可採收光臘樹花粉，但產量不穩定，並不是年年可採收到。採收光臘樹花粉非常辛苦，必須清晨 5～6 點就需擺設採粉器，8 點左右倒第一次花粉盒，10 點左右倒第二次，當日光臘樹花粉的採收就結束了。平地偶而可以採到光臘樹花粉，但數量不多。

(二) 蓮花粉

蓮花於夏季（6～8 月）盛開，蓮花開花週期非常短暫，約只有 4 天，每天花開的時間大約是清晨的 5～6 點，上午 10 點左右花朵就會閉合，因此，蜜蜂每日只有約 3～4 小時可以採集蓮花粉。臺灣有些地區會栽種大面積的蓮花，例如臺南白河地區，蓮花粉是當地的特色蜂產品。蓮花粉團粒飽滿，呈鵝黃色，脂肪酸含量高，容易發生脂質過氧化現象，必須特別注意低溫保存。蓮花粉也是稀有高價的蜂花粉，近來市面少見，蜂農採收也非常辛苦，必須大清早就需擺設採粉器，每天最多只能倒 2 次粉。

(三) 鹽膚木花粉

鹽膚木全名爲羅氏鹽膚木（*Rhus javanica*），又名「埔鹽」、「山鹽青」（圖 4-4）。分布於中國、臺灣、韓國、中南半島與印度等地。生長範圍從海拔 1,200 公尺到 2,100 公尺，開花期爲 8～10 月。臺灣常見生長於全島低至中海拔山區林下或潮溼地。羅氏鹽膚木的生長適應範圍很廣，從平地至中海拔山區之開曠地均可見其生長分布，喜生長於陽光充足的地方。其植株嫩心嫩葉可食，果核外還有一層薄薄的鹽，品嚐略帶酸鹹味，原住民用來作爲鹽的代用品，果實也是重要的鳥餌食物；植幹皮上亦會分泌鹽分，野生動物會舔食以補充生理所需，其名「鹽膚木」即由此來。本種的幼枝常有倍蚜蟲寄生，導致異常生長，中藥稱此部位爲五倍子，富含單寧可供藥用、墨水及鞣皮等用途。

圖 4-4　盛開的羅氏鹽膚木

臺灣鹽膚木花粉主要產於高雄、屏東、臺東等低海拔山區，南投信義山區也可以採收。鹽膚木花粉團粒大，口感鬆脆且甜度高，適口性極佳，堪稱臺灣最好吃的蜂花粉，過去曾有臺灣廠商以鹽膚木花粉參加國際蜂產品博覽會評鑑比賽，榮獲金牌獎殊榮。鹽膚木花粉的黏著性較低，蜜蜂也需要高溼度環境才能採集。通常，蜂農也必須利用清晨至上午的時段才能採收高純度的鹽膚木花粉，每日大約只能採收 2 次專一花粉，而且每年的產量也不穩定，因此，鹽膚木花粉也是一種高價的蜂花粉。

(四) 茶花粉

茶樹（*Camellia sinensis*）是山茶科山茶屬的一種，爲多年生常綠木本植物。臺灣現有茶園面積 18,684 公頃，主要產區分布以南投縣占 39% 爲最多、次爲新北市占 17.8%、嘉義縣占 12%、新竹縣占 7.8%、桃園市占 6.4%、苗栗縣占 5% 等。茶花粉即是採集這些栽培茶園的花粉，由於臺灣各地均有大面積的產茶專區，因此，茶花粉的產量最高，而且專一度高，品質極佳。

一般而言，茶樹於 9 月下旬陸續開花，11 月至次年的 2 月是開花盛期。通常，高海拔的茶區會先開花，再逐次往低海拔茶區漸開。專司採茶花粉的蜂農，大約於每年 9 月底至 10 月初先到嘉義阿里山茶區，那裡的茶樹比較早開花且茶區面積大；大約 11 月中旬則轉往低海拔的南投鹿谷與名間茶區，有些則轉往北部茶區，整個茶花粉產季可長達 70～100 天。茶花粉幾乎可於花期全日時段採收，不像上述的蜂花粉只能於上午時段採收專一花粉，因此產量穩定且豐富。通常，蜂農除了將蜂群移往茶區外，也會將乾燥設備一起運往產區，好將採收的生鮮花粉立即乾燥處理。以飼養規模 300 群的專業蜂農，整個產季約可生產 3～4 公噸乾燥茶花粉。

(五) 油菜花粉

油菜（rape seed）爲十字花科的油料作物，學名 *Brassica campestris*，可以分爲 3 種類型：白菜型、芥菜型與甘藍菜型，對蜜蜂是一種非常重要的蜜粉源植物，可以提供大量的花蜜與花粉。臺灣的油菜爲白菜型，主要作爲冬季的綠肥作物，花季約在 12 月底至次年 2 月。這段期間，農民趁著水稻秋割後至春耕前的空檔，在農田撒種油菜仔，因此冬天時，全臺各處都可看到油菜花田。農民最主要目的是把油菜當成綠肥植物、有機肥料來使用。當油菜花繁花盛開後，在春耕前，油菜隨著整地犁田而掩埋滲入春泥，成爲促進稻米生長的養分。

在臺灣，油菜花爲臺灣冬季非常重要的蜜粉源，蜂農將蜂群移至油菜花田附近，除了可以採收油菜花粉，也可以作爲繁蜂用途，壯大蜜蜂群勢，以準備迎接3～4 月分的流蜜季。油菜花粉成鵝黃色，花粉團粒大，口感偏酸，花粉專一度高，是一種商業價值很高的蜂產品，值得大力推廣採收。但近年來農民播撒油菜花種子於水稻田的意願似乎有下降的趨勢，導致油菜花粉的產量銳減，建議農政單位應多以政策鼓勵農民撒播油菜花，除了可提升地力、豐富地景，也有助於臺灣養蜂業。

在中國，油菜是一種重要的油料作物，栽種面積非常廣闊，從中國南方、長江流域、華北到內蒙、新疆都有種植，海拔高度也從平地到青康藏高原，成爲中國最重要的蜜粉源植物。中國油菜花期約爲每年 1～8 月，南方約於 1～2 月開花，接著往北漸開，於 7～8 月在青海與西藏高原花期結束。由於油菜花期長達 8 個月，在中國有一群追逐油菜花蜜粉源的「大轉地」蜂農，他們帶著蜂群逐「油菜花」而居，冬季則於雲南越冬，成爲中國眞正的遊牧民族，也讓油菜花粉成爲中國最大宗的蜂花粉，也有大量的油菜蜂蜜。然而，隨著中國的經濟發展，「大轉地」蜂農的人數已日漸減少。

二、蜂花粉的產銷

目前臺灣農政單位尚未有蜂花粉的產銷統計資料，筆者訪談國內一家有 30 年經驗的專業蜂花粉收購商，根據他的經驗，臺灣蜂花粉最大宗爲茶花粉。1990 年代高峰期的茶花粉年產量可達 300 噸，目前則減爲 100 噸／年。減產的原因，他認爲採收蜂花粉是一件非常辛苦的工作，現代人比較不願付出大量的勞力；此外，氣候變遷也改變了原本植物開花的規律，使得花粉產量變得不易掌握。至於光臘樹花粉、蓮花粉與鹽膚木花粉，採集的難度更高，也導致產量稀少且不穩定。例如，2020 年臺灣南部鹽膚木盛開，但氣溫偏高，導致鹽膚木異常流蜜，採集蜂轉爲採蜜而不積極採粉，使得 2020 年的鹽膚木花粉產量與品質均下降。

茶花粉是目前臺灣產量最穩定的蜂花粉，但仍有隱憂。臺灣茶園面積雖然廣闊，但茶農主要採收茶青製茶，茶樹開花對茶園管理是不良因子，因爲茶樹大量開花會造成植株生長勢衰弱，影響茶青的收成，因此，茶農總是儘量降低茶樹開花的數量，這明顯與蜂農的期待相違背；還有，大量的採粉蜂在茶區活動，也容易引起茶農的怨言，如何化解雙方的矛盾，也是農政單位必須留意的問題。

臺灣蜂花粉的生產仍有很大的成長空間，目前食用蜂花粉以專一度高的單一花粉爲主，種類不多，建議應多開發具有地區特色的蜂花粉。例如，臺灣也有許多梅子產區，也有蜂農嘗試採收梅子花粉。臺灣低海拔地區有很多相思樹林，但可能尚未掌握其採粉規律，目前尚未有相思樹花粉。目前臺灣已開放林地養蜂政策，這使得發展具有地區特色的森林蜜與森林花粉成爲一項具有前景的特色蜂產品。此外，食用蜂花粉目前仍以原體粒花粉的初級加工爲主，雖能保有其營養價值，但如果適口性不佳則會降低商品價值，建議應開發多樣態的進階蜂花粉加工產品。

三、臺灣產蜂花粉的最新研究

國立中興大學與苗栗區農業改良場合作，於 2021 年 9 月發表了 1 篇關於臺灣產 11 種單花蜂花粉的營養成分研究（Hsu et al., 2021），包括：

(1) 油菜花粉，花期 12～1 月；

(2) 大花咸豐草，全年開花；

(3) 茶花粉，10～5 月；

(4) 光臘樹花粉，5～6 月；

(5) 梅樹花粉，1 月；

(6) 鹽膚木花粉，9～10 月；

(7) 木棉花粉，3～4 月；

(8) 火龍果花粉，4～10 月；

(9) 楓香花粉，3～4 月；

(10) 蓮花粉，5～6 月；

(11) 玉米花粉，12～1 月（圖 4-5）。

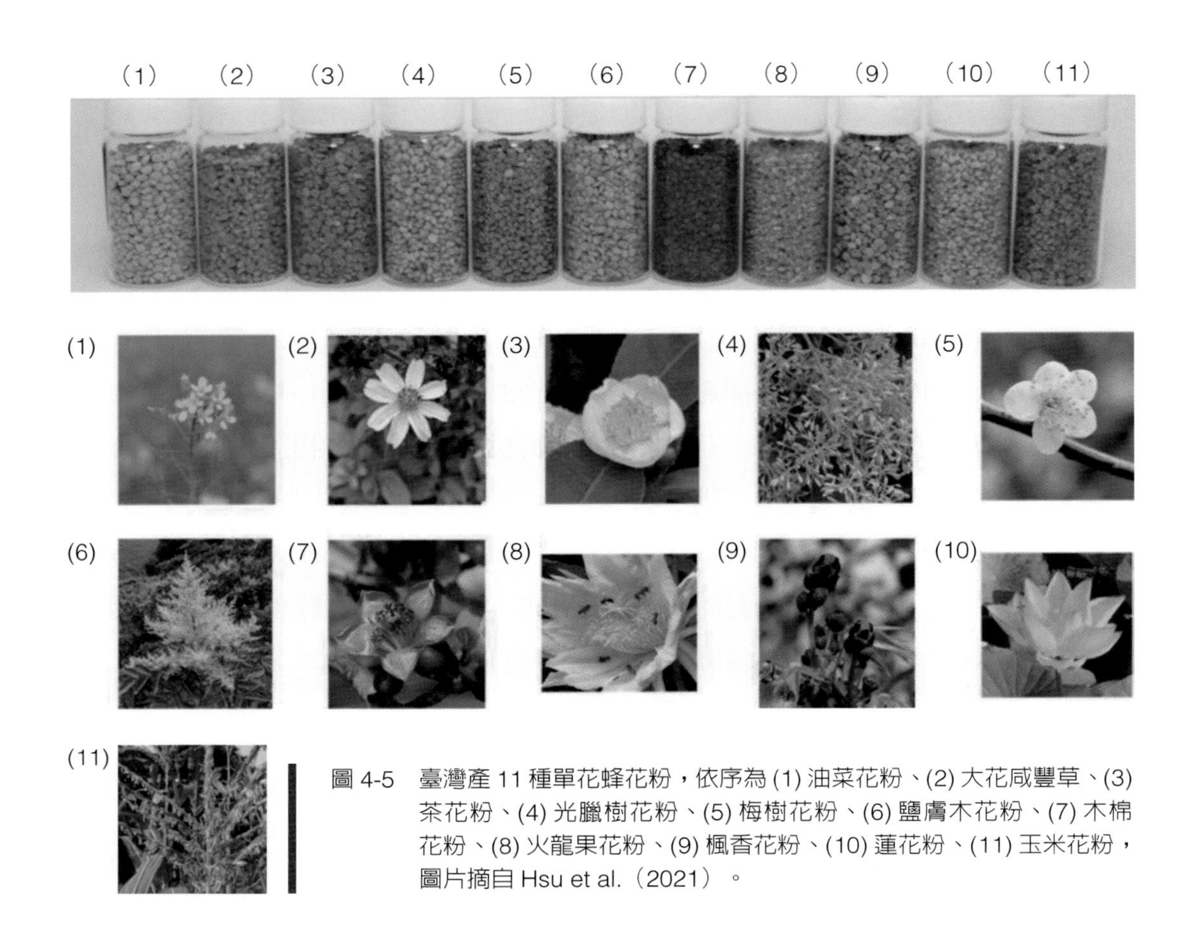

圖 4-5　臺灣產 11 種單花蜂花粉，依序為 (1) 油菜花粉、(2) 大花咸豐草、(3) 茶花粉、(4) 光臘樹花粉、(5) 梅樹花粉、(6) 鹽膚木花粉、(7) 木棉花粉、(8) 火龍果花粉、(9) 楓香花粉、(10) 蓮花粉、(11) 玉米花粉，圖片摘自 Hsu et al.（2021）。

其中油菜花粉、大花咸豐草、茶花粉、光臘樹花粉與鹽膚木花粉等 5 種爲臺灣常見的蜂花粉，其餘 6 種爲具有開發潛力的蜂花粉。

(一) 臺灣產 11 種蜂花粉的營養組成分

11 種臺灣產生鮮蜂花粉的含水量約爲 12.8～22.2%，平均爲 19.0±2.8%。乾燥後蜂花粉的營養組成仍呈現不小的差異（表 4-8），仍以碳水化合物含量最高，達 60.4～78.8 g / 100 g，平均爲 68.6±6.8 g / 100 g；蛋白質含量次之，達 15.9～32.2 g / 100 g，平均爲 24.4±6.0 g / 100 g；脂類含量變異很大，爲 2.0～8.8 g / 100 g，平均爲 4.2±2.1 g / 100 g；灰分含量爲 1.7～4.5 g / 100 g，平均爲 2.8±0.8 g / 100 g；熱量則爲 443.4～488.6 千卡 / 100 g，平均爲 458.3±14.0 千卡 / 100 g。

表 4-8　臺灣產 11 種蜂花粉的營養組成分（摘自 Hsu et al., 2021）

蜂花粉	一般營養組成分（克／100 克乾燥花粉）					新鮮花粉含水量（%）
	碳水化合物	蛋白質	脂類	灰分	熱量（千卡）	
油菜花	62.6	27.2	7.1	3.1	476.1	20.7
大花咸豐草	78.8	16.4	3.2	1.7	445.1	19.2
茶花	63.7	29.9	3.1	3.2	459.3	22.2
光臘樹	73.0	20.8	4.1	2.0	455.1	12.8
梅樹	64.9	28.3	3.6	3.2	459.8	20.4
鹽膚木	67.4	27.0	2.0	3.5	448.4	19.4
木棉	60.4	32.2	4.2	3.2	468.6	18.2
火龍果	60.9	27.8	8.8	2.5	488.6	19.5
楓香	74.8	15.9	7.0	2.3	461.6	18.3
蓮花	71.8	18.4	5.3	4.5	447.6	15.3
玉米	78.1	17.2	2.8	2.0	443.4	21.9
平均	68.6±6.8	24.4±6.0	4.2±2.1	2.8±0.8	458.3±14.0	19.0±2.8

從表 4-8 的分析資料可以發現，碳水化合物含量較高（> 70%）的蜂花粉，其蛋白質的含量較低（< 20%）。例如，大花咸豐草的碳水化合物達 78.8%，蛋白質含量僅 16.4%；玉米花粉也出現高碳水化合物（78.1%）與低蛋白質（17.2%），類似狀況也出現於楓香花粉、蓮花粉。相反的，碳水化合物含量較低（< 70%）的蜂花粉，其蛋白質的含量較高（> 27%）。這類花粉包括：油菜花粉、茶花粉、梅樹花粉、鹽膚木花粉、木棉花粉與火龍果花粉。

此外，表 4-8 的數據也顯示，這 11 種臺灣蜂花粉的碳水化合物含量（60.4～78.8%）遠高於表 4-1 的數據（13～55%）（Campos et al., 2010），這可能與分析的方法有關；表 4-8 的碳水化合物含量係以扣除樣品的蛋白質、脂類與灰分含量後，剩餘的比例皆視爲碳水化物；以油菜花粉爲例，碳水化合物含量 = 100%－蛋白質（27.2%）－脂類（7.1%）－灰分（3.1%）= 62.6%。事實上，剩餘的成分不一定都是碳水化合物，而乾燥蜂花粉通常含有 4～8% 水分，因此，表 4-8 所列的碳水化合物含量必然會出現高估的現象。

(二) 臺灣產 11 種蜂花粉的胺基酸組成分

蜂花粉含有高量的蛋白質，臺灣產 11 種蜂花粉的蛋白質含量達 15.9～32.2 g / 100 g，平均爲 24.4±6.0 g / 100 g（表 4-8）。這 11 種蜂花粉都含有人體生理所需的 10 種必需胺基酸，因此，可以被視爲完全蛋白質，營養價值極高。表 4-9 爲這 11 種蜂花粉的胺基酸含量，包括 10 種必需胺基酸（EAA）與 8 種非必需胺基酸（NEAA）。這 18 種胺基酸的總含量（總胺基酸，TAA）高於 20 g / 100 g 的蜂花粉，計有木棉花粉（25.91 g / 100 g）、火龍果花粉（25.54 g / 100 g）、茶花粉（25.02 g / 100 g）、梅樹花粉（23.46 g / 100 g）、鹽膚木花粉（23.15 g / 100 g）、油茱花粉（21.91 g / 100 g）；其餘單花粉的總胺基酸含量皆低於 20 g / 100 g，依序爲光臘樹花粉（17.71 g / 100 g）、蓮花粉（16.27 g / 100 g）、玉米花粉（14.37 g / 100 g）、咸豐草花粉（13.47 g / 100 g）、楓香花粉（12.45 g / 100 g）最低。以上 11 種臺灣產蜂花粉的總胺基酸含量，平均爲20.38 g / 100 g。基本上，高蛋白質含量的蜂花粉，總胺基酸含量也比較高。例如，木棉花粉的蛋白質含量達32.2 g / 100 g，總胺基酸含量也最高（25.91 g / 100 g）；楓香花粉的蛋白質含量最低（15.9 g / 100 g），總胺基酸含量也最低（12.45 g / 100 g）。

表 4-9　臺灣產 11 種蜂花粉的胺基酸組成（g / 100 g 乾燥花粉）

胺基酸	油菜	咸豐草	茶花	光臘樹	梅樹	鹽膚木	木棉	火龍果	楓香	蓮花	玉米	平均
必需胺基酸（EAA）												
Arginine	1.30	0.57	1.36	0.91	1.23	1.05	1.45	1.40	1.02	0.94	0.74	1.08
Histidine	0.46	0.73	0.74	0.67	0.58	0.54	0.80	0.61	0.16	0.50	0.30	0.59
Isoleucine	1.21	0.69	1.36	0.95	1.15	1.12	1.50	1.50	0.69	0.96	0.67	1.08
Leucine	1.82	1.06	2.07	1.42	1.77	1.69	2.05	2.12	1.24	1.34	1.03	1.62
Lysine	1.91	1.00	1.76	1.21	1.61	1.66	1.81	2.05	1.25	1.28	1.00	1.51
Methionine	0.35	0.21	0.40	0.29	0.28	0.35	0.48	0.46	0.26	0.28	0.12	0.32
Phenylalanine	1.11	0.80	1.32	0.89	1.14	1.13	1.29	1.38	0.58	0.79	0.58	1.03
Threonine	1.06	0.57	1.07	0.76	0.99	0.96	1.19	1.12	0.51	0.73	0.63	0.89
Tryptophan	0.28	0.18	0.30	0.13	0.22	0.51	0.20	0.35	0.09	0.14	0.10	0.25

（接續下表）

胺基酸	油菜	咸豐草	茶花	光臘樹	梅樹	鹽膚木	木棉	火龍果	楓香	蓮花	玉米	平均
Valine	1.31	0.84	1.56	1.10	1.44	1.34	1.79	1.85	0.29	1.08	0.99	1.25
Total EAA	10.81	6.66	11.96	8.33	10.40	10.35	12.58	12.84	6.09	8.04	6.17	9.62
非必需胺基酸（NEAA）												
Alanine	1.42	0.88	1.60	1.11	1.45	1.30	1.56	1.73	0.66	1.00	0.99	1.27
Aspartic acid	2.56	1.45	2.70	2.64	3.14	2.43	3.24	3.19	1.68	2.31	1.57	2.47
Cystine	0.37	0.69	0.24	0.12	0.26	0.18	0.14	0.29	0.21	0.03	0.15	0.28
Glutamic acid	2.64	1.46	3.04	2.08	2.88	2.74	3.33	3.48	1.73	2.16	1.64	2.47
Glycine	1.21	0.73	1.31	0.95	1.19	1.14	1.42	1.31	0.58	0.82	0.78	1.06
Proline	1.24	0.63	2.31	1.09	2.47	3.35	1.73	0.98	0.75	0.55	1.99	1.70
Serine	1.10	0.63	1.22	0.88	1.03	1.02	1.19	1.07	0.58	0.80	0.70	0.96
Tyrosine	0.57	0.35	0.65	0.51	0.64	0.64	0.73	0.65	0.18	0.56	0.37	0.55
Total NEAA	11.10	6.81	13.07	9.37	13.05	12.80	13.34	12.70	6.36	8.24	8.20	10.76
TAA (EAA+NEAA)	21.91	13.47	25.02	17.71	23.46	23.15	25.91	25.54	12.45	16.27	14.37	20.38
TEAA/TAA(%)	49.34	49.39	47.80	47.04	44.24	44.66	48.53	50.27	48.90	49.39	42.96	47.28

雖然，臺灣 11 種蜂花粉的 10 種必需胺基酸含量與組成互有差異，但一般以白胺酸（leucine）與離胺酸（lysine）含量較高，而甲硫胺酸（methionine）與色胺酸（tryptophan）的含量有明顯偏低的現象。臺灣常見的 3 種蜂花粉，茶花粉的白胺酸與離胺酸含量分別爲 2.07 g / 100 g 與 1.76 g / 100 g，而甲硫胺酸與色胺酸的含量則爲 0.40 g / 100 g 與 0.30 g / 100 g；鹽膚木花粉的白胺酸與離胺酸含量分別爲 1.69 g / 100 g 與 1.66 g / 100 g，甲硫胺酸與色胺酸分別爲 0.35 g / 100 g 與 0.51 g / 100 g；油菜花粉則分別爲 1.82 g / 100 g、1.91 g / 100 g 、0.35 g / 100 g 與 0.28 g / 100 g。如果參考人體的營養需求，臺灣產 11 種蜂花粉只有甲硫胺酸的含量略顯不足，其餘 10 種必需胺基酸含量均能符合人體的營養需求（Hsu et al., 2021），實爲極佳的營養補給食品。此外，臺灣產 11 種蜂花粉富含天門冬胺酸（aspartic acid）、麩胺酸（glutamic acid）與脯胺酸（proline），這 3 種胺基酸合計約占總胺基酸的 1/3 含量，這現象與其他外國蜂花粉的研究相似。

(三) 臺灣產 11 種蜂花粉的脂肪酸組成分

表 4-10 爲臺灣產蜂花粉的 16 種脂肪酸所占的比例，可發現棕櫚酸（palmitic acid）、硬脂酸（stearic acid）、油酸（oleic acid）、亞油酸（linoleic acid）與亞麻酸（linolenic acid）等 5 種爲主要脂肪酸，合計可達總脂肪酸的 65.96～97.44%。其中棕櫚酸與硬脂酸爲飽和脂肪酸，其他三者爲不飽和脂肪酸。可以發現，除了蓮花粉與玉米花粉的飽和脂肪酸比例較高，其餘 9 種花粉的不飽和脂肪酸比例都高於飽和脂肪酸，這顯示臺灣蜂花粉是優質脂肪酸的良好來源。尤其，臺灣常見的鹽膚木、茶花粉與油菜花粉，它們的不飽和脂肪酸含量均遠高於飽和脂肪酸。此外，亞油酸（ω-6 不飽和脂肪酸）和亞麻酸（ω-3 不飽和脂肪酸）都是人體必需脂肪酸，ω-6/ω-3 比值顯示，油菜花粉（5.15/38.43 = 0.13）、茶花粉（6.01/29.68 = 0.20）、鹽膚木花粉（12.08/22.30 = 0.54），這 3 種臺灣常見蜂花粉的比值都很低，說明它們是人類飲食中 ω-3 脂肪酸的重要來源。

表 4-10　臺灣產 11 種蜂花粉的脂肪酸組成（%）*

胺基酸	油菜	咸豐草	茶花	光臘樹	梅樹	鹽膚木	木棉	火龍果	楓香	蓮花	玉米	平均
主要脂肪酸（DFA）												
Palmitic acid; $C_{16:0}$	19.42	18.34	25.45	10.06	14.02	15.64	14.56	25.74	23.40	56.00	38.44	20.30
Stearic acid; $C_{18:0}$	5.70	10.25	3.65	9.54	1.84	2.79	1.83	1.88	2.35	3.00	1.30	4.85
Oleic acid; $C_{18:1}$	10.55	6.30	13.17	47.50	11.68	25.63	19.19	4.26	26.62	17.00	7.95	18.24
Linoleic acid; $C_{18:2}$	5.15	12.24	6.01	8.50	34.61	12.08	31.00	14.10	37.20	9.00	8.58	14.59
Linolenic acid; $C_{18:3}$	38.43	18.84	29.68	5.55	21.64	22.30	16.50	45.60	7.90	10.00	33.21	22.72
Total DFA	79.25	65.96	77.96	81.14	83.79	78.43	83.10	91.58	97.44	95.00	89.48	80.70
非主要脂肪酸（NDFA）												
Caproic acid; $C_{6:0}$	0.37	7.27	ND	ND	0.14	0.07	ND	ND	ND	ND	0.17	1.03

（接續下表）

胺基酸	油菜	咸豐草	茶花	光臘樹	梅樹	鹽膚木	木棉	火龍果	楓香	蓮花	玉米	平均
Myristic acid; $C_{14:0}$	6.45	2.37	0.78	1.19	0.39	0.63	0.41	0.97	0.14	1.00	0.20	1.66
Pentadecanoic acid; $C_{15:0}$	0.10	0.21	ND	ND	5.15	0.09	ND	ND	0.03	ND	0.07	0.73
Arachidic acid; $C_{20:0}$	1.67	ND	ND	0.65	1.13	2.04	0.38	0.81	ND	ND	ND	0.77
Eicosenoic acid; $C_{20:1}$	0.27	1.63	0.97	2.72	0.56	0.79	1.33	ND	0.19	ND	0.12	0.98
Eicosadienoic acid; $C_{20:2}$	0.20	12.46	0.32	ND	0.33	0.73	0.18	0.22	0.08	ND	0.96	1.89
Eicosatrienoic acid; $C_{20:3}$	0.31	ND	ND	ND	1.79	ND	0.34	ND	0.24	1.00	0.32	0.36
Behenic acid; $C_{22:0}$	0.23	0.66	5.87	0.29	ND	0.98	0.35	1.03	ND	ND	0.15	1.11
Erucic acid; $C_{22:1}$	0.12	0.16	ND	ND	ND	0.27	2.38	0.15	0.06	ND	0.11	0.19
Lignoceric acid; $C_{24:0}$	0.33	1.01	3.64	0.26	1.18	1.62	0.52	1.78	0.10	1.00	0.40	1.21
Nervonic acid; $C_{24:1}$	0.90	0.51	1.81	ND	ND	ND	0.46	ND	0.20	ND	0.07	0.45
Total NDFA	10.94	27.03	18.28	6.68	12.18	7.81	6.35	4.96	1.04	3.00	2.57	10.38
Total DFA + NDFA	90.18	92.99	96.25	87.83	95.97	86.25	89.45	96.54	98.48	98.00	92.05	91.09

* 數值爲該脂肪酸占該種蜂花粉總脂肪酸的百分比。

第四節　蜂花粉的加工

一、乾燥處理

蜂花粉中含有豐富的營養成分及 20～30% 的水分，是細菌及眞菌類孳生的溫床。蜂花粉從蜂箱採收到消費者購買回家，整個流程中如有任何的處置不當，都會使蜂花粉變質而不宜食用，影響蜂花粉的價值。因此蜂花粉的乾燥處理在蜂產品生產上是一項重要的環節。

蜂花粉中的含水量經乾燥處理達到 6～8% 以下，才不容易孳生微生物。但過度乾燥容易破壞營養價值，並且可能影響適口性，因此，花粉乾燥是一項專門的技術。臺灣早期使用的乾燥方法，有日晒法、冰箱乾燥法、冷凍乾燥法等，但以現代食品加工的角度觀之，已經不合時宜。由於食品乾燥是農產品加工非常重要的步驟，近幾年食品乾燥設備非常發達。依型態可以分為常壓乾燥與眞空乾燥設備，主要是根據乾燥原料的特性與產業規模的需求來使用最合適的乾燥設備。而乾燥加工的前提是，在不破壞食品營養的原則下，將原料的含水量減低至 6% 以下，以利後續的包裝與貯存。

(一) 常壓箱型乾燥機

於箱型乾燥室內設置多層的不鏽鋼棚架，將生鮮蜂花粉平鋪於棚架，使熱空氣與材料接觸的乾燥裝置。屬於批次式乾燥，乾燥能力並不高，需要長時間的乾燥。

本類型乾燥設備為目前臺灣蜂農常用的乾燥設備（圖 4-6），又可分為有熱風吹送或無熱風吹送等兩種型式，以前者的乾燥效率較高。利用這種設備必須特別留意溫度控制與加熱時間的問題，避免長時間高溫導致營養成分流失，或者溫度太低導致

圖 4-6　熱風型蜂花粉乾燥機

微生物增殖與含水量太高的問題。此外，還要考量蜂花粉的鬆脆與適口性的因素，因爲不適當的乾燥會造成蜂花粉團粒太堅硬，影響口感。原則上，利用本類型乾燥設備必須以階段性控溫加熱的方式爲之，而最終溫度不可高於 50℃ 爲宜。例如，先以高於環境溫度 10～15℃ 的溫度加熱 1～2 小時，讓整個團粒水分下降，接著再以每次提高 5～10℃ 加熱 2 小時的方式，逐漸提高溫度，最終則以 50℃ 加熱來完成乾燥。

圖 4-7　壓縮機型蜂花粉乾燥機

前項設備是以熱力將水分蒸發，水氣與熱力會從乾燥箱的蒸發孔散失於環境中，箱體內的溫度不易保持恆定，而且因熱力散失而耗電量高。目前已有以壓縮機型態的密閉型乾燥設備（圖 4-7），可以達到箱體內精確控溫且節能，價格雖略高於熱風式乾燥機，但如果考量乾燥品質與節能效率，應爲比較適當的蜂花粉乾燥設備。

(二) 真空冷凍乾燥機

材料以急速冷凍法冷凍，然後在高眞空下使冰結晶昇華的乾燥裝置，這是目前最能保持農產品營養價值的乾燥方式，相關內容可參閱本書蜂王乳章節內容。眞空冷凍乾燥法的設備費及操作費均比一般乾燥法高出很多，蜂農當然不可能購置本設備，必須委外加工。但加工後的蜂花粉口感鬆脆，適口性極佳，而且營養成分也不會因加熱而流失，值得推廣。筆者曾訪談業者，這種加工方式目前存在產收加工鏈的問題，不易克服。基本上，採收的生鮮蜂花粉必須先冷凍貯存，待收集一定數量再送往加工廠冷凍乾燥；而蜂農採收基地往往缺乏大型的冷凍庫，導致蜂農只能利用簡易的常壓乾燥機，即時批次化的乾燥處理，再以密封袋常溫暫存，產季結束後則賣給收購商。

(三) 蜂花粉的含水量檢測

蜂花粉經乾燥處理完畢後，建議應以儀器檢測含水量，以確保其含水量小於 6%。推薦可以添購簡易型的紅外線水分檢測儀（圖 4-8），價格不算太高，值得專業蜂農或收購商添購之。

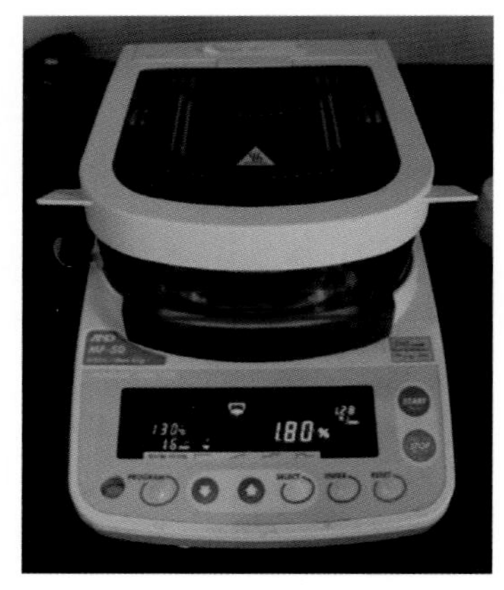
圖 4-8　紅外線水分檢測儀

二、蜂花粉的滅菌處理

蜂花粉生產過程中，很容易被微生物汙染，因此，必須在採收過程就特別注意衛生與保鮮。通常，蜂箱架設花粉採集器，不論花粉盒是否盛滿，最好 2 小時內立即全數倒出，並立即冷藏，且於當日馬上進行乾燥處理，這樣才能避免生鮮蜂花粉因酵母菌或乳酸菌增殖，發酵而產酸變質問題。事實上，如果全程均注意冷藏保鮮並妥適乾燥加工，並不需要特別進行滅菌處理，也能維持蜂花粉符合一般食品的生菌數要求。蜂花粉經過滅菌處理，對於蜂花粉的品質會有更好的保障。

(一) 酒精滅菌法

把蜂花粉平鋪在淺盤中用酒精噴灑，一面噴灑一面翻動，使酒精能均勻散布。酒精濃度以 70～75% 爲宜，濃度計算以蜂花粉的含水量加酒精含水量總合爲準。通常新鮮的花粉含水量爲 20～30%，可用 95% 酒精滅菌，再進行乾燥處理，這時熱風會將酒精揮發，不會殘留於蜂花粉。

(二) 遠紅外線滅菌法

遠紅外線可以乾燥同時滅菌，處理溫度以 40～45℃ 爲宜，處理 7 小時可乾燥及滅菌。溫度 45～50℃ 時，可縮短時間。溫度不可過高，否則會破壞營養成分。

(三) 輻射照射法

輻射照射乃是利用放射性元素釋出高能量的 X 射線或伽瑪射線（γ-ray）進行照射；基本上，「輻射照射」乃是一種光波的照射，被照射過的物體，就如同被太陽光照射一般，不會有放射線殘留。輻射照射所需要的劑量視其應用的目的而定，國際間則已確認，照射 10 千格雷（kGy）以下劑量的食品是衛生安全的，不需再經任何毒性試驗，而且該食品亦無營養及微生物之特殊問題，達到花粉的滅菌與延長貯存期限的目的。根據衛福部於 2013.8.20 公告之《食品輻射照射處理標準》，已明定花粉的最高照射劑量為 8 千格雷，而國內目前亦有商業運轉的輻射照射廠，惟經輻射照射處理之食品，其包裝上應顯著標示輻射照射處理標章（2001.12.7 衛署食字第 0900074326 號）。

利用輻射照射法處理花粉，該技術優於傳統方法，花粉商品可在包裝後或新鮮狀態下處理，不需提高處理溫度，使花粉得以在良好品質狀況下延長保存期。根據周鳳英（1999）的研究，簡易乾燥處理後的蜂花粉，樣品中微生物含量仍達 10^3～10^4 CFU / g，主要為好氣性細菌、眞菌及酵母菌，這些均非高抗輻射的菌株，以 8 千格雷之伽瑪輻射劑量照射後可達完全滅菌之效果，而且照射後營養成分變化不大。

三、蜂花粉破壁問題

花粉壁通常分為兩層，即外壁與內壁。外壁是由孢粉素為主成分，抗腐蝕及抗酸鹼性能強，在地層中經千百萬年仍保持完好，所以研究花粉形態，主要依據外壁的結構；另一是由果膠質、纖維素等成分構成的內壁，抗性較差、在地表容易腐爛，經酸鹼處理則分解。而一般所謂蜂花粉破壁即是破除花粉外壁之意。但由於花粉破壁後，會降低各營養成分的穩定性及失去部分活性物質，使得蜂花粉及其產品的貯存帶來困難，故蜂花粉之破壁與否，應視產品需求而定（方清居，1997）。

由於蜂花粉具有一層耐酸、耐鹼、耐腐蝕的堅硬外壁，學術界曾認為蜂花粉只有破壁才能被吸收利用。但如今多項研究表明，蜂花粉作為食品不需破壁，因為花粉壁上存在萌發孔、萌發溝，在胃腸的酸性環境和消化酶的作用下，花粉的營養成分能通過萌發孔、萌發溝滲透出來。花粉破壁後，反而更容易受到汙染，不利於保存。蜂花粉是否需要破壁？原則如下：

1. 加工化妝品等外敷產品，還是以破壁花粉較好，因爲皮膚沒有消化能力，破壁使其所含營養成分充分地釋放出來，便於皮膚吸收。
2. 幼兒花粉食品使用破壁蜂花粉效果也較好。
3. 成人食用或加工成人食品，就不需要進行破壁，這不但能減少加工環節，而且有花粉壁保護，營養成分不易氧化和破壞，可延長產品存放期及提高使用效果。

四、蜂花粉破壁技術

一般常用花粉破壁方法可歸爲 3 類，即機械破壁法、變溫破壁法及微生物發酵破壁法。

(一) 機械破壁法

利用高速氣流使花粉碰撞破裂，或是以高速粉碎機粉碎，或是以超細度粉碎設備研磨。但一般以機械破壁的破壁率不高，而且過程可能產熱而破壞蜂花粉的營養分。

(二) 變溫破壁法

此法係利用冷縮熱脹原理，先冷後熱，使花粉壁因溫度急遽變化與機械力作用而導致破壁現象。冷凍時溫度在 -20℃ 以下，加熱時溫度在 50℃ 以上，並需予以高速攪拌。

(三) 微生物發酵破壁法

利用酵母菌或乳酸菌等益生菌，以蜂花粉爲培養基進行發酵，是一種既可破壁、脫敏、滅菌，又不破壞其營養成分的理想破壁法。以此方式可以製成蜂花粉發酵飲料，可以利用蜂花粉豐富的營養分，又兼具益生菌的功能性，是一種理想的深加工花粉產品。

第五節 蜂花粉的品質管制

目前有些國家已經針對蜂花粉制定品質管制標準，例如巴西、保加利亞、波蘭、瑞士、中國。但臺灣尚未制定蜂花粉的品質管制標準，國際間也尚未制定通用的管制標準，以下節錄 Campos et al.（2008）建議的蜂花粉指引與標準，另節錄中國 2016 年 12 月 23 日發布的中國食品安全國家標準——花粉（GB 31636-2016）供參考。

一、蜂花粉指引與標準（Campos et al., 2008）

1. 描述

1.1. 定義：蜂花粉是蜜蜂採集植物的花粉，混合花蜜（或蜂蜜）與唾液分泌物，於蜂箱出入口採集之。

1.2. 分類：

1.2.1. 按照水分含量：

1.2.1.1. 生鮮蜂花粉：蜜蜂採集的原始型態，水分含量約 20～30%，必須貯存於冷凍庫以避免細菌與黴菌汙染。

1.2.1.2. 乾燥蜂花粉：經過乾燥加工，加熱溫度不可超過 42℃，水分含量不可超過 6%。

1.2.2. 按照植物來源：

1.2.2.1. 單一蜂花粉：主要的植物粉源占比不可小於 80%。

1.2.2.2. 多花源蜂花粉：植物粉源來自多種植物。

1.3. 商品銷售必須標示水分含量與粉源植物。

2. 包裝

產品必須密封以隔絕空氣溼度，並使用食品等級的包材。加工過程必須符合相關的衛生規範。

3. 添加物

不可添加其他物質。

4. 汙染物

有機或非有機汙染物，包括微生物、農藥、黃麴毒素、抗生素與重金屬等，不可高於相關的衛生規範（表 4-11）：

表 4-11　蜂花粉的微生物與其他汙染物的規範

微生物分析	標準
沙門氏菌（*Salmonella*）	Absent /10g
金黃色葡萄球菌（*Staphylococcus aureus*）	Absent /1g
腸桿菌（*Enterobacteriaceae*）	Max.100 / g
大腸桿菌（*Escherichia coli*）	Absent / g
總生菌數（Total aerobic plate count）	<100,000 / g
黴菌與酵母菌（Mold and yeast）	< 50,000 / g
農藥殘留	< MRL*
黃麴毒素（Alfatoxin B_1）	Max. 2 μg / kg
總黃麴毒素（Alfatoxin $B_1+B_2+G_1+G_2$）	Max. 4 μg / kg
氯黴素（Chloramphenicol）	absent
硝基呋喃類（Nitrofuran metabolites）	absent
磺胺類（Sulfonamides）	absent
重金屬鉛（Pb）	max 0.5 mg / kg
重金屬汞（Hg）	max 0.01 mg / kg
重金屬鎘（Cd）	max 0.03 mg / kg
放射性（Cs-134 and Cs-137）	<600 Bq / kg

* 必須小於目前訂定的蜂蜜容許標準。

5. 貯存

生鮮蜂花粉的含水量達 20～30%，如此高溼度對細菌、酵母菌與腐食性蟎類是理想的培養基。爲了避免腐敗並維持最高品質，蜂花粉必須每日採收並迅速冷凍保存。蜂花粉從採集和倒出後，停留在常溫的時間必須僅數小時，並儘可能立即進行加工。乾燥處理花粉，含水量以 4～8% 爲宜，並貯存於低溫、乾燥與避光的環境，保存期 2 年。

6. 產品標示

蜂花粉產品必須標示爲生鮮花粉或乾燥蜂花粉，並儘可能標示主要的粉源植物。依規定也必須標註營養標示（熱量、蛋白質、脂肪、飽和脂肪、反式脂肪、碳水化合物、糖、鈉）。此外，還有採集地、保存期限、生產者、分裝日期、生產批號等，最好每批產品都能留樣以便追蹤管理。爲了增加商品價值，最好能標示有益成分含量，例如維生素、多酚類、礦物質、不飽和脂肪酸等。商品應加註「1 歲以下嬰幼兒勿食」，因爲蜂花粉與一般農產品一樣，有可能含有梭狀芽孢桿菌（*Clostridium botulinum*）。此外，蜂花粉的蛋白質可能對少部分人引起過敏，建議也加註警語。

7. 乾燥蜂花粉的基本組成

成分	含量
水分	6-8%
灰分	
總和	≦ 6%
不溶於 10% HCl 的部分	≦ 0.3%
總蛋白質（N*6.25）	≧ 15%
糖類含量	≧ 40%
脂肪	≧ 1.5%

二、中國食品安全國家標準——花粉（GB 31636-2016）

1. 感官要求

具有產品應有的色澤。具有蜂花粉應有的滋味和氣味，無異味，無異嗅。粉末或不規則的扁圓形團粒（顆粒）、無蟲蛀、無黴變，無正常視力可見外來異物。

2. 理化指標

應符合表 4-12 的規定。

表 4-12　中國蜂花粉的理化指標

項目	指標
水分（g / 100 g）	≦ 10.0
灰分（g / 100 g）	≦ 5.0
蛋白質（g / 100 g）	≧ 15.0
單一品種蜂花粉的花粉率（%）	≧ 85
酸度（以 pH 表示）	≧ 4.4

3. 微生物限量

即食的預包裝產品的微生物限量應符合表 4-13 的規定。

表 4-13　中國蜂花粉的微生物限量

項目	採樣方案 * 及限量				檢驗方法
	n	c	m	M	
菌落總數（CFU / g）	5	2	10^3	10^4	GB 4789.2
大腸菌群（MPN / g）	5	2	4.3	46	GB 4789.3
黴菌（CFU / g）	2×10^2				GB 4789.15

* 樣品的採樣及處理按 GB 4789.1 執行，n = 5 表示樣品必須採樣 5 個檢體，M = 10^4 表示最大容許值，5 個檢體不可有任一檢體超過 10^4 CFU；c = 2 表示 5 個檢體中，最多容許有 2 個檢體測定值介於 10^3(m)～10^4(M)CFU。

第六節 蜂花粉的食療價值

蜂花粉是一種營養價值極高且均衡的完美食物，與一般食物的營養價值比較，以每磅爲計算單位（表 4-14）可見蜂花粉的營養價值很高，對於想要節食減重的現代人而言，蜂花粉是一種理想的營養補給食品，它具有高量的蛋白質、膳食纖維、多酚與類黃酮、維生素、礦物質，可以避免因飲食不均造成營養失衡的問題，是一種天然的機能性食品。

表 4-14　蜂花粉與一般食物的營養價值比較（以每磅為計算單位）

種類	熱量 (Kcal)	蛋白質 (g)	脂肪 (g)	醣類 (g)	磷 (mg)	鉀 (mg)	鈉 (mg)	鈣 (mg)	鐵 (mg)	Vit A (IU)	Vit B_1 (mg)	Vit B_2 (mg)	Niacin (mg)	Vit C (mg)
花粉	1,117	107.6	21.8	122.6	672	2,630	200	1,022	64	16,200	4.27	8.44	71.3	159
牛排	1,750	104.0	145.0	0	820	1,166	254	46	13.1	250	0.29	0.81	21.3	0
雞肉	749	114.5	26.9	4.8	927	1,507	362	45	6.6	362	0.21	0.97	43.2	0
全麥麵包	1,102	47.6	13.6	216.4	1,034	1,238	2,390	449	13.6	微量	1.17	0.54	12.7	微量
蘋果	236	0.9	2.7	65.8	45	499	5	32	1.4	410	0.14	0.09	0.5	18
甘藍菜	109	5.9	0.9	24.5	132	1,057	91	222	1.8	590	0.23	0.23	1.4	213
番茄	80	4.0	0.7	17.1	98	888	11	47	1.8	3,280	0.22	0.15	2.5	84

一、營養補給功能

蜂花粉被推薦爲最佳膳食補充劑，對人體健康有益。它具有良好的營養價值，可以改善人體代謝並調節某些生理功能。富含營養的蜂花粉飲食對食慾不振的兒童和營養不良的患者很有吸引力。定期攝入蜂花粉可改善化療和放療期間的不良反應（Yakusheva, 2010）。此外，蜂花粉還有益於從事大量耗費腦力／體力工作的人。

蛋白質不足與營養不良在老年人很常見，尤其是老年住院患者，營養不良是發病率和死亡率的重要因素。營養不良可能加速老化現象，如消化道的改變、蛋白質代謝和免疫異常。此外，老年人要從營養不良狀態中恢復正常生理狀態的能力逐漸下降，即老年人營養不良狀態回復的能力比年輕人較差。為了評估蜂花粉對老人營養補給的效果，Salles et al.（2014）利用老年大鼠為模式動物，將 22 個月齡的雄性大鼠進行限制性飲食，只提供 1/2 的食物，連續 12 週；接著 3 週回復提供正常量食物，這時食物中分別含有 0%、5% 與 10% 生鮮蜂花粉，藉以評估長期營養不良的老年大鼠，當回復正常飲食後的生理狀況。試驗結果顯示，大鼠的體重與體脂肪的回復程度在各組間沒有顯著差異，但補充餵食蜂花粉組別的肌肉量顯著較高，而且只有餵食 10% 蜂花粉的大鼠可以恢復正常的蛋白質合成效率。此外，只有餵食蜂花粉的大鼠可以改善因營養不良而導致的粒線體活性下降問題。由於蜂花粉不僅含有高濃度的胺基酸，還含有其他關鍵營養素，對於營養不良的老年人而言，補充蜂花粉的飲食可增加肌肉量與肌肉強度，達到食療的目的。

二、男性攝護腺的藥理活性

男性經常工作忙碌，吃了太多脂肪與高熱量的食物，加上國人平均壽命延長，使得攝護腺疾病有逐年增加的趨勢。攝護腺又稱為前列腺，是男性獨有的腺體組織，常見的疾病有攝護腺炎、攝護腺肥大與攝護腺癌。如同南瓜子一般，蜂花粉長期以來也被認為對男性攝護腺具有保健功效，有些甚至已被開發為治療藥物。例如 Cernilton® 是一種治療攝護腺肥大（benign prostatic hypertrophy, BPH）的複方藥物，中文藥名為「賜護康」膜衣錠，有效成分為 Cernitin T60 60 mg+ Cernitin GBX 3 mg，這是一種從黑麥（*Secale cereale*）花粉、玉米花粉與貓尾草（*Phleum pretense*）花粉等 3 種歐洲常見植物的花粉萃取物，Cernitin T60 是花粉水溶的成分，Cernitin GBX 則是其脂溶的成分。值得注意的是，Cernilton 的成分直接萃取自這 3 種植物花粉，並非透過蜜蜂採集的蜂花粉。

慢性前列腺炎（chronic prostatitis）是一種難治的疾病，主要特徵是骨盆或會陰疼痛，且沒有尿道感染的跡象，並持續超過 3 個月，醫學界一直在找尋有效可行的輔助療法，花粉萃取物就屬於其中之一。花粉提取物 Cernilton ® 也被報導治療慢性前列腺炎，並取得了正面的效果。花粉提取物的脂溶成分（Cernitin GBX）可藉由抑制脂肪氧化酶（lipoxygenase）和環氧化酶（cyclooxygenase）的活性來抑制前列腺素的合成，這導致抗炎的效用（Cai et al., 2017）。

有一項 2009 年發表在 European Urology 的多中心、隨機雙盲人體實驗（Wagenlehner et al., 2009），作者群從德國 34 個泌尿科醫療中心，招募 139 位男性進行 12 週的花粉萃取物治療 Category III 慢性攝護腺炎的試驗。收案條件為：18 至 65 歲男性，過去 3 個月內有骨盆腔疼痛的症狀；NIH-CPSI 分數 $\geq$ 7 分，攝護腺按摩後的前段尿（VB3）白血球數目 $\geq$ 10/HPF。排除條件為泌尿道／攝護腺感染患者（尿液中驗出菌量 > 10^3 CFU），有性病病史或副睪丸炎病史、攝護腺手術史（包括切片）、泌尿道癌病史者；殘尿 > 50 mL、過去 4 週內曾使用 alpha-blocker 或是可進入攝護腺內的抗生素或植物性製劑、有尿道炎病史且過去 4 週有尿道分泌物出現、過去 6 個月內有使用會影響攝護腺的荷爾蒙藥物。

招募的患者隨機分為兩組，分別接受花粉萃取物（每 8 小時口服 2 顆 Cernilton ® 膠囊）或是安慰劑（外觀重量相同，但將活性物質去除的膠囊）。開始治療後 6 及 12 週，分別評估兩組的 NIH-CPSI 分數（包括疼痛分數、生活品質分數）、攝護腺按摩後的尿液內白血球、IPSS 分數及性生活滿意度。

實驗結果，在治療 12 週之後，使用花粉萃取物治療的組別，其疼痛分數、生活品質以及 NIH-CPSI 分數都有顯著的改善。若將 NIH-CPSI 分數下降 25% 或至少下降 6 分定義為「治療有反應」，使用花粉萃取物組有 70.6% 的患者有治療反應，顯著高於使用安慰劑組的 50%（$p = 0.0141$）；兩個組別皆未出現嚴重副作用。

基於從黑麥花粉、玉米花粉與貓尾草花粉萃取研發 Cernilton ® 藥物的上市，瑞典廠商也從相同植物花粉開發了名為 Prostat/Poltit 的產品，也被報導具有緩解慢性攝護腺炎／慢性骨盆腔疼痛症候群的效果（Elist, 2006）。此外，還有美國廠商利用相同花粉研發 Graminex® 花粉萃取物，用於膳食補充品、藥品、食品、護膚品產業。主要的產品有 Graminex G63、Graminex G60 與 Graminex NAX 7% 等 3 種花粉萃取物。G63 是一種專門訴求緩解男性攝護腺肥大、攝護腺炎與尿道症狀的產品，每日服用 500～1,500 mg；G60 為花粉萃取物的水溶成分，含有 6% 以上的胺基酸，具有良好的抗氧化活性，可作為膳食補充品、食品添加劑、飲料或化妝品應用；NAX 7% 爲花粉萃取物的脂溶成分，植物多酚含量 7% 以上，含有植物固醇、異黃酮與抗氧化物質，訴求女性保健、護膚與心臟保健。

根據 Locatelli et al.（2018）的研究指出，Graminex 的花粉萃取物具有抗氧化活性，這可能與其含有 689.41 ± 52.89 μg / g 的酚類化合物有關，其中香芹酚（carvacrol）含量最高（251.88 ± 25.03 μg / g），槲皮素（quercetin）含量 124.42 ± 12.01 μg / g，蘆丁（rutin）含量 122.29 ± 11.23 μg / g，綠原酸（chlorogenic acid）含量 101.77 ± 10.09 μg / g，沒石子酸（gallic acid）含量 89.06 ± 8.25 μg / g；高濃度（500 μg / mL）的 Graminex 的花粉萃取物可顯著降低人類攝護腺癌細胞株 PC3 的細胞存活率。在大鼠的離體前列腺組織模型試驗中，花粉萃取物可顯著降低 MDA、NFκB mRNA 與 PGE2 的水平，顯示其具有抗發炎的活性。

Murakami et al.（2008）報導了在日本利用蜂花粉萃取物進行攝護腺肥大男性的 12 週雙盲試驗，共收治了 47 名患者，分爲高劑量（320 mg 蜂花粉萃取物 / 日）、低劑量（160 mg / day）與安慰劑等 3 個組別；其中蜂花粉萃取物是 95% 乙醇萃取柑橘蜂花粉，經過濾並去除溶劑的乾物質。經過 12 週的食用後，試驗結果顯示，高劑量組別的尿液流速顯著提升（$p < 0.05$），而低劑量與安慰劑組別則無顯著效果；在尿液殘留量部分，低劑量與安慰劑組別都呈現殘留量顯著增加的現象，只有高劑量組別出現殘留量減少現象；此外，這 3 個組別均未出現臨床副作用。從這項研究結果顯示，蜂花粉萃取物似乎可以緩解攝護腺肥大的症狀。

此外，Wu & Lou（2007）利用氯仿萃取油菜花粉的固醇類物質，發現萃取物對人類前列腺癌細胞株 PC-3 具有誘導細胞凋亡（apoptosis）的活性，他們認爲可以開發爲治療前列腺癌的候選藥物。

三、其他重要的藥理與生物活性

諸多文獻也報導蜂花粉具有許多藥理與生物活性，包括抗微生物、抗癌、抗氧化、抗發炎、抗骨質疏鬆、保肝、降血脂、免疫調節等。近年來開放式（open access）電子期刊非常盛行，關於蜂花粉保健與藥理活性相關的綜論性文章很多，筆者將之列於延伸性閱讀文獻，有興趣的讀者可以自行上網下載閱讀。特別要提醒的是，各類蜂花粉的組成分有很大的變異，亦即不同植物來源與產地的蜂花粉，其生物藥理活性會有差異。還有，大多數的研究是以蜂花粉萃取物進行試驗所得到的結果，並非蜂花粉原物質。事實上，上述的生物藥理試驗中，抗骨質疏鬆的試驗爲蜂花粉水萃物；其餘的試驗，例如：抗微生物、抗氧化、抗發炎、保肝、抗癌的研究，大多是利用甲醇或乙醇溶液的蜂花粉萃取物進行試驗；有些甚至利用極性更低的氯仿或正己烷來萃取蜂花粉。

一般而言，蜂花粉的水溶性成分含量較高，約可達 80% 以上，主要爲糖類、水溶性蛋白與胺基酸、維生素與礦物質等，具有營養補給的功能；醇類溶液則是萃取蜂花粉的多酚與類黃酮物質的重要方法，這類物質在蜂花粉的含量約只有 1～2%，但卻是非常具有生物藥理活性的物質。正己烷主要用來萃取脂質的成分，這類物質在蜂花粉約有 5%，也是重要的藥理活性來源之一。

第七節 結語與未來展望

從營養學與食療價值的角度，蜂花粉無疑是卓越的膳食補充品，它是重要胺基酸、膳食纖維、ω-3 脂肪酸、植物固醇、複合維生素 B 群、礦物質和多酚的極好來源；然而，由於植物和地理來源的不同，導致蜂花粉的成分有很大差異，這也是蜂花粉市場的重大挑戰。此外，近年來雖有許多研究報導蜂花粉的生物藥理活性，但這些特性也受到植物多樣性與地理位置的影響。關於臺灣蜂花粉的輔導與推廣，目前臺灣蜂花粉的種類與產量似乎逐漸下滑，筆者認爲還有很大的努力空間。在蜂花粉的生物藥理活性的研究上，臺灣本土的研究不多，也期待學界積極投入蜂花粉的研究。

綜合以上的資料，歸納本章重點與未來展望如下：

一、蜂花粉是營養價值非常均衡的蜂產品，雖然不同植物來源的蜂花粉有顯著的差異，但以常見的蜂花粉種類來說，生鮮蜂花粉的含水量約 20～30%；碳水化合物 30.8%，主要爲糖類與膳食纖維；蛋白質 22.7%，含必需胺基酸，爲完全蛋白質；脂質 5.1%，含必需脂肪酸、磷脂質、植物固醇類；多酚化合物 1.6%，含多種酚酸化合物與類黃酮；維生素 0.7%，含類胡蘿蔔素、維生素 B 群、C、E、D；生物元素 1.6%，含主要元素（鈣、磷、鎂、鉀、鈉）與微量元素（鐵、銅、鋅、錳、硒）。

二、蜂花粉的採收與加工過程，必須特別注意保鮮與衛生問題，才能避免微生物汙染的風險。食用蜂花粉採集的植物對象，應以單花蜂花粉爲佳，以降低食用風險。蜂農採集區域，應儘量避開環境高風險地區。

三、花粉熱引起的過敏性鼻炎，常見於溫帶地區，主要過敏原爲風媒花的空中花粉，例如樺木樹花粉與車前草花粉，與蜂花粉無關。加熱處理可以降低過敏源蛋白的活性，食用蜂花粉宜經過適當的加熱與乾燥處理。

四、蜂花粉已被證實具有營養補給、改善男性攝護腺、抗微生物、抗癌、抗氧化、抗發炎、抗骨質疏鬆、保肝、降血脂、免疫調節等諸多生物藥理活性。然而，這些研究報導多是針對特定花粉的萃取物，所衍生的研究結果。因此，蜂農應多採收單花蜂花粉，這樣才能取得營養成分比較固定的材料，研究者也才能從中萃取特定的活性成分，並據以探討這些成分的功效，如此才能對國產蜂花粉提供保健機能性的科學證據。歐美利用黑麥、玉米與貓尾草等 3 種花粉萃取物，開發製成治療攝護腺症狀的藥物與營養補充品，顯見花粉是一項待開發的珍貴天然資源。

五、臺灣蜂花粉的利用目前多以原體粒直接食用爲主，事實上，將蜂花粉作爲食品添加劑可改良其營養價值，提升該食品的商品價值，例如可將蜂花粉添加於蔬果汁、優格、烘焙食品等，期待臺灣蜂業可與食品業者攜手合作，開發多樣的蜂花粉添加食品。

六、基於蜂花粉優異的食療價值，建議每日食用 15 克以上，才能具有顯著食療的效果，有些研究者甚至建議每日應食用 30 克。建議素食者可食用蜂花粉以補充優質蛋白質，兒童、老人與運動員也可食用蜂花粉來達到營養補給的效果。

延伸閱讀

Kaur, N., V. Chugh, A. K. Gupta. 2014. Essential fatty acids as functional components of foods - a review. Journal of Food Science & Technology 51: 2289-2303.

Khalifa, S. A. M., M. H. Elashal, N. Yosri, M. Du, S. G. Musharraf, L. Nahar, S. D. Sarker, Z. Guo, W. Cao, X. Zou, A. A. Abd El-Wahed, J. Xiao, H. A. Omar, M. E. F. Hegazy, H. R. El-Seedi. 2021. Bee Pollen: Current status and therapeutic potential. Nutrients 2021; 13(6): 1876.

Kostić, A. Ž., D. D. Milinčić, T. S. Petrović, V. S. Krnjaja, S. P. Stanojević, M. B. Barać, Ž. L. Tešić, M. B. Pešić. 2019. Mycotoxins and mycotoxin producing fungi in pollen: review. Toxins 2019; 11(2): 64.

Kostić, A., D. Milinčić, M. Barać, M. A. Shariati, Ž. Tešić, & M. Pešić. 2020. The application of pollen as a functional food and feed ingredient-the present and perspectives. Biomolecules, 10, 84.

Mărgăoan, R., M. Stranț, A. Varadi, E. Topal, B. Yücel, M. Cornea-Cipcigan, M. G. Campos, and D. C. Vodnar. Bee collected pollen and bee bread: bioactive constituents and health benefits. Antioxidants. 2019; 8(12): 568.

Li, Q. Q., K. Wang, M. C. Marcucci, A. C. H. F. Sawaya, L. Hu, X. F. Xue, L. M. Wu, and F. L. Hu. 2018. Nutrient-rich bee pollen: A treasure trove of active natural metabolites. Journal of Functional Foods 49: 472-484.

Thakur, M. and V. Nanda. 2020. Composition and functionality of bee pollen: A review. Trends in Food Science & Technology 98: 82-106.

Végh, R., M. Csóka, C. Sörös, L. Sipos. 2021. Food safety hazards of bee pollen - A review. Trends in Food Science & Technology 114: 490-509.

引用文獻

方清居。1997。蜂花粉破壁技術與應用。蠶蜂業專訊革新第 20 號。

周鳳英。1999。鈷六十輻射除滅花粉中微生物之研究。植物病理學會刊 8(1): 23-28。

Cai, T., P. Verze, R. La Rocca, et al. 2017. The role of flower pollen extract in managing patients affected by chronic prostatitis/chronic pelvic pain syndrome: a comprehensive analysis of all published clinical trials. BMC Urol 17, 32(2017).

Campos, M. G., S. Bogdanov, L.B. de Almeida-Muradian, T. Szczesna, Y. Mancebo, C. Frigerio, & F. Ferreira. 2008. Pollen composition and standardization of analytical methods. Journal of Apicultural Research 47: 154-161.

Campos, M. G. R., Frigerio, C., Lopes, J., & Bogdanov, S. 2010. What is the future of Bee-Pollen. Journal of ApiProduct and ApiMedical Science, 2: 131-144.

Dong, J., Y. Yang, X. Wang, and H. Zhang. 2015. Fatty acid profiles of 20 species of monofloral bee pollen from China. Journal of Apicultural Research 54: 503-511.

Domínguez-Valhondo, D., Bohoyo Gil, D., Hernández, M. T., & González-Gómez, D. 2011. Influence of the commercial processing and floral origin on bioactive and nutritional properties of honeybee-collected pollen. Int. J. Food Sci. Tech. 46: 2204-2211.

Elist, J. 2006. Effects of pollen extract preparation Prostat/Poltit on lower urinary tract symptoms in patients with chronic nonbacterial prostatitis/chronic pelvic pain syndrome: A randomized, double-blind, placebo-controlled study. Urology 67: 60-63.

Fuenmayor B, C., Zuluaga D, C., Díaz M, C., Quicazán de C, M., Cosio, M., & Mannino, S. 2014. Evaluation of the physicochemical and functional properties of Colombian bee pollen. Revista MVZ Córdoba, 19(1), 4003-4014.

Hsu, P. S., Wu, T. H., Huang, M. Y., Wang, D. Y., & Wu, M. C. 2021. Nutritive Value of 11 Bee Pollen Samples from Major Floral Sources in Taiwan. Foods, 10(9), 2229.

Jang, J. S. 2018. Chemical composition and bioactivity of Korean green tea (*Camellia sinensis*) pollen collected by honey bee. The Korean Journal of Food and Nutrition 31: 89-93.

Kao, Y.T., M.J. Lu, and C. Chen. 2011. Preliminary analyses of phenolic compounds and antioxidant activities in tea pollen extracts. Journal of Food & Drug Analysis 19: 470-477.

Karabagias, I., V. Karabagias, I. Gatzias, K. Riganakos. 2018. Bio-functional properties of bee pollen: The case of "bee pollen yoghurt". Coatings 8 (2018), p. 423, 10.3390/coatings8120423

Liolios, V., C. Tananaki, M. Dimou, D. Kanelis, M.A. Rodopoulou, A. Thrasyvoulou. 2018. Exploring the sugar profile of unifloral bee pollen using high performance liquid chromatography. Journal of Food and Nutrition Research 57: 341-350.

Lin, S. H., S. Y. Chang, and S. H. Chen. 1993. The study of bee-collected pollen loads in Nantou, Taiwan. Taiwania 38: 117-134.

Locatelli, M., N. Macchione, C. Ferrante, A. Chiavaroli, L. Recinella, S. Carradori, G. Zengin, S. Cesa, L. Leporini, S. Leone, L. Brunetti, L. Menghini, and G. Orlando. 2018. Graminex pollen: Phenolic pattern, colorimetric analysis and protective effects in immortalized prostate cells (PC3) and rat prostate challenged with LPS. Molecules 2018; 23(5): 1145.

de Melo, A. A. M., and L. B. de Almeida-Muradian. 2017. Chemical composition of bee pollen. In J. M. Alvarez-Suarez (Ed.), Bee products - chemical and biological properties, Springer, Cham (2017), 10.1007/978-3-319-59689-1_11

de Melo, A. A. M., L. M. Estevinho, M. M. Moreira, C. Delerue-Matos, A. D. S. de Freitas, O. M. Barth, et al. 2018. A multivariate approach based on physicochemical parameters and biological potential for the botanical and geographical discrimination of Brazilian bee pollen. Food Bioscience 25: 91-110.

Murakami, M., O. Tsukada, K. Okihara, K. Hashimoto, H. Yamada, & H. Yamaguchi. 2008. Beneficial effect of honeybee-collected pollen lump extract on benign prostatic hyperplasia (BPH)-a double-blind, placebo-controlled clinical trial. Food Science and Technology Research 14: 306-310.

Salles, J., N. Cardinault, V. Patrac, A. Berry, C. Giraudet, M.L.Collin, & C. Pouyet. 2014. Bee pollen improves muscle protein and energy metabolism in malnourished old rats through interfering with the mTOR signaling pathway and mitochondrial activity. Nutrients 2014; 6(12): 5500-5516.

Sattler, J.A.G., I.L.P. de Melo, D. Granato, E. Araújo, A.D.S. de Freitas, O.M. Barth, and L.B. de Almeida-Muradian. 2015. Impact of origin on bioactive compounds and nutritional composition of bee pollen from southern Brazil. Food Research International 77: 82-91.

Simopoulos, A.P., and J.J. DiNicolantonio. 2016. The importance of a balanced ω-6 to ω-3 ratio in the prevention and management of obesity. Open Heart, 3(2016), Article e000385, 10.1136/openhrt-2015-000385

Thakur, M., and V. Nanda. 2018a. Assessment of physico-chemical properties, fatty acid, amino acid and mineral profile of bee pollen from India with a multivariate perspective. Journal of Food & Nutrition Research, 57: 328-340.

Wagenlehner, F.M.E.H., M. Schneider, J. Ludwig, E. Schnitker, W. W. Brahler. 2009. A pollen extract (Cernilton®) in patients with inflammatory chronic prostatitis-chronic pelvic pain syndrome: A multicentre, randomised, prospective, double-blind, placebo-controlled phase 3 study. Eur. Urol. 56: 544-551.

Wu, Y.D., and Y.J. Lou. 2007. A steroid fraction of chloroform extract from bee pollen of Brassica campestris induces apoptosis in human prostate cancer PC-3 cells. Phytotherapy Research 21: 1087-1091.

Xi, X., Li, J., Guo, S., Li, Y., Xu, F., Zheng, M., ... & Han, C. 2018. The potential of using bee pollen in cosmetics: a review. Journal of Oleo Science, ess18048.

Xu, X., L. Sun, J. Dong, and H. Zhang. 2009. Breaking the cells of rape bee pollen and consecutive extraction of functional oil with supercritical carbon dioxide. Innovative Food Science & Emerging Technologies 10: 42-46.

Xu, X., Y. Gao, and L. Sun. 2012. Free and esterified triterpene alcohol composition of bee pollen from different botanical origins. Food Research International 48: 650-656.

Yakusheva, E. 2010. Pollen and bee bread: Physico-chemical properties. Biological and pharmacological effects. Use in medical practice. D. Rakita, N. Krivtsov, D.G. Uzbekova (Eds.), Theoretical and practical basics of apitherapy, Roszdrav, Ryazan (2010), pp. 84-97

Yang, K., D. Wu, X. Ye, D. Liu, J. Chen, and P. Sun. 2013. Characterization of chemical composition of bee pollen in China. Journal of Agricultural and Food Chemistry 61: 708-718.

筆記欄

CHAPTER 5

藥理活性廣泛的天然物質——蜂膠

蜂膠（propolis）已成爲臺灣非常熱門的天然保健食品，其受歡迎的程度也超越傳統的蜂王乳、蜂花粉和蜂蜜等蜂產品。蜂膠具有眾多的生物與藥理效用，許多愛用者幾乎視蜂膠爲萬能的保健祕方。

早在 3,000 多年前，古埃及人就認識到蜂膠，這些記載在與木乃伊同期保存下來的相關醫學、化學和藝術的文獻中。2,300 年前古希臘的亞里斯多德（Aristotle）時期，也發現蜂膠的藥用價值。1,900 多年前的古羅馬百科全書《自然史》的作者普林尼（西元 23～79 年）更指出蜂膠的由來：蜂膠是蜜蜂採集自柳樹、白楊、栗樹和其他植物幼芽分泌的樹脂。在現代醫學興盛以前，蜂膠一直是歐洲地區的民俗藥方。然而，由於歷史的種種因素，蜂膠的作用與利用並未得到很好的發揮與進展，蜂農們更因蜂膠在管理蜂群時容易黏手及汙染衣服，甚至黏住巢框不易取出，以往大都當成廢物拋棄。直至 1950 年英國人 Haydak 整理有關蜂膠研究的化學成分及醫藥用途，加上 Ghisalberti（1979）與 Marcucci（1995）有系統地整理蜂膠的化學成分、生物活性和醫學用途的研究報告，蜂膠的效用才開始受到科學界的重視，各國研究者陸續投入蜂膠的研究，從 Google Scholar 的資料庫（2023 年 6 月）搜尋蜂膠的研究報告多達 167,000 項結果，足見全球利用蜂膠與從事蜂膠的研究已成爲熱潮。

第一節 蜂膠的來源

蜂膠英文名爲 Propolis，其源自於希臘文，pro- 是防禦之意，-polis 是城市（蜂群之意），其字面上即明白表示爲蜂群的防禦物質。蜜蜂從特定植物的樹皮、樹枝、樹芽上，甚至是果皮，採集植株衍生的特殊樹脂狀物質，接著蜜蜂便以口器配合前足，將樹脂搓揉成小塊狀，再經由中足的傳遞，最後放入後足的花粉籃（圖 5-1），再攜回蜂巢加工；上述蜂膠的收集過程與蜜蜂收集花粉的過程類似，但樹脂狀物質具有很強的黏著性，收集的困難度遠高於採集花粉，因此採集蜂膠的蜜蜂通常是採集經驗豐富的老蜂，但即使這些蜜蜂賣力地採集，每次只能盛裝約花粉籃 1/2 的容量（約 5 mg）（葉琇如等，2010）；蜂群中職司採集蜂膠工作的蜜蜂數量很少，再加上植株產膠通常集中於夏季，因此一箱蜜蜂的蜂膠年產量約僅 50～100 克；蜂膠的產量也與蜜蜂的品種有關，有些品種採集蜂膠的意願很高，有些則完全不採蜂膠（如東方蜂）。

圖 5-1 蜜蜂利用蜂膠填補蜂箱的縫隙
箭頭處綠色膠狀物即為臺灣綠蜂膠，周圍的工蜂正利用蜂膠填補縫隙；右圖圓圈標示的蜜蜂攜回蜂膠回巢，她的後足有不規則的蜂膠團塊，每團塊約為 1 mg

蜜蜂將樹脂狀物質攜帶回巢後，立即卸下交由內勤蜂加工處理，這些內勤蜂會在加工過程中混入她的大顎腺分泌物，此分泌物使得樹脂狀物質易與蜂蠟物質結合而製成蜂膠，因此蜂膠的組成分只是類似植物分泌的樹脂物質，兩者並不完全相同。蜜蜂利用蜂膠修補巢房（圖5-2）、黏固巢框、縮小巢門、封閉病變幼蟲巢房等，以抑制病原微生物的擴散；蜜蜂會把蜂膠塗布於幼蟲生長的巢房上，用以抑制病原在巢房中孳生，使幼蟲得以正常的生長。因爲蜜蜂採集膠源植物樹種、採集時期、採集地區的不同，蜂膠的顏色、成分、性質等都有差異。

圖 5-2 巢箱上的蜂膠

第二節 蜂膠的生產

最簡便的蜂膠採收方法，是隨手刮起、特別收存，積少成多後再加以利用。大量採收的方法，主要都是以蜂群使用蜂膠填補蜂巢縫隙的行爲，特別要留意者，蜂膠接觸塑膠製品會有塑化劑溶出的風險，因此不可以塑膠材質作爲採膠器具，也不可以用塑膠袋來盛裝蜂膠塊。

一、蜂膠採集的方法

(一) 上蓋式取膠法

在巢框上方覆蓋一片蓋布或上蓋式格柵採膠器，並與巢框之間保持 0.3～0.5 公分，可誘使蜜蜂在蓋布上或採膠器上堆積蜂膠。將沾有蜂膠的蓋布或採膠器取出放入冰箱中冷凍，低溫下蜂膠變硬，取出後稍微揉搓即可取下蜂膠。蓋布可重覆使用，最好只使用單面，一面保持清潔。蜂膠來源豐富的地區或季節，每 1～2 週可採收一次。上蓋式取膠法收集的蜂膠雜質較多，要注意清除蠟屑、蜜蜂肢體、木屑等雜物後就可收存。

(二) 通風窗取膠法

臺式蜂箱有前、後通風窗，蜜蜂會用蜂膠黏上。在蜂膠盛產期（通常爲 4～7 月），每週可打開前、後通風窗（圖 5-3），以起刮刀刮取收集之。

圖 5-3　巢箱通氣孔上的蜂膠

(三) 集膠器取膠法

自行釘製稜狀橫向木條柵板，每一板間留 0.3～0.5 公分距離，成爲集膠器。集膠器插入蜂箱中巢脾的最外側，蜜蜂會用蜂膠把空隙添塞。在產膠多的時期插入蜂箱中，蜜蜂自動生產蜂膠。集膠器的木質，以吸水性好的杉木爲佳。集膠器柵板的設計，可作各種適度調整，以便可收取更多的蜂膠。蜜蜂產膠後，放入冷凍庫中，蜂膠會變脆，略爲敲擊即可輕易取下。此外，於半繼箱或是箱蓋的兩側留高度 1.5～2.0 公分的溝狀開口，基於蜜蜂採集蜂膠填補蜂巢縫隙的習性，兩側完全填補時約可採收 50 克品質純淨的膠塊。也可於產膠季節將箱蓋一側墊高，使箱蓋與蜂箱之間留有約 1.5 公分的縫隙，算是最簡便的方法。

二、採膠與蜂種

蜂膠的採收量，因蜜蜂的品種不同而有差異。基本上，只有西洋蜂與無螫蜂（stingless bees）會採集大量的蜂膠。東方蜂（*Apis cerana*）、小蜜蜂（*A. florea*）、大蜜蜂（*A. dorsata*）等其他蜜蜂屬昆蟲無法生產蜂膠。此外，同爲西洋蜂但不同蜂群的採膠意願差異甚大，養蜂者經常可以發現蜂場中有些蜂群特別喜於採膠，有些則意願低落，因此如欲大量採收蜂膠則必須長期育種培育「採膠種」的品系。

蜂膠成分上的管制困難，但是在衛生上的管制卻極爲重要。要保持品質優良的蜂膠，在採收時就要注意下列事項：

(一) 蜂膠中的雜質

採收蜂膠使用的器具要注意清潔，採收工作時務必要細心，不要將泥沙、木屑、尼龍紗等混入蜂膠中。

(二) 蜂膠中的蜂蠟

蜂蠟很容易混入蜂膠中，在收取時要隨時刮除，並注意勿將贅脾混入。一般蜂膠中的蜂臘含量爲 10～30%，不可過多。蜂蠟含量過高，會影響蜂膠的利用價值。

(三) 蜂膠中的塑化劑汙染

蜂膠的低極性與塑化劑相容，採蜂膠時使用的工具或容器儘量避免塑膠製品，減少蜂膠中塑化劑汙染的風險。因此，在採收蜂膠時注意不可使用塑膠袋盛裝，也不可以使用塑膠材質的採膠器。

(四) 農藥汙染

蜂箱中使用防治蜜蜂病蟲害的農藥，容易汙染蜂膠。採膠之前及採膠期間，避免使用農藥。

(五) 蜂膠的保存

採收的蜂膠裝入無毒的棉質袋中封存，每袋以 1 公斤爲宜。存放於避免日光直射、乾燥、通風良好處所，最好放在冷凍庫中，以免揮發性物質逸失。

第三節 蜂膠的組成分

蜂膠爲不透明的固體，顏色有黃褐色、灰褐色、翠綠色、墨綠色等，少數近似黑色，甚至在古巴有出產紅色蜂膠。具芳香氣味，燃燒時發出類似乳香的氣味，味苦而有辛辣感。用手搓柔能軟化，36℃ 開始變軟，有黏性與可塑性，15℃ 以下低溫變硬而脆，易於粉碎。60～70℃時熔化黏稠液體，比重為1.127。易溶於乙醇、甲醇、乙醚、氯仿、丙酮，其中以乙醇的溶解效果最佳，微溶於水、丙二醇（propylene glycol）。

蜂膠之化學組成變化相當大，一般約含有55%的樹脂、30%的蠟質、15%的芳香揮發物和花粉雜物。以有機溶劑萃取蜂膠主要是萃取樹脂的部分，萃取物中已被鑑定出的化合物超過300種（Anjum et al., 2019），主要成分為多酚類，包括：類黃酮（flavonoid）、酚酸（phenolic acid）及酯類（esters）等。類黃酮是蜂膠中最受關注的活性物質，又可細分為：黃酮（flavones）、黃酮醇（flavonols）、黃烷酮（flavanones）、黃烷酮醇（flavanonols）。

蜂膠的顏色隨著採集地點及植物而不同，從淡綠色、褐色、黃棕色、紅色、黑褐色等均可見（Teixeira et al., 2005）。蜂膠的生物活性受到化學組成影響，而化學組成主要取決於所在地區之膠源植物而定（Bankova, 2005）。一般而言，溫帶地區的植物相單純，蜜蜂採集樹脂來源植物的種類較為固定，例如英國、法國、保加利亞、中國、蒙古、加拿大、澳洲、紐西蘭等溫帶地區的膠源植物多為白楊樹（poplar）；北歐、西伯利亞地區則以樺樹為主。熱帶地區的植物相複雜，膠源植物的種類也因此多樣化；巴西為著名的蜂膠產地，膠源植物以*Baccharis* spp.為主；古巴、委內瑞拉與巴西出產一種特殊的紅蜂膠，膠源植物為*Dalbergia* spp.；太平洋地區的島嶼，包括臺灣、沖繩、所羅門群島等，則是以血桐（*Macaranga tanarius*）為主要膠源植物。事實上，世界各地仍有許多膠源植物未知（Dezmirean et al., 2021）。

第四節 蜂膠的分類

世界各地出產的蜂膠存在極大的變異性，各國研究者也致力研究本土蜂膠的組成分與生物活性。Sforcin & Bankova（2011）根據研究資料比較充分的蜂膠類別，依照其膠源植物和區域可分為7大類：

一、楊樹（poplar）蜂膠

這是分布最廣且最常見的蜂膠類別，研究資料非常豐富，主要產於北美、歐洲、紐西蘭及溫帶亞洲地區，如中國、南韓。此類蜂膠主要是蜜蜂採集白楊樹（*Populous nigra*）之嫩芽汁液混合蜂蠟而成，顏色較深，以褐色及黑褐色爲主。主成分是以 chrysin、galangin、pinocembrin、pinobanksin、pinobanksin-3-o-acetate、3-metyhi-2-butenyl caffeate、2-methyl-2-butenyl caffeate、benzyl caffeate，其中以 Caffeic acid phenethyl ester（CAPE）爲其重要的活性成分。楊樹蜂膠產量居世界之冠，以中國蜂膠爲代表，行銷全世界。

二、巴西綠蜂膠

市場占有率也很高，膠源植物已被發現有超過 12 種，但主要以 *Baccharis dracunculifolia* 爲主。巴西蜂膠呈現墨綠色，具有濃郁的香氣，口感辛辣，研究資料也非常豐富，主要活性成分有 2,2-dimethyl-8-prenylchromene、4-hydroxy-3,5-deprenyl cinnamic acid (artepillin C)、3-prenyl cinnamic acid allyl ester、kaempferide、propolis benzofuran A、isocupressic acid、13-symphyoreticulic acid、famesol。

三、樺樹（birch）蜂膠

主要分布在寒帶，主產於俄羅斯，其膠源植物以 *Betula verrucosa* 爲主，主要活性成分包括有 acacefin、apigenein、ermanin、rhamnocitrin、kaempenoid、acetoxi-betulenol。

四、紅色蜂膠

主產於中美洲之古巴、墨西哥及巴西等國，其蜂膠顏色呈紅色。主要膠源植物爲 *Dalbergia* spp.。其主要活性成分爲 propolone A、nemorosone、guttiferone E、xanthochymol。

五、地中海蜂膠

主要產於地中海國家包括西西里島、希臘、克里特島、馬爾他。膠源植物爲柏科（Cupressaceae），主要成分爲雙萜類（diterpenes）。

六、書帶木（*Clusia*）蜂膠

主要膠源植物爲 *Clusia* spp.，主產於古巴及委瑞內拉等國。

七、太平洋蜂膠

蜂膠顏色呈現淡綠色，味道清淡，含膠量高。太平洋蜂膠產地爲日本沖繩群島、臺灣、印尼。膠源植物皆是血桐（*Macaranga tanarius*）果實外皮分泌物爲主（Kumazawa et al., 2004; Kumazawa et al., 2007; Chien et al., 2022）。主成分以 propolins C、D、F、G、H 爲主（Chen et al., 2003; Chen et al., 2004a; Chen et al., 2004b, 2007; Huang et al., 2007; Weng et al., 2007; Chen et al., 2008）。臺灣綠蜂膠屬於太平洋蜂膠，這類蜂膠化學結構是這 7 類蜂膠中最特殊，以異戊二烯類黃酮（prenylated flavanones）化合物爲主。血桐好生長於熱帶及亞熱帶地區，太平洋蜂膠之產量以臺灣爲主要產區，年產約 1 公噸。

第五節 蜂膠的生物與藥理效用

類黃酮及其衍生物的種類十分眾多，約有 4,000 種以上，洋蔥、芥藍菜、青花菜、蘋果、櫻桃、葡萄、柑桔、大豆、茶等均可發現，但含量卻不多，一般在 0.01% 以下。例如：新鮮芥藍的 kaempferol（一種常見的類黃酮）含量爲 347 mg / kg，但已比其他蔬菜高 5～10 倍了。透過蜜蜂辛勤的收集與篩選，類黃酮與其衍生物竟占蜂膠萃取物的 23～42%，可以想見，蜂膠的生物與藥理效用必然與類黃酮非常類

似，這也說明了，各地出產的蜂膠化學組成雖然差異很大，但幾乎所有的蜂膠都具有類似的生物與藥理活性，只是在活性強弱可能有區別。以下將蜂膠常見的活性效用詳述：

一、抗細菌活性（**Antibacterial activity**）

抗細菌活性是所有類型蜂膠都具備的生物活性，也是被研究最多者。Przybyłek & Karpiński（2019）分析了學術資料庫中有關蜂膠抗菌的研究文獻，發現有超過600株細菌品系曾被作爲蜂膠抗菌的研究。有趣的是，幾乎所有的蜂膠類別都呈現對革蘭氏陽性細菌的抗菌效果比較有效，而對革蘭氏陰性菌則效果不佳。例如，臺灣綠蜂膠乙醇萃取物對金黃色葡萄球菌（*Staphylococcus aureus*）的最低抑菌濃度（MIC）與最低殺菌濃度（MBC）分別是 10 μg / mL 與 20 μg / mL；但蜂膠濃度即使提高至 640 μg / mL，仍對大腸桿菌（革蘭氏陰性）不具抗菌效果（Chen et al., 2018）。

蜂膠的抗菌活性應該從兩個層面來考慮。首先，它對微生物的直接作用；另一個則是刺激生物體的免疫系統，導致生物體的自然防禦被活化。蜂膠的抗菌作用機制目前仍不是很清楚，但一般認爲其對微生物細胞膜通透性、膜電位和 ATP 產生的破壞以及降低細菌流動性等。值得注意的是，對於產生耐藥性的金黃色葡萄球菌，如 MRSA，蜂膠仍具有良好的抗菌與殺菌效力。例如，臺灣綠蜂膠乙醇萃取物對 *S. aureus*（ATCC 12600）標準菌的 MIC 與 MBC 分別爲 8 μg / mL 與 16 μg / mL，對耐藥菌株 MRSA（ATCC 43300）則分別爲 < 2 μg / mL 與 4 μg / mL（Chen et al., 2018）。顯然，耐藥性的 MRSA 比不具耐藥性的金黃色葡萄球菌，對臺灣綠蜂膠更爲敏感。

爲何蜂膠對革蘭氏陰性菌不具抗菌效果呢？這應該與陰性菌的細胞壁構造有關。陰性菌的細胞壁多了一層外膜，可以阻止活性成分進入細胞內。此外，也有文獻指出這類型細菌有能力產生特定酵素來分解蜂膠成分，這使得陰性菌具有抵抗蜂膠的能力。

各地出產蜂膠的抑菌力是否有差異呢？Przybyłek & Karpiński（2019）從已發

表的科學文獻發現，金黃色葡萄球菌（革蘭氏陽性菌）與大腸桿菌（革蘭氏陰性菌），分別是最常被用來分析蜂膠抗菌力的測試菌株；而蜂膠乙醇萃取物則是最常見的萃取產物。因此，可以比較各產區蜂膠乙醇萃取物對這兩種細菌的抑菌力。在金黃色葡萄球菌抑菌測試中，土耳其、臺灣蜂膠的抗菌力最強，MIC 只有 8 μg/mL；智利、澳洲與德國蜂膠的抗菌力最弱，MIC 分別高達 1,145、1,200 與 750 μg/mL。在大腸桿菌的抑菌測試，土耳其、安曼與斯洛伐克蜂膠的抗菌力較佳，MIC 分別爲 116、302 與 510 μg / mL；德國、韓國與愛爾蘭蜂膠的 MIC 則達 1,200～5,000 μg / mL。巴西蜂膠是著名的蜂膠類別與產區，但巴西蜂膠的抑菌力並不佳，對金黃葡萄球菌的 MIC 高達 612 μg / mL，對大腸桿菌的 MIC 也高達 571 μg / mL。

二、抗病毒活性（**Antiviral activity**）

蜂膠抗病毒的研究始於 1960 年代，Ripari et al.（2021）透過 PubMed 平臺搜索共收集 49 篇蜂膠抗病毒的研究文獻，其中有 20 篇是關於單純疱疹病毒（Herpes viruses）的研究最多，其次有 10 篇是關於流感病毒的研究；還有部分爲蜂膠抗愛滋病毒（HIV）、新城雞瘟病毒（Newcastle disease virus）、豬細小病毒（Porcine parvovirus）、傳染性華氏囊病毒（Infectious bursal disease virus）等。可以很明顯的發現，相對於蜂膠抗細菌的研究而言，蜂膠抗病毒的研究相對較少，但近來全世界爆發新冠肺炎（COVID-19）的大流行，蜂膠抗病毒與免疫調節的活性又被高度期待（Ripari et al., 2021）。

蜂膠對單純疱疹 1 型病毒（HSV-1）與 2 型病毒（HSV-2）都具有抑制效果，尤其前者在成人的盛行率達 47.8%，是一種惱人且會反覆在嘴角發作的病毒病。細胞體外試驗顯示，4～100 μg / mL 濃度的蜂膠萃取物有效抑制對這兩種類型疱疹病毒。Amoros et al.（1992）報導蜂膠對許多 DNA 與 RNA 型病毒均具抑制活性，Tatefuji et al.（1993）研究巴西蜂膠萃取物對多種病毒的抑制效果，他們發現 10 μg/mL 的劑量，可以完全抑制單純疱疹 1 型（HSV-1）病毒斑的形成，抑制率達 100%；相同劑量對血液凝集病毒（HVJ）抑制率爲 76.2%，對 SV-40 爲 61.1%，對水疱性口炎病毒（VSV）則爲 28.8%。Hegazi et al.（1994）發現蜂膠萃取物對多種新城雞瘟病毒株，具有明顯的抑制效果，研究者因此認為可以利用蜂膠作為防治雞瘟的藥劑。Harish et al.（1997）則發現 4.5 μg / mL 濃度的蜂膠萃取物，會破壞愛滋病毒（HIV-1）與細胞的親合，並且可以增強身體免疫細胞增殖的能力。Kujumgiev et al.（1999）發現蜂膠萃取物對雞胚纖維母細胞（CEF）與禽流感病毒（Avian influenza virus）的選擇抑制指數（SI index）最高達 32 倍。

流感病毒會導致呼吸道感染，每年造成 50 萬人死亡。這些病毒經常發生突變，使抗病毒療法複雜化。Serkedjieva et al.（1992）在體外評估了保加利亞蜂膠抗病毒作用，50 μg / mL 與 100 μg / mL 濃度分別可抑制 H3N2 和 H1N1 流感病毒的複製。Shimizu et al.（2008）報導蜂膠對 H1N1 病毒的影響，60～111.6 μg / mL 濃度可減少 50% 病毒斑的形成，且在小鼠的動物實驗中，10 mg / kg 的蜂膠劑量，可藉由免疫調節的方式對抗 H1N1 的感染。

三、抗真菌活性（**Antifungal activity**）

Millet-Clerc et al.（1987）報導 5% 蜂膠萃取物可以抑制髮癬菌（*Trichophyton*）與小芽胞癬菌（*Microsporum*）的生長，抗黴菌藥物結合 10% 蜂膠萃取物，則可增強抑制念珠菌（*Candida*）的效果；Lisa et al.（1989）發現蜂膠萃取物對 17 種皮膚科黴菌具有抑制的效果，蜂膠萃取物與抗黴菌藥物合併使用則最具協力殺菌效果（Holderna & Kedzia, 1987）。Ota et al.（2001）探討蜂膠萃取物對 80 株分離自牙科病人的念珠菌品系，發現蜂膠均具一定的抑菌性，而且牙周病人以蜂膠漱口 1 週即可有效降低其唾液的念珠菌數。

四、抗癌活性（**Anticancer activity**）

癌症是全球疾病的主要負擔之一，醫學界正在進行大量研究以開發新的化學治療劑和癌症治療方法。蜂膠是生物活性化合物的豐富來源，可影響調節關鍵細胞過程的眾多信號通路。最新研究結果表明，蜂膠可以抑制癌細胞的增殖、血管生成和轉移，並刺激細胞凋亡。此外，它可能會影響癌症的腫瘤微環境和多重耐藥性。蜂膠萃取物及其所含的特定化合物，已被證明對多種癌細胞株具有強烈的毒殺作用，這些癌細胞株包括：子宮頸癌細胞株（HeLa）、乳癌細胞株（MCF-7）、黑化瘤細胞株（SK-MEL-28, SK-MEL-170）、腎臟癌細胞株、直腸癌細胞株等。最難能可貴的，蜂膠具有選擇性的毒殺作用，對於不正常細胞的毒性很強，對正常的細胞則毒性較低。蜂膠對小鼠的急毒性試驗，LD_{50} 爲 2,000～7,300 mg / kg；將蜂膠添加於小鼠的飲水中，連續 90 日，得無影響劑量（NOEL）值爲 1,400 mg / kg / day（Burdock, 1998），由此可見蜂膠對哺乳動物的毒性很低。

目前，蜂膠中抑制癌細胞的成分已被鑑定出來，楊樹型蜂膠主要是咖啡酸類的衍生物，其中被廣泛研究的抗癌物質爲咖啡酸苯乙酯（caffeic acid phenethyl ester, CAPE）；巴西綠蜂膠最重要的抗癌物質爲 Artepillin C，臺灣綠蜂膠則以蜂膠素（propolins）爲抗癌物質，尤其是蜂膠素 C、D 與 G。

醫學界對於蜂膠及其化合物的抗癌作用機制，研究報告很多，彙整如下：

(一) 蜂膠對癌細胞的抗增殖和細胞毒殺活性

所有惡性腫瘤病灶的一個特徵是無限的細胞增殖。癌症病人無法調節和控制癌細胞週期，導致細胞增殖失控。增殖是腫瘤病變發展和進展的重要因素。這一過程與細胞週期中蛋白質表達和活性的紊亂以及許多細胞通路中的信號改變有關。細胞週期由多種機制控制，以確保適當的細胞分裂。細胞週期素（cyclin）透過結合並活化細胞週期蛋白依賴性激酶（Cdks）來調節細胞週期。Cyclin-Cdk 複合物對特定靶標的磷酸化觸發了在適當時刻活化細胞週期的過程。在眞核生物中，細胞週期的階段分爲兩個主要階段：分裂間期（I 期）和有絲分裂（M 期）。在分裂間期，細胞生長並複製其遺傳物質。在 M 期，細胞將其細胞質和 DNA 分成兩組，形成兩個新細胞。分裂準備發生在 G_1、S 和 G_2 三個階段，被統稱爲分裂間期。G_1 期的細胞在參與 DNA 複製之前可能會進入稱爲 G_0 的靜止狀態。

目前據報導，蜂膠及其成分可作爲細胞週期調節劑，如細胞週期素 -D（cyclin-D）、細胞週期蛋白依賴性激酶 Cdk-2 / 4 / 6 和細胞週期蛋白依賴性激酶抑製劑，透過上調 p21 和 p27 表達，活化 G2 / M 期與 G0 / G1 期的細胞週期檢查點（Cell cycle checkpoint），從而阻止癌細胞完成細胞複製。有關蜂膠抗癌的分子機制，有興趣的讀者可以進一步參考 Chiu et al.（2020）的綜論性文章。

(二) 蜂膠對癌細胞凋亡和自噬過程的影響

來自不同地理區域的蜂膠及其化合物誘導細胞凋亡（apoptosis）已在許多研究中得到證實。細胞凋亡被認爲是一種細胞自殺程序，藉由細胞自我破壞以維持組織穩態。該過程透過 3 種不同的途徑進行：外在途徑、內在途徑和顆粒酶 B 依賴性途徑。在這些途徑中，內在和外在途徑是主要機制。內在（線粒體途徑）由不同的刺激觸發，例如 DNA 損傷、細胞激素和內質網壓力等。外在途徑由位於細胞膜上的死亡受體家族觸發。目前已有眾多的文獻證實蜂膠及其化合物可以誘發內在和外在途徑的細胞凋亡，其中尤以楊樹蜂膠的抗癌成分 CAPE 與巴西綠蜂膠的 Artipillin C 被研究的最多。

自噬性細胞死亡被認爲是一種程序性細胞死亡，與細胞凋亡密切相關。Artepillin C 與 CAPE 都被發現具有誘導癌細胞自噬的活性。因此，Forma & Bry（2021）認爲蜂膠及其含有的化合物可誘導癌細胞凋亡途徑，並可用作潛在的化學治療或化學預防性抗癌藥物。

(三) 蜂膠及其化合物的抗轉移活性

癌細胞轉移是一種複雜的過程，使得癌細胞離開原發組織轉移至遠端的器官或組織，導致嚴重的後果。其中，epithelial-mesenchymal transition（EMT）在轉移中有關鍵作用。近年來的大量研究報告指出，蜂膠及其活性化合物（CAPE、Artipillin-C、Propolin C）可抑制多種癌症細胞的遷移和侵襲，包括多形性膠質母細胞瘤（U87MG）、前列腺癌（Du145、PC3）、乳腺癌（MCF-7、MDA-MB-231）、纖維肉瘤（HT1080）、骨肉瘤（U2OS）、肺癌（A549）和結腸直腸癌（HT-29）。

Pai et al.（2018）指出臺灣綠蜂膠的活性成分——蜂膠素 C，可以透過抑制 PI3K/Akt 與 ERK 的訊號傳遞，進而調節 EMT 來抑制肺癌細胞的遷移與入侵。

(四) 蜂膠及其成分在癌症治療中的應用

泰莫西芬（Tamoxifen, TAM）是一種廣泛使用於荷爾蒙受體陽性（ER+）的乳癌治療藥物，但長期使用會導致乳癌細胞的抗藥性，而高劑量 TAM 也會產生許多副作用。Motawi et al.（2016）發現低劑量的 TAM 與 CAPE 的組合，對 MCF-7 乳癌細胞發揮協同細胞毒殺作用；CAPE 透過多靶點方法增強 TAM 細胞毒性，包括減弱自噬、增強細胞凋亡和血管抑制潛力，最後增加細胞 GSH 和 NO 水平。

蜂膠也可能影響使用細胞毒藥物進行化療的效果。Sameni et al.（2021）在結直腸癌小鼠模型中表明，與單獨使用 5-FU 或蜂膠相比，伊朗蜂膠提取物與 5- 氟尿嘧啶（5-fluorouracil, 5-FU）聯合使用可顯著減少小鼠的大腸癌前期病變（aberrant crypt foci, ACF）的數量。此外，蜂膠聯合 5-FU 可降低 Cox-2、iNOS 和 β-catenin 蛋白的表達，這些蛋白在結直腸癌的發生和進展中有重要作用。

化學療法和放射療法是人類癌症最廣泛使用的治療方法，但兩者都有許多副作用。Darvishi et al.（2020）針對接受化療的乳癌患者，進行隨機、雙盲臨床試驗，研究中分析了蜂膠的抗氧化和抗炎作用。在服用蜂膠（250 mg / 每日 2 次，連續 3 個月）的患者組中，與安慰劑組相比，蜂膠組病人的促炎細胞因子（TNFα、IL-2）和羰基蛋白（氧化壓力的生物標誌物）皆未顯著增加，顯示蜂膠處理可以緩解化療病人的氧化壓力與發炎指數。

蜂膠還顯示了在接受化療的乳癌患者後續進行放療情況下的放射保護作用。Ebeid et al.（2016）觀察 45 位接受放射治療並補充蜂膠（400 mg，每日 3 次，放療前 10 日 + 放療期間 + 放療結束後 10 日）；結果顯示，蜂膠處理顯著降低 DNA 的損傷、改善病人血清 MDA 和血清 TAC、提高鐵的消化利用率和血紅蛋白的再生效率；此外，蜂膠處理也顯著延長了病人的無病生存時間。

口腔黏膜炎是化療和放療的主要副作用。Piredda et al.（2017）的研究顯示，接受化療的乳癌患者對蜂膠是安全且耐受性良好的，用蜂膠萃取物漱口可有效減輕乳癌患者化療期間口腔黏膜炎的顯著症狀。在頭頸癌接受化療的患者中也獲得了類似的結果（Akhavan-Karbassi et al., 2016）。Kuo et al.（2018）的綜論性分析證實，蜂膠漱口水在治療癌症患者的化學或放射治療引起的口腔黏膜炎，是有效且安全的。

(五) 小結

蜂膠及其所含的化合物，已有眾多文獻證實可抑制癌症發生、進展和轉移至關重要的多種信號通路，例如 PI3k / AKT / mTOR、NFκB、JAK-STAT、TLR4、VEGF、TGFβ，以及內在和外在的細胞凋亡通路。透過上述途徑，蜂膠可以誘導細胞凋亡、細胞週期停滯，並降低癌細胞的增殖、活力、侵襲、遷移和化學抗性。此外，蜂膠也可與治療癌症藥物結合，產生協力作用以增強藥效。蜂膠也具有降低癌症治療衍生的副作用。值得注意的是，由於蜂膠組成分的高度歧異性，並非所有蜂膠都具有類似的功效，仍需要更多的研究才能開發以蜂膠衍生的抗癌療法。

五、抗氧化活性

氧化壓力被認爲是現代人重要的健康議題之一，因而從天然藥用植物找尋新的抗氧化分子，儼然已成爲熱門的研究題材。蜂膠也源自植物，被認爲是最富含天然抗氧化物質的重要來源。儘管各地生產蜂膠的化學組成存在歧異度，但抗氧化活性似乎爲各地蜂膠的共通特性。由於體外測定抗氧化活性的方法簡單且快速，常用的方法有：清除 DPPH 自由基、ABTS 清除活性，三價鐵還原抗氧化能力（FRAP）測定和 β- 胡蘿蔔素退色法。事實上，來自不同國家的蜂膠乙醇萃取物已經表明良好的體外抗氧化活性，這活性歸因於蜂膠中含有的類黃酮與多酚化合物。

此外，體外的細胞研究顯示，蜂膠萃取物透過以下方式增強內源性抗氧化防禦：直接消除活性氧（ROS）並啟動 Erk-Nrf2-HO1、GCLM 和 TrxR1 信號通路。動物試驗的結果也顯示，蜂膠增強了生物體的抗氧化防禦，並降低過氧化氫的傷害。

蜂膠已在人體進行一些臨床試驗。Diniz et al.（2020）給健康志願者食用蜂膠，測量抗氧化作用相關標誌物。結果表明，脂質過氧化的生物標誌物（8-isoprostanes）降低，以及觀察到 DNA 氧化（8-hydroxydeoxyguanosine）的減少；此外，受試者血漿的超氧化物歧化酶（SOD）活性、還原態麩胱甘肽（GSH），都呈現顯著的增加。Jasprica et al.（2007）在 47 名健康女性和男性中，測試了連續 30

日食用蜂膠的保健功效，結果顯示蜂膠降低了男性丙二醛（MDA，一種氧化標誌物）濃度，並且顯著增加超氧化物歧化酶活性，但對女性卻沒有顯著影響。

六、抗發炎活性

抗發炎活性是蜂膠非常重要的活性之一，目前已有非常眾多的文獻顯示蜂膠含有豐富的抗發炎因子，尤其是蜂膠的乙醇萃取物，這些試驗包括體外試驗與動物體內試驗。在利用小鼠單核巨噬細胞（RAW264.7）的體外模式中，蜂膠可以降低NF-κB（一種發炎的總開關）的活化，降低TNF-α（一種發炎的細胞因子）的釋放。據報導蜂膠可以減少免疫細胞浸潤和水腫，並抑制COX-2和iNOS蛋白表達以及前列腺素和一氧化氮（NO）釋放。以上都是在說明蜂膠具有抗發炎活性的證據。其中，一氧化氮可誘發產生發炎反應，在小鼠單核巨噬細胞（RAW264.7）的體外模式中，蜂膠對一氧化氮的半抑制濃度（IC_{50}）爲14～52 μg / mL，抗發炎效果與著名的抗發炎藥劑——地賽米松（dexamethasone，IC_{50} = 15 μg / mL）相當（Falcão et al., 2019）。

七、免疫調節活性

蜂膠具有優異的免疫調節活性，已經廣泛被世界各國的研究者報導。這些研究結果表明，蜂膠表現出重要的免疫調節作用。Tao et al.（2014）報導蜂膠可刺激巨噬細胞的吞噬功能，並增加IL-1β、IL-6和IFN-γ的釋放；以及啟動小鼠的細胞和體液免疫反應，使其血清IgG、IL-4和IFN-γ濃度增高，並提高脾淋巴細胞的增殖率。另一項有趣的研究顯示，試驗小鼠感染細菌（肺炎克雷伯菌、金黃色葡萄球菌）和眞菌（白色念珠菌），蜂膠可以刺激腹膜巨噬細胞產生IL-1，並且透過巨噬細胞活化增加非特異性宿主防禦，提高小鼠成活率和平均存活時間（Dimov et al., 1991）。此外，蜂膠乙醇提取物可以促進處理小鼠脾臟細胞中的自然殺手細胞活性。蜂膠提取物刺激中性球細胞趨化和吞噬活性（Sampietro et al., 2016）。使用BALB/c雄性小鼠，蜂膠增加了IL-1β的產生以及TLR-2和TLR-4在腹膜巨噬細胞中的表達，以及上調脾細胞中 IL-1β 和 IL-6 的產生（Orsatti et al., 2010）。

八、抗糖尿病活性

糖尿病是一種慢性的代謝異常疾病，因爲體內胰島素（insulin）缺乏或功能不全，對糖類的利用能力減低，甚至完全無法利用而造成血糖過高。久而久之便可能會導致其他嚴重的問題，如心臟病、失明或腎臟病等。國際糖尿病聯盟（International Diabetes Federation, IDF）表示，2019 年全球大約有 4.63 億成年人（20～79 歲）有糖尿病，估計到了 2045 年將會上升至 7 億。其中，65 歲以上的族群中，有 1/5 的人患有糖尿病。全球可能還有 2.32 億的糖尿病患者還未被診斷出。

糖尿病已是臺灣國人位居十大死因之一，每年近萬人因糖尿病死亡。根據國民健康署統計，全國約有 200 多萬名糖尿病的病友，且每年以 25,000 名的速度持續增加，糖尿病及其所引發的併發症影響國人健康不容小覷，醫療負擔相當龐大。糖尿病可分爲第 1 型糖尿病（胰島細胞遭破壞，造成胰島素缺乏）、第 2 型糖尿病（胰島素阻抗，及合併相對胰島素缺乏）、其他型糖尿病、妊娠型糖尿病等。其中又以第 2 型糖尿病最常見，比例高達 90%；形成的原因和風險包含：體重過重及肥胖、缺乏運動、胰島素阻抗、基因遺傳。

根據一些研究，肥胖爲胰島素阻抗的主因之一，因此肥胖可說是第 2 型糖尿病的主要危險因子，例如：北美地區患者中有 8 成是 BMI 超過 30 的肥胖者，歐洲地區病患則有 5 成是胖子。不過，臺灣國衛院研究團隊從文獻中發現，亞洲地區病患僅 20～30% 爲 BMI 大於 27 的肥胖者，顯示東方人罹患第 2 型糖尿病的主因可能不是肥胖，國衛院最新研究顯示其與身體長期發炎反應有關；若血液中缺乏了 MAP4K4 激酶，免疫系統中具有防禦功能的 T 淋巴細胞就會失控，被過度活化，同時分泌大量發炎性細胞激素 IL-6 及 IL-17，進而誘發胰島素作用細胞產生胰島素阻抗，導致血糖持續上升，誘發第 2 型糖尿病。

由於蜂膠具有優異的抗發炎與抗氧化活性，利用蜂膠來改善糖尿病的病程與症狀也備受期待。目前已有諸多研究者利用高血糖動物模式試驗，結果顯示蜂膠可以降低血糖水平，降低脂質過氧化，清除自由基等功效。表 5-1 彙整了利用實驗動物模式來評估蜂膠改善糖尿病相關的治療效果，其中多數研究是以鏈脲佐菌素（STZ）誘導大鼠產生第 1 型糖尿病的模式，再以口服蜂膠萃取物爲處理組，通常會選用糖尿病治療藥物如 Glucobay、益糖定（metformin）作爲正對照組，評估蜂膠處理的療效。目前相關文獻多以巴西蜂膠與楊樹蜂膠的乙醇萃取物爲主，證實蜂膠可以改善身體和腎臟重量、血清葡萄糖、血脂、MDA 和腎功能，以及增加腎臟 GSH、SOD 和 CAT 並降低 MDA 水準（表 5-1）。

Chen et al.（2018）則是利用 STZ 搭配高脂飲食來誘導大鼠產生第 2 型糖尿病（T2DM）的動物模式，評估臺灣綠蜂膠乙醇萃取物（TGPE）對第 2 型糖尿病的影響。結果顯示，TGPE 延緩了 T2DM 的發生和進展，並降低了 β 細胞衰竭的嚴重程度。TGPE 還可以減輕大鼠的炎症和活性氧 ROS。此外，TGPE 治療組血清中的氧化細胞激素、瘦素和脂聯素水平較高。與巴西蜂膠不同，TGPE 促進肝臟基因 PPAR-α 和 CYP7A1，與脂質分解代謝和清除有關。因此，TGPE 可能透過抗炎作用、抗氧化作用和平衡脂質代謝來延緩 T2DM 的進展。作者建議 TGPE 可以作爲 T2DM 的潛在替代藥物。

表 5-1　蜂膠抗糖尿病動物試驗結果整理（摘自 Belmehdi et al., 2022）

蜂膠來源	試驗方法	重要試驗結果
巴西	STZ 誘導大鼠 1 型糖尿病	• 抑制體重減輕、抑制血糖增加 • 降低糖化血色素 • 改善血液、肝臟與腎臟的氧化壓力 • 降低丙氨酸轉氨酶、天冬氨酸轉氨酶、血尿素氮和尿微量白蛋白排泄率
巴西	STZ 誘導大鼠 1 型糖尿病	• 增加 SOD 水平 • 降低 NOS 和 MDA 水平 • 抑制 AST 水準，對 ALT 水平沒有影響 • 肝腎 GSH-px 水平升高、抑制 MDA 的產生 • 對 NO 和 CAT 水平無明顯影響 • 蜂膠與治療藥物——醣祿（acarbose）相比較，兩者在上述參數的療效上幾乎相同

（接續下表）

蜂膠來源	試驗方法	重要試驗結果
奈及利亞	Alloxa 誘導大鼠 1 型糖尿病	• 降低血糖和血清 VLDL • 高密度脂蛋白水準升高 • 血漿糖化血色素（HbA1c）水準降低 • 蜂膠與治療藥物——益糖定（metformin），兩者在上述參數的療效上幾乎相同
中國	STZ 誘導大鼠 1 型糖尿病	• 抑制體重減輕和血糖升高 • HbA1c 水準降低（8.4%） • 降低總膽固醇水準（16.6%） • 改善血液、肝臟和腎臟的氧化壓力 • 降低丙氨酸轉氨酶、天冬氨酸轉氨酶的水準、血尿素氮和尿微量白蛋白排泄率
中國	高脂飲食誘導大鼠 2 型糖尿病	• 抑制 FBG 和 TG 水準 • 改善空腹血清胰島素和胰島素作用指數 • 對體重、TC、HDL-C 和 LDL-C 無顯著影響 • 順醣（Pioglitazone）作為陽性對照，改善 FBG，空腹血清胰島素和胰島素作用指數，以及降低 TC、HDL-C 和 LDL-C
沙烏地阿拉伯	STZ 誘導大鼠 1 型糖尿病	• 降低空腹血糖 • 血清和腎組織勻漿中的 MDA 水準降低 • 增加 CAT、SOD 和 GST 水準 • IL-6 值降低 • 降低 IgG、IgA 和 IgM 免疫球蛋白 • 降低羧甲基賴氨酸（carboxymethyl-lysine）百分比 • 尿素、肌酐和尿酸水準降低 • 血清電解質水準升高 • 單獨使用胰島素為對照組，蜂膠處理組觀察到相同的效果
馬來西亞	STZ 誘導大鼠 1 型糖尿病	• FBG 水準降低 • 體重明顯下降 • 降低 AST、ALT、ALP 和 GGT 活性以及總膽紅素水準 • 肝乳酸脫氫酶活性降低 • 增加 SOD，CAT，GPx，GST 和 GR 的活性 • MDA 水準降低

（接續下表）

蜂膠來源	試驗方法	重要試驗結果
臺灣	STZ／高脂飲食誘導大鼠 2 型糖尿病	• 延緩了 2 型糖尿病的發展和進展 • 降低 β 細胞衰竭的嚴重程度 • 減輕炎症和 ROS 產生 • 氧化細胞激素、瘦素和脂聯素水準升高 • 促進肝 PPAR-α 和 CYP7A1 基因

九、其他活性

蜂膠尚具有許多生物與藥理活性，例如：保護肝臟、麻醉鎮痛、促進牙髓、軟骨等組織的再生、輻射防護、神經滋養等（Marcucci, 1995; Banskota et al., 2001）。

十、蜂膠的毒性

文獻中描述蜂膠或其萃取物毒性的研究很少，然而目前已發表的結果表明，蜂膠通常是一種安全的產品。根據 Burdock（1998）的報導，雖然蜂膠偶而會有少數的過敏報導，但整體而言，蜂膠是非常不具毒性的天然物質，在 90 日小鼠的長期研究顯示，蜂膠的無影響水平（NOEL）高達 1,400 mg / kg 體重／日（表 5-2）。總結了一些蜂膠毒性的研究，只有非常高劑量的蜂膠在動物模型中引起副作用。在小鼠的研究中，LD_{50} 大於 7,340 mg / kg。大鼠和小鼠飲用水中的添加蜂膠酒精提取物，1,875 mg / kg / 日，持續 30 天，或 2,470 mg / kg / 日，持續 60 天，試驗動物的臨床外觀、行為、利尿、體力與死亡率均無變化。研究蜂膠對人類纖維母細胞株的細胞毒性和遺傳毒性，將細胞暴露於蜂膠 4 和 24 小時，表明該蜂膠不會增加 DNA 損傷，而且細胞存活率沒有顯著差異。

表 5-2　蜂膠毒性的文獻整理

試驗	結果摘要	文獻
小鼠	• LD_{50} > 7,340 mg / kg	Arvouet-Grand et al. (1993)

（接續下表）

試驗	結果摘要	文獻
10 隻小鼠（5 公 +5 母），口服劑量 700 mg/kg，監測 48 小時	• 小鼠對蜂膠製劑的耐受性良好，沒有任何死亡	Dobrowolski et al. (1991)
大鼠 48 小時急毒性：口服蜂膠乙醇萃取物 4,500～20,000 mg / kg / day	• 48 小時急毒性：沒有任何死亡	Mohammadzadeh et al. (2007)
大鼠 45 日亞慢毒性：口服蜂膠乙醇萃取物 2,000 mg / kg / day	• 亞慢毒性：蜂膠處理組沒有出現動物行為異常與臨床毒性現象，但在血液生化指標與組織病理有部分出現顯著差異。	
5 週齡小鼠被餵食 2,230～4,000 mg / kg 的蜂膠乙醇萃取物	• 經過 2 週的連續餵食，沒有發生死亡，體重正常增長，沒有出現異狀	De Castro and Higashi (1995)
大鼠的飲水添加蜂膠乙醇萃取物 1,875 mg / kg / day 連續 30 日，或添加 2470 mg / kg / day 連續 60 日	• 臨床外觀、行為、尿液、體重、死亡率皆無異常 • 30 日的試驗沒有出現組織切片異常現象，只有 60 日的乙醇對照組有 1 隻大鼠出現輕微的肝臟病變	Kaneeda and Nishina (1993)
飲水中添加蜂膠 1 mg / mL 連續 63 日	• 沒有動物死亡，沒有出現任何不良反應	Hollands et al. (1991)
人類纖維母細胞株暴露蜂膠 4h 與 24h	• DNA 氧化傷害沒有增加 • 細胞存活率沒有顯著差異	Uğur et al. (2018)
小鼠孕期給予低劑量（380 mg / kg）或高劑量（1,400 mg / kg）的水萃或酒萃蜂膠	• 低劑量組沒有出現胎兒發育異常 • 高劑量組出現體重減輕、胎兒冠臀部減低、再吸收的次數增加 • 低劑量的印尼蜂膠對鼠胎發育是相當安全的	Fikri et al. (2019)

Fikri et al.（2019）評估印尼蜂膠對小鼠胎兒發育的影響。他們將懷孕小鼠分爲五組，包括對照組、蜂膠水萃物低劑量組（380 毫克 / 千克體重）和高劑量水萃組（1,400 毫克 / 千克體重）、蜂膠乙醇萃取物低劑量（380 毫克 / 千克體重）和高劑量乙醇萃取物（1,400 毫克 / 千克體重）。連續在妊娠期給予蜂膠 18 天後犧牲，透過檢查外部和骨骼異常來分析胎兒發育情況。結果顯示，兩個低劑量組（380 毫克 / 千克體重）均未影響胎兒發育。然而，高劑量的酒萃蜂膠顯著降低了胎兒的體重、頭臀部並增加了再吸收的數量。事實上，低劑量組（380 毫克 / 千克體重）已

經是非常高的劑量，而高劑量（1,400 毫克／千克體重）則是實務上不可能食用的劑量。從這些調查來看，可以說明蜂膠是安全的，高劑量時會出現一些中度副作用。然而需要更多的研究來確保蜂膠對人類使用的安全性。

第六節 臺灣產蜂膠的研究

臺灣約於 1990 年代開始從國外引進蜂膠產品，當時有臺灣廠商從日本引進巴西蜂膠商品，每瓶 11 mL 售價 3,000 元，這引起筆者極大的震撼，內心便萌想臺灣產蜂膠是否具有開採利用價值？如是，必能造福臺灣養蜂業與廣大消費者。筆者後來服務於國立宜蘭大學，有幸與臺大食科所周正俊教授合作，展開臺灣蜂膠抗菌與清除自由基的研究，發現臺灣蜂膠具有優異的清除自由基活性（Lu et al., 2003），而且對革蘭氏陽性菌的抗菌與殺菌效果極佳（Lu et al., 2005; Yang et al., 2007），其效果遠優於常見的巴西蜂膠與楊樹蜂膠達 10 倍以上。這使得本人對臺灣產蜂膠開採利用價值的信心大增，也認爲臺灣產蜂膠的組成分必然異於巴西蜂膠與楊樹蜂膠。後來，又因緣際會與陳嘉南博士合作，研究臺灣產蜂膠的分類與組成分、膠源植物、抗癌活性等。發現臺灣產蜂膠主要分爲 3 種類別，其中產於夏季（5～7 月）的蜂膠塊呈現翠綠色，具有最佳的生物活性（Chen et al., 2008），稱之臺灣綠蜂膠（Taiwan green propolis, TGP），藉以區別另外兩型（墨綠型、棕黑型）於臺灣秋季產的蜂膠類別（圖 5-4）。

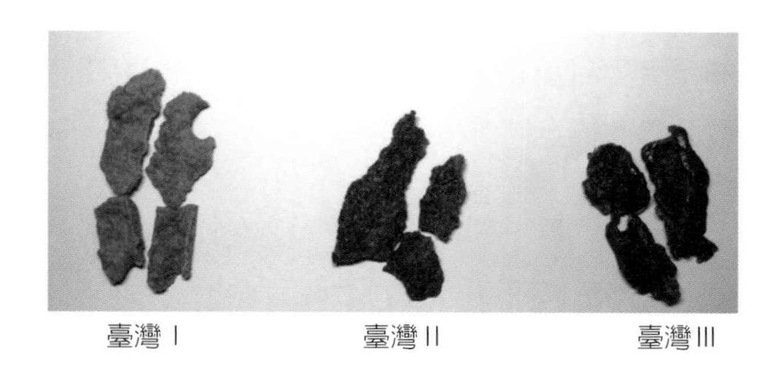

圖 5-4 臺灣產 3 種類型的蜂膠，臺灣 I 呈現翠綠色，稱為臺灣綠蜂膠

臺灣綠蜂膠的樹脂含量高達 70.5±7.3%，而提供對照的中國蜂膠爲 58.3%，巴西蜂膠則爲 52.2%。Moreno et al.（1999）同樣以 80% 乙醇萃取 4 個阿根廷蜂膠樣品，其樹膠含量爲 51.6～65.0%；Moreno et al.（2000）進一步分析 11 個阿根廷蜂膠樣品，並將其區分爲 5 種類別，其中樹膠含量最高的類別爲 52～65%，最低者僅含 31%。足見臺灣綠蜂膠的高樹脂含量爲其特色之一。

臺灣綠蜂膠的抗菌與清除自由基的生物活性非常優異，其中尤以抗菌能力的表現最突出，遠優於巴西與中國蜂膠。Menezes et al.（1997）曾分析 12 個巴西蜂膠樣品對 3 種細菌的抑菌濃度，其中對金黃色葡萄球菌（*S. aureus*）的抑菌濃度爲 80～600 μg / mL，而臺灣綠蜂膠僅 10～40 μg / mL；巴西蜂膠對仙人掌桿菌（*B. cereus*）爲 30～200 μg / mL，而臺灣綠蜂膠僅 2.5～10 μg / mL；巴西蜂膠對枯草桿菌（*B. subtilis*）爲 5～500 μg / mL，而臺灣綠蜂膠僅 2.5～5 μg / mL；兩者抑菌力的強弱差異，可見一斑。而且，臺灣綠蜂膠對熱非常穩定，以 100℃ 處理 1 小時也不影響其抗菌力（Lu et al., 2002）。近來，我們也發現臺灣綠蜂膠對抗藥性金黃色葡萄球菌（MRSA）具有極佳的抗菌與殺菌活性（Chen et al., 2018），其最低抑菌濃度（MIC）< 2 μg / mL，最低殺菌濃度（MBC）僅 4 μg / mL。在清除自由基的能力方面，臺灣綠蜂膠乙醇萃取物對 DPPH 自由基的清除力極佳，於 20 μg / mL 濃度的清除率即達 66.36～76.61%，遠高於巴西蜂膠的 43.3%，也優於阿根廷蜂膠（50.0～67.5%; Moreno et al., 2000）；如果換算蜂膠原塊樹脂萃取率的倍率，則更能突顯臺灣綠蜂膠優異的自由基清除力。

以上的研究結果顯示，臺灣綠蜂膠極具生產利用價值，它的樹脂含量很高，而且抗菌與清除自由基的活性皆優於國內市場常見的巴西與楊樹蜂膠。這些訊息已充分傳達給民眾與養蜂業者，目前臺灣蜂農已積極採收臺灣蜂膠，而且市面上也已出現以臺灣蜂膠爲原料的蜂膠商品。

第七節　臺灣綠蜂膠（TGP）的特性與優勢

臺灣綠蜂膠歸類爲太平洋蜂膠，由於膠源植物源自一種強勢的先驅喬木──

血桐（*Macaranga tanarius*），又稱之 *Macaranga* type propolis。血桐遍布於太平洋島嶼，因此，這些地區都可能是潛在的產區。目前研究顯示，日本沖繩的蜜蜂亦採集血桐之果實外皮分泌物當蜂膠原料，稱爲沖繩蜂膠（Okinawan propolis）（Kumazawa et al., 2004）。南太平洋所羅門群島蜜蜂，亦採集血桐果實外皮的分泌物爲索羅門蜂膠原料（Raghukumar et al., 2010）。事實上，血桐廣泛分布於太平洋島嶼地區，這也是爲何將之稱爲「太平洋類型蜂膠」的緣由。因此，未來臺灣綠蜂膠如果產能不足時，可以從這些地區收購原料，於臺灣加工爲高附加價值的產品，行銷全世界。

臺灣全島遍布血桐，臺灣綠蜂膠主要是西洋蜂採集血桐果實外皮之分泌物（圖 5-5）而得（Chien et al., 2022），產期在 5～7 月，這時期正好是血桐的結果期，蜂農在全臺低海拔地區都可採收臺灣綠蜂膠。目前，只有部分的蜂農採收臺灣綠蜂膠，主要是原料收購價格仍不高，而這個季節蜂農忙於採蜜，無暇採收蜂膠，非常可惜。

圖 5-5　血桐在臺灣低拔地區隨處可見，果實表皮的淺綠色黏狀物質即為臺灣綠蜂膠的原料

臺灣綠蜂膠的特性與優勢如下：

一、臺灣綠蜂膠富含高量且特殊的蜂膠素

根據宜蘭大學團隊的研究，利用乙醇萃取臺灣綠蜂膠的產率高達 70%，而巴西蜂膠與楊樹蜂膠僅約 50%（Chen et al., 2008）。更重要的是，臺灣綠蜂膠的乙醇

萃取物中，高達 95% 皆爲蜂膠素（propolins）。蜂膠素爲太平洋蜂膠獨有的成分，目前共發現有 10 種蜂膠素（propolin A-J，圖 5-6），其中尤以 Propolin C、D、F、G 和 H 爲主要成分，這 5 種蜂膠素含量可達萃取物 80%。目前研究發現的生物活性，也是以這 5 種蜂膠素爲主。

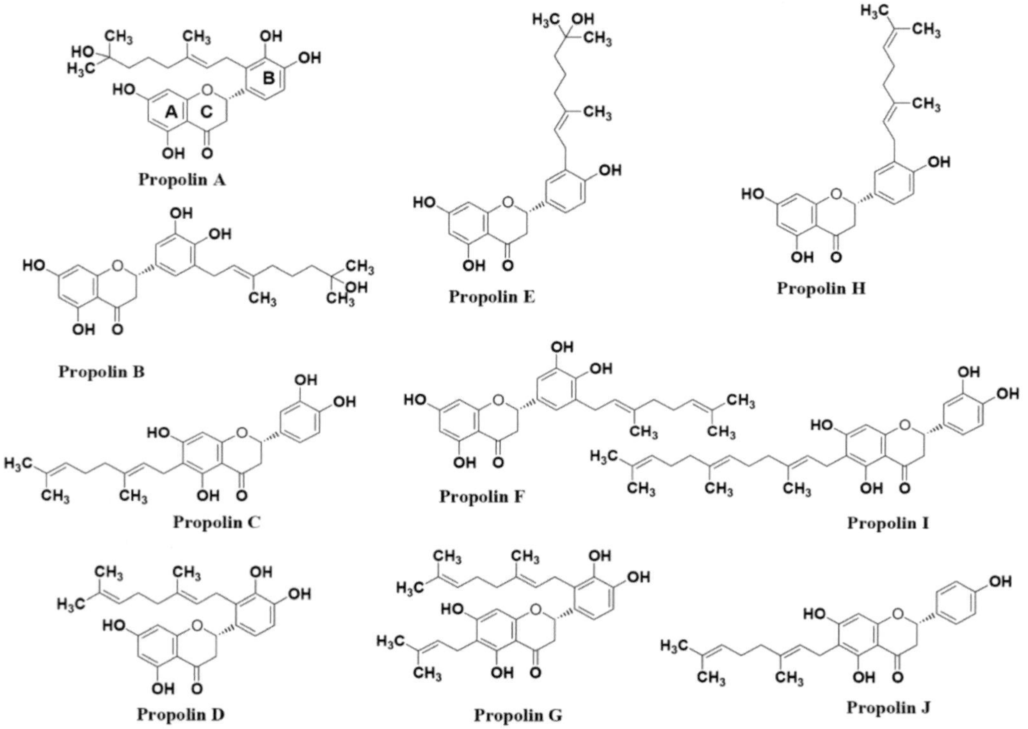

Propolin A
Propolin E
Propolin H
Propolin B
Propolin C
Propolin F
Propolin I
Propolin D
Propolin G
Propolin J

圖 5-6　臺灣綠蜂膠的 10 種蜂膠素

二、臺灣綠蜂膠易於標準化與規格化

根據宜蘭大學團隊長年的研究，潔淨度良好的臺灣綠蜂膠原塊，Propolin C、D、F、G 和 H 這 5 種蜂膠素的含量加總，約占膠塊 58% 的組成分含量（Chen et al., 2020）。這在其他類型蜂膠是非常罕見的狀況。因爲大多數蜂膠的組成非常複雜，非常不易標準化與規格化。例如，常見的楊樹型蜂膠，目前已發現超過 300 種成分，而且主要成分高達 24 種（Ristivojević et al., 2015）。Caffeic acid phenethyl ester（CAPE）是楊樹型蜂膠最重要的活性成分，但含量卻不高，例如，土耳其產的楊樹蜂膠塊，CAP 含量只 144～773 ppm。巴西也是世界著名的蜂膠產區，5 diprenyl-4-hydroxycinnamic acid（artepillin C）是巴西蜂膠的指標活性成分，Matsuda and Almeida-Muradian（2008）收集 33 件巴西各地的蜂膠塊樣品，Artepillin C 的含量變異很大（0～11%），作者認為 Artepillin C 含量 5～11% 即是高品質的巴西蜂膠塊。

Chen et al.（2020）將 100 g 臺灣綠蜂膠塊以 600 mL 的 80% 乙醇萃取，萃取物再定溶至 600 mL，本萃取方法的產率高達 72.36%，殘渣只有 27.64%；萃取液含 5 種蜂膠素（C + D + F + G + H）合計達 96.7 mg / mL，換算為膠塊，高達 580 mg / g，亦即臺灣綠蜂膠塊中，5 種蜂膠素含量合計達 58%。其中以 Propolin C 含量 21.1% 最高，Propolin D 含量 12.9% 次之，Propolin G 含量 11.0%，Propolin H 含量 7.2%，Propolin F 含量 5.8%。此外，萃取物中其餘 5 種蜂膠素（propolin A、B、E、I、J）與其他未知成分，合計約 14%（72% – 58% = 14%）。

由於臺灣綠蜂膠的主成分比較單純，這使得蜂膠原料的標準化與規格化變得容易。對學術研究而言，要進一步去解析其活性成分與作用機制，也變得相對容易。例如，臺灣綠蜂膠萃取物對許多革蘭氏陽性菌具有極佳的抗菌與殺菌效果（Chen et al., 2018），蜂膠全萃取物對枯草桿菌（*Bacillus subtilis*）的 MIC 與 MBC 皆為 10 μg / mL，而個別蜂膠素以 Propolin C 的效果最佳（MIC = 2.5 μg / mL，MBC = 5 μg / mL），Propolin D 的效果次之（MIC, MBC = 5 μg / mL）；進一步探討混合 propolin C+D 的抑菌效應，發現 MIC 僅 0.625 μg / mL，MBC = 1.25 μg / mL，顯示兩者具有協力抑菌效應。

三、臺灣綠蜂膠具有優異的抗癌活性

由於臺灣綠蜂膠最具採收應用價值，因此目前皆以臺灣綠蜂膠為研究對象。臺灣綠蜂膠的組成分，與常見的巴西膠、楊樹膠的成分完全不相同，它們屬於異戊二烯類黃酮（prenylated flavanones）物質，由臺大林仁混教授命名為蜂膠素

（propolins），並依化學結構式建立的先後，依序命名爲 Propolin A-J。蜂膠素具有優異的抗癌活性，尤其是 Propolin C 的效果最佳，這也是臺灣綠蜂膠含量最高的成分（21.1%）。表 5-3 比較 Propolin C 與 CAPE（楊樹蜂膠的活性指標成分）對不同癌細胞株的細胞毒性（Chen et al., 2004），可以清楚地發現 Propolin C 對皮膚癌細胞 A2058、B16F10，還有乳癌細胞 MCF-7，具有優異的細胞毒性，可引起癌細胞的凋亡（apoptosis），而 CAPE 的效果則不佳。後來，又發現 Propolin G 對腦癌細胞也具有細胞凋亡的抗癌效果（Huang et al., 2007），也發現 Propolin H 對肺癌細胞具有抗癌效果（Weng et al., 2007）。近來，Propolin C 被證實可以抑制肺癌細胞 A549 的轉移與入侵（Pai et al., 2018）。

表 5-3　蜂膠素 C與 CAPE 對不同人類與老鼠癌細胞株的細胞毒性（Chen et al., 2004）

癌細胞株	蜂膠素 C 濃度（μM）					CAPE 濃度（μM）			
	0	2.35	7.05	11.75	16.35	2.35	7.05	11.75	16.35
	細胞存活率（%）					細胞存活率（%）			
鼠皮膚癌 A2058	100	85±5	62±4	18±2	4±0.5	98±6	95±5	92±4	82±4.5
人類皮膚癌 B16F10	100	98±6	49±3	12±2	2±0.5	99±7	75±3.5	60±3	42±2.5
肝癌 Hep.G2	100	99±6	95±4	92±3	85±4	98±3	94±3.5	92±5	91±5
惡性肝癌 Hep.3B	100	98±3	80±4	57±3	6±0.5	97±3	95±6	92±4	85±3
乳癌 MCF-7	100	95±2	35±3	6±2	1±0.2	97±3	96±2.5	90±4	82±3
大腸癌 HT-29	100	95±4	82±3	71±4	53±2	97±3.5	95±4	92±4	90±3

四、臺灣綠蜂膠其他重要的生物活性

如前所述，由於臺灣綠蜂膠的膠源植物與常見的楊樹膠、巴西蜂膠完全不相同，因此它們的化學組成完全不相同，生物與藥理活性也有顯著差異；TGP 含有高濃度的特殊蜂膠素，這使得 TGP 對革蘭氏陽性菌具有極佳的抑菌與殺菌力，尤其是蜂膠素 C 的抗菌活性最佳。此外，蜂膠素 C 的抗癌活性也最佳，具有開發爲抗癌藥物的潛力。而且，蜂膠素 C 也具有最佳的抗氧化活性（Chien et al., 2022），最難得的是，TGP 的蜂膠素 C 含量高達 21.1%，這使得 TGP 的乙醇萃取物無須經過分離純化即具有極佳的生物活性，這個特性也是現有常見蜂膠所罕有的特性。茲將臺灣綠蜂膠其他重要的生物活性彙整如下：

(一) TGP 藉由抑制 NLRP3 發炎體來緩解痛風發炎反應（Hsieh et al., 2019）

發炎反應是身體對抗外來病原菌感染的重要防禦機制，然而過度及長時間的發炎反應卻像體內一把不斷燃燒的火燄，無時無刻傷害我們的身體，容易引發許多常見的疾病，例如代謝症候群及神經退化性疾病等。因此，如何有效降低體內慢性發炎是預防與改善發炎相關疾病的重要策略。NLRP3 inflammasome（NLRP3 發炎體）是發炎反應中重要的作用機制，體內特定的危險因子，例如膽固醇、脂肪酸、尿酸以及空氣汙染的 PM2.5 都能引起 NLRP3 發炎體活化。NLRP3 發炎體過度活化會促進心血管疾病、第 2 型糖尿病、癌症、腎臟病、神經退化性疾病等發炎相關疾病的產生，因此了解 NLRP3 發炎體活化機轉及開發 NLRP3 發炎體抑制劑是目前新藥研發的重要策略之一。臺灣綠蜂膠（TGP）酒精萃取物已證實可以有效抑制 NLRP3 發炎體，TGP 可減少 NF-κB 活化和活性氧（ROS）來抑制發炎體訊號 proIL-1β 的表達。此外，TGP 還透過減少線粒體損傷、ROS 產生、溶酶體破裂，c-Jun N- 末端激酶 1/2 磷酸化和細胞凋亡相關的斑點樣蛋白寡聚化來抑制啟動信號。此外，TGP 也透過自噬誘導來抑制 NLRP3 發炎體。在利用尿酸晶體誘導小鼠腹膜炎的動物模式中，TGP 減緩了腹膜的中性粒細胞聚集，以及 IL-1β、caspase-1、IL-6 和單核細胞化學引誘蛋白 -1 的水準。本研究結果表明，TGP 可能有助於透過抑制 NLRP3 發炎體來改善痛風炎症。

(二) TGP 藉由抑制 NLRP3 發炎體訊號路徑，對高糖誘導人牙齦纖維細胞的炎症產生保護效果（Tien Vo et al., 2021）

本研究以人牙齦纖維細胞（HGFs）作爲試驗對象，於培養液添加 25 mM 濃度葡萄糖來誘導細胞的炎症反應，處理組則於培養液添加 5 μg / mL 臺灣綠蜂膠萃取物。結果顯示，TGP 可以抑制 NLRP3 發炎體的生成，對牙齦纖維細胞的高糖誘導產生保護作用。NLRP3 發炎體與糖尿病和牙周炎的進展有關，TGP 可以藉由抑制 NLRP3 發炎體的訊號通路，對高葡萄糖誘導的炎症反應產生抑制作用。臺灣綠蜂膠可透過 TLR2/TLR4 聯合 ROS/NF-κB/NLRP3 發炎體途徑對高糖暴露牙齦細胞中的 IL-1β- 驅動炎症產生保護作用。

(三) 臺灣綠蜂膠乙醇提取物促進脂肪細胞分化，緩解 TNF-α 介導的脂聯素表達下調現象（Chen et al., 2020）

本研究探討臺灣綠蜂膠（TGP）乙醇萃取物對脂肪細胞分化和脂肪分解的影響。5 μg / mL 濃度的 TGP 萃取物顯著增強了小鼠間質幹細胞向脂肪細胞的分化，並伴隨著細胞內三酸甘油酯（TG）含量和脂聯素（adiponectin）的增加。TGP 乙醇萃取物顯著提高了賀爾蒙誘導脂肪生成後小鼠間質幹細胞中脂肪轉錄相關基因的表達。TGP 乙醇萃取物可緩解腫瘤壞死因子 -α（TNF-α）介導的脂聯素基因表達和分泌抑製作用。這些結果顯示，TGP 乙醇萃取物可增強脂肪細胞分化，能夠逆轉 TNF-α 對脂肪細胞分化和脂聯素表達的抑製作用。

(四) 臺灣綠蜂膠可減緩馬兜鈴酸衍生的腎臟病變（Chang et al., 2020）

馬兜鈴酸會損害腎小管間質，最終導致深度腎小管間質纖維化（TIF）、晚期慢性腎臟病和致命性尿路上皮癌。動物試驗顯示，臺灣綠蜂膠破壞了 TIF 中的 Smad / 非 Smad 信號傳導，從而促進了尿毒症毒素的腎臟排泄，表明臺灣綠蜂膠可能開發爲一種新的潛在藥物來治療晚期慢性腎臟病。

(五) 臺灣綠蜂膠與 propolin G 具有保肝作用（Su et al., 2014）

動物試驗顯示，TGP 與蜂膠素 G 可以減少血漿丙氨酸氨基轉移酶（ALT）的活化，可能因此預防酒精誘導的肝硬化。此外，TGP 可以顯著降低丙二醛（MDA）水準，但對血漿或肝臟超氧化物歧化酶（SOD）和穀胱甘肽過氧化物酶（GPx）水平沒有影響，這表明 TGP 透過抗氧化劑非依賴性途徑保護肝臟免受酒精誘導的損傷。

(六) 臺灣綠蜂膠乙醇萃取物對肉雞的免疫調節作用（Hsiao et al., 2022）

肉雞飲用水中添加 TGP 可降低促炎基因表達並增加抗炎基因表達。TGP 可用作疫苗佐劑和免疫調節劑，以提高肉雞的免疫反應。

(七) 臺灣綠蜂膠藉由重塑白色脂肪組織和調節飲食誘導的肥胖小鼠的腸道微生物群來改善代謝症候群（Chien et al., 2023）

這項研究探討 TGP 對高脂飲食（HFD）引起的肥胖症之預防作用。補充 1,000 ppm 的 TGP 可改善小鼠的高脂血症、脂肪堆積、肝脂肪變性和棕色脂肪組織（BAT）變白等狀況。補充 500 ppm 的 TGP 可促進白色脂肪組織（WAT）的褐變和脂肪生成，阻斷炎症信號並減弱活性氧，有助於健康的 WAT 重塑並抵消肥胖帶來的負面代謝影響。TGP 調節了 BAT、WAT 和腸道微生物群的功能，使體內葡萄糖和脂質穩態達到平衡。

結語

蜂膠可以說是諸多蜂產品中最具多元的生物藥理活性者，蜂膠優異的抗菌、抗氧化與清除自由基、抗癌、抗發炎、免疫調節、保肝、抗糖尿病等諸多的生物藥理活性，每一項都與現代人面臨的健康議題相關，這也使得蜂膠成爲全球關注的天然機能性食品。尤其，臺灣綠蜂膠的成分非常特別，含有非常高量的蜂膠素，具有優異的生物活性，然而，相較於常見的楊樹蜂膠、巴西蜂膠，臺灣綠蜂膠的研究仍相對不足，值得進一步研究與開發。

引用文獻

葉琇如、陳嘉南、黃中洋、陳裕文。2010。蜜蜂於夏季採集臺灣綠蜂膠與蜂花粉的時間分布。臺灣昆蟲 30: 317-324。

Akhavan-Karbassi, M. H., M. F. Yazdi, H. Ahadian, M. J. Sadr-Abad. 2016. Randomized double-blind placebo-controlled trial of propolis for oral mucositis in patients receiving chemotherapy for head and neck cancer. Asian Pac. J. Cancer Prev. 17: 3611-3614.

Amoros, M., F. Sauvager, L. Girre, and M. Cormier. 1992. In vitro antiviral activity of propolis. Apidologie 23: 231-240.

Anjum, S. I., A. Ullah, K. A. Khan, M. Attaullah, H. Khan, H. Ali, M. A. Bashir, M. Tahir, M. J. Ansari, H. A. Ghramh, N. Adgaba, and C. K. Dash. 2019. Composition and functional properties of propolis (bee glue): A review. Saudi J Biol Sci. 26: 1695-1703.

Arvouet-Grand, A., B. Lejeune, P. Bastide, A. Pourrat, A. M. Privat, P. Legret. 1993. Propolis extract. I. Acute toxicity and determination of acute primary cutaneous irritation index. Journal de Pharmacie de Belgique 48(3): 165-170.

Bankova, V. 2005. Recent trends and important developments in propolis research. Evidence-based complementary and alternative medicine 2: 29-32.

Banskota, A. H., Y. Tezuka, S. Kadota. 2001. Recent progress in pharmacological research of propolis. Phytotherapy Research 15: 561-571.

Belmehdi, O., N. El Menyiy, A. Bouyahya, A. El Baaboua, N. El Omari, M. Gallo, D. Montesano, D. Naviglio, G. Zengin, N. S. Senhaji, B. H. Goh, & J. Abrini. 2022. Recent advances in the chemical composition and biological activities of propolis. Food Reviews International, DOI: 10.1080/87559129.2022.2089164

Burdock, G. A. 1998. Review of the biological properties and toxicity of bee propolis (propolis). Food and Chemical Toxicology 36: 347-363.

Chang, J. F., C. Y. Hsieh, K. C. Lu, Y. W. Chen, S. S. Liang, C. C. Lin, C. F. Hung, J. C. Liou, M. S. Wu. 2020. Therapeutic targeting of aristolochic acid induced uremic toxin retention, SMAD 2/3 and JNK/ERK pathways in tubulointerstitial fibrosis: nephroprotective role of propolis in chronic kidney disease. Toxins 2020, 12, 364; doi: 10.3390/toxins12060364

Chen, C. N., C. L. Wu, H. S. Shy, and J. K. Lin. 2003. Cytotoxic prenylflavanones from Taiwanese propolis. J. Nat. Prod. 66: 503-506.

Chen, C. N., M. S. Weng, C. L. Wu, and J. K. Lin. 2004. Comparison of radical scavenging activity, cytotoxic effects and apoptosis induction in human melanoma cells by Taiwanese propolis from different sources. Evid. Based Complement. Alternat. Med. 1: 175-185.

Chen, C. N., C. L. Wu, and J. K. Lin. 2004. Propolin C from propolis induces apoptosis through activating caspases, Bid and cytochrome c release in human melanoma cells. Biochem.

Pharmacol. 67: 53-66.

Chen, C. N., C. L. Wu, and J. K. Lin, 2007. Apoptosis of human melanoma cells induced by the novel compounds propolin A and propolin B from Taiwanese propolis. Cancer Lett. 245: 218-231.

Chen, L. H., Y. W. Chien, M. L. Chang, C. C. Hou, C.-H. Chan, H. W. Tang, H. Y. Huang. 2018. Taiwanese green propolis ethanol extract delays the progression of type 2 diabetes mellitus in rats treated with streptozotocin/high-fat diet. Nutrients 2018, 10, 503.

Chen, Y. W., S. W. Wu, K. K. Ho, S. B. Lin, C. Y. Huang, and C. N. Chen. 2008. Characterization of Taiwanese propolis collected from different seasons and locations. J. Sci. Food Agric. 88, 412-419.

Chen, Y. W., S. R. Ye, C. Ting, and Y. H. Yu. 2018. Antibacterial activity of propolins from Taiwanese green propolis. J. Food Drug Anal. 26: 761-768.

Chen, C. T., Y. H. Chien, Y. H. Yu, and Y. W. Chen. 2019. Extraction and analysis of Taiwanese green propolis. Journal of Visualized Experiments. J. Vis. Exp. (143), e58743, doi: 10.3791/58743 (2019)

Chen, Y. W., Y. H. Chien, and Y. H. Yu. 2020. Taiwanese green propolis ethanol extract promotes adipocyte differentiation and alleviates TNF-α-mediated downregulation of adiponectin expression. Journal of Functional Foods 73 (2020) 104135.

Chien, Y. H., Y. H. Yu, S. R. Ye, Y. W. Chen. 2022. Antibacterial and antioxidant activity of the fruit of *Macaranga tanarius*, the plant origin of Taiwanese Green Propolis. Antioxidants 2022, 11, 1242.

Chien, Y. H., Y. H. Yu, Y. W. Chen. 2023. Taiwanese green propolis ameliorates metabolic syndrome via remodeling of white adipose tissue and modulation of gut microbiota in diet-induced obese mice. Biomedicine & Pharmacotherapy 160, 2023,114386.

Chiu, H. F., Y. C. Han, Y. C. Shen, O. Golovinskaia, K. Venkatakrishnan, C. K. Wang. 2020. Chemopreventive and chemotherapeutic effect of propolis and its constituents: a mini-review. J. Cancer Prev. 25(2): 70-78.

Darvishi, N., V. Yousefinejad, M. E. Akbari, M. Abdi, N. Moradi, S. Darvishi, Y. Mehrabi, E. Ghaderi, Y. Jamshidi-Naaeini, B. Ghaderi, et al. 2020. Antioxidant and anti-inflammatory effects of oral propolis in patients with breast cancer treated with chemotherapy: A Randomized controlled trial. J. Herb. Med. 23: 100385.

De Castro, S. L., K. O. Higashi. 1995. Effect of different formulations of propolis on mice infected with *Trypanosoma cruzi*. J. Ethnopharmacol. 46: 55-58.

Dezmirean, D. S., C. Pa ca, A. R. Moise, and O. Bobi . 2021. Plant sources responsible for the chemical composition and main bioactive properties of poplar-type propolis. Plants 10, 22. https: //doi.org/10.3390/plants10010022

Dimov, V., N. Ivanovska, N. Manolova, V. Bankova, N. Nikolov, S. Popov. 1991. Immunomodulatory action of propolis. Influence on anti-infectious protection and macrophage function. Apidologie 22: 155-162.

Diniz, D. P., D. A. Lorencini, A. A. Berretta, M. A. C. T. Cintra, E. N. Lia, A. A. Jordão, E. B. Coelho, K. R. Faurot. 2020. Antioxidant effect of standardized extract of propolis (EPP-AF®) in healthy volunteers: A "before and after" clinical study. Evid. Based Complement. Altern. Med. 2020, 1-9.

Dobrowolski, J. W., S. B. Vohora, K. Sharma, S. A. Shah, S. A. H. Naqvi, P. C. Dandiya. 1991. Antibacterial, antifungal, antiamoebic, antiinflammatory and antipyretic studies on propolis bee products. J. Ethnopharmacol. 35: 77-82.

Ebeid, S.A., N. A. Abd El Moneim, S. A. El-Benhawy, N. G. Hussain, M. I. Hussain. 2016. Assessment of the radioprotective effect of propolis in breast cancer patients undergoing radiotherapy. New perspective for an old honey bee product. J. Radiat. Res. Appl. Sci. 9: 431-440.

Falcão, S. I., R. C. Calhelha, S. Touzani, B. Lyoussi, I. C. F. R. Ferreira, M. Vilas-Boas. 2019. *In Vitro* interactions of Moroccan propolis phytochemical's on human tumor cell lines and anti-inflammatory properties. Biomolecules 2019, 9, 315.

Fikri, A. M., A. Sulaeman, E. Handharyani, S. A. Marliyati, M. Fahrudin. 2019. The effect of propolis administration on fetal development. Heliyon 5(10), e02672.

Forma, E., M. Bry . 2021. Anticancer activity of propolis and its compounds. Nutrients. 2021; 13(8): 2594.

Ghisalberti, E. L. 1979. Propolis: A Review. Bee World 60: 59-84.

Harish, Z., A. Rubinstein, M. Golodner, M. Elmaliah, Y. Mizrachi. 1997. Suppression of HIV-1 replication by propolis and its immunoregulatory effect. Drugs under Experimental and Clinical Research 23: 89-96.

Hegazi, A. G., F. El Berdiny, S. El Assily, E. Khashabah, N. Hassan, S. Popov. 1994. Studies on some aspects of antiviral activity. 1-influence of propolis on Newcastle disease virus. Qatar University Science Journal 14: 18-20.

Hoderna, E., and B. Kedzia. 1987. Investigation upon the combined action of propolis and antimycotic drugs on *Candida albicans*. Herba Pol. 33: 145-151.

Hollands, I., A. Vidal, B. Gra, M. Sotolongo. 1991. Evaluation of the subchronic toxicity of Cuban propolis. Rev. Cubana Cienc. Vet. 22: 91-100.

Hsiao, F. S. H., C. A. Artdita, K. F. Hua, C. J. Tsai, Y. H. Chien, Y. W. Chen, Y. H. Cheng, Y. H. Yu. 2022. Optimization of emulsification conditions on ethanol extract of Taiwanese green propolis using polysorbate and its immunomodulatory effects in broilers. Animals 2022, 12, 446.

Hsieh, C. Y., L. H. Li, Y. K. Rao, T. C. Ju, Y. S. Nai, Y. W. Chen, K. F. Hua. 2019. Mechanistic insight into the attenuation of gouty inflammation by Taiwanese green propolis via inhibition of the NLRP3 inflammasome. J. Cellular Physiol. 234: 4081-4094.

Huang, W. J., C. H. Huang, C. L. Wu, J. K. Lin, Y. W. Chen, C. L. Lin, S. E. Chuang, C. Y. Huang, and C. N. Chen. 2007. Propolin G, a prenylflavanone, isolated from Taiwanese propolis, induces caspase-dependent apoptosis in brain cancer cells. J. Agric. Food. Chem. 55, 7366-7376.

Jasprica, I., A. Mornar, Ž. Debeljak, A. Smolčić-Bubalo, M. Medić-Šarić, L. Mayer, Ž. Romić, K. Bućan, T. Balog, S. Sobočanec, et al. 2007. *In vivo* study of propolis supplementation effects on antioxidative status and red blood cells. J. Ethnopharmacol. 110: 548-554.

Kaneeda, J., T. Nishina. 1994. Safety of propolis: Acute toxicity. Honey Bee Sci. 15: 29-33.

Kujumgiev, A., I. Tsvetkova, Y. Serkedjieva, V. Bankova, R. Christov, S. Popov. Antibacterial, antifungal and antiviral activity of propolis of different geographic origin. J. Ethnopharmacol. 64: 235-40.

Kumazawa, S., H. Goto, T. Hamasaka, S. Fukumoto, T. Fujimoto, and T. A. Nakayama. 2004. A new prenylated flavonoid from propolis collected in Okinawa, Japan. Biosci., Biotechnol. Biochem. 68: 260-262.

Kumazawa, S., R. Ueda, T. Hamasaka, S. Fukumoto, T. Fujimoto, and T. Nakayama. 2007. Antioxidant prenylated flavonoids from propolis collected in Okinawa, Japan. J. Agric. Food Chem. 55: 7722-7725.

Kuo, C. C., R. H. Wang, H. H. Wang, C. H. Li. 2018. Meta-analysis of randomized controlled trials of the efficacy of propolis mouthwash in cancer therapy-induced oral mucositis. Support. Care Cancer. 26: 4001-4009.

Lu, L. C., Y. W. Chen, and C. C. Chou. 2003. Antibacterial and DPPH free radical-scavenging activities of ethanol extract of propolis collected in Taiwan. J. of Food and Drug Analysis 11: 277-282.

Lu, L. C., Y. W. Chen, and C. C. Chou. 2005. Antibacterial activity of propolis against Staphylococcus aureus. International J. of Food Microbio. 102: 213-220.

Marcucci, M. C. 1995. Propolis: chemical composition, biological properties and therapeutic activity. Apidologie 26: 83-99.

Matsuda, A. H., and L. B. de Almeida-Muradian. 2008. Validated method for the quantification of artepillin-C in Brazilian propolis. Phytochemical Analysis: An International Journal of Plant Chemical and Biochemical Techniques 19: 179-183.

Menezes, H., Bacci Jr, M., Oliveira, S. D., & Pagnocca, F. C. 1997. Antibacterial properties of propolis and products containing propolis from Brazil. Apidologie 28: 71-76.

Millet-Clerc, J., D. Michel, J. Smeray, and J.P.Chaumont, (1987) Preliminary Study of the Antifungal Properties of Propolis Compared with Some Commercial Products. Plantes Me'dicinales et Phytothe'rapie, 21, 3-7.

Mohammadzadeh, S., M. Shariatpanahi, M. Hamedi, R. Ahmadkhaniha, N. Samadi, S. N. Ostad. 2007. Chemical composition, oral toxicity and antimicrobial activity of Iranian propolis. Food

Chemistry 103: 1097-1103.

Moreno, M. I. N., M. I. Isla, N. G. Cudmani, M. A. Vattuone, A. R. Sampietro. 1999. Screening of antibacterial activity of Amaicha del Valle (Tucumán, Argentina) propolis. Journal of Ethnopharmacology 68: 97-102.

Moreno, M. I. N., M. I. Isla, A. R. Sampietro, M. A. Vattuone. 2000. Comparison of the free radical-scavenging activity of propolis from several regions of Argentina. Journal of Ethnopharmacology 71: 109-114.

Motawi, T. K., S. A. Abdelazim, H. A. Darwish, E. M. Elbaz, S. A. Shouman. 2016. Modulation of tamoxifen cytotoxicity by caffeic acid phenethyl ester in MCF-7 breast cancer cells. Oxid. Med. Cell Longev. 2016: 3017108.

Orsatti, C. L., F. Missima, A. C. Pagliarone, T. F. Bachiega, M. C. Búfalo, J. P. Araújo, Sforcin, J. M. 2010. Propolis immunomodulatory action *in vivo* on toll-like receptors 2 and 4 expression and on pro-inflammatory cytokines production in mice: Propolis action on toll-like receptors and cytokines. Phytother. Res. 24: 1141-1146.

Ota, C., C. Unterkircher, V. Fantinato, M. T. Shimizu. 2002. Antifungal activity of propolis on different species of *Candida*. Mycoses 44: 375-378.

Pai, J. T., Y. C. Lee, S. Y. Chen, Y. L. Leu, M. S. Weng. 2018. Propolin C inhibited migration and invasion via suppression of EGFR-mediated epithelial-to-mesenchymal transition in human lung cancer cells. Evid. Based Complement Alternat. Med. 2018, 7202548.

Piredda, M., G. Facchinetti, V. Biagiol, D. Giannarelli, G. Armento, G. Tonini, M.G. De Marinis. 2017. Propolis in the prevention of oral mucositis in breast cancer patients receiving adjuvant chemotherapy: A pilot randomised controlled trial. Cancer Care 26(6), e12757.

Przybyłek, I., T. M. Karpiński. 2019. Antibacterial properties of propolis. Molecules. 2019; 24(11): 2047.

Raghukumar, R., L. Vali, D. Watson, J. Fearnley, and V. Seidel. 2010. Antimethicillin-resistant Staphylococcus aureus (MRSA) activity of 'pacific propolis' and isolated prenylflavanones. Phytother Res. 24: 1181-1187.

Ripari, N., A. A. Sartori, M. S. Honorio, F. L. Conte, K. I. Tasca, K. B. Santiago, and J. M. Sforcin. 2021. Propolis antiviral and immunomodulatory activity: a review and perspectives for COVID-19 treatment. Journal of Pharmacy and Pharmacology 73: 281-299.

Ristivojević, P., J. Trifković, F. Andrić, and D. Milojković-Opsenica. 2015. Poplar-type propolis: chemical composition, botanical origin and biological activity. Natural product communications 10, 11 (2015): 1934578X1501001117.

Sameni, H. R., S. Yosefi, M. Alipour, A. Pakdel, N. Torabizadeh, V. Semnani, A. R. Bandegi. 2021. Co-administration of 5FU and propolis on AOM/DSS induced colorectal cancer in BALB-c mice. Life Sci. 276: 119390.

Sampietro, D. A., M. M. S. Vattuone, M. A. Vattuone. 2016. Immunomodulatory activity of *Apis mellifera* propolis from the North of Argentina. Lwt. 70: 9-15.

Serkedjieva, J., N. Manolova, V. Bankova, et al. 1992. Anti-influenza virus effect of some propolis constituents and their analogues (esters of substituted cinnamic acids). J. Nat. Prod. 55(3): 294-7.

Sforcin, J. M., and V. Bankova. 2011. Propolis: is there a potential for the development of new drugs? J Ethnopharmacol. 133: 253-60.

Shimizu, T., A. Hino, A. Tsutsumi, et al. 2008. Anti-influenza virus activity of propolis in vitro and its efficacy against influenza infection in mice. Antivir. Chem. Chemother. 19(1): 7-13.

Su, K. Y., C. Y. Hsieh, Y. W. Chen, C. T. Chuang, C. T. Chen, Y. L. Chen. 2014. Taiwanese Green Propolis and Propolin G protect liver from the pathogenesis of fibrosis via eliminating TGF-β induced Smad2/3 phosphorylation. J. Agric. Food Chem. 62: 3192-3201.

Tao, Y., D. Wang, Y. Hu, Y. Huang, Y. Yu, D. Wang. 2014.The immunological enhancement activity of propolis flavonoids liposome *in Vitro* and *in Vivo*. Evid. Based Complement. Altern. Med. 2014, 1-8. DOI: 10.1155/2014/483513.

Tatefuji, T., N. Izumi, T. Ohta, S. Arai, M. Ikeda, M. Kurimotoet. 1996. Isolation and identification of compounds from Brazilian propolis which enhance macrophage spreading and mobility. Biol. Pharm. Bull. 19: 966-970.

Teixeira, E. W., G. Negri, R. M. Meira, D. Message, and A. Salatino. 2005. Plant Origin of Green Propolis: Bee Behavior, Plant Anatomy and Chemistry. Evid Based Complement Alternat Med. 2: 85-92.

Tien Vo, T. T., C. W. Lee, Y. C. Chiang, Y. W. Chen, Y. H. Yu, V. P. Tuan, C. Z. Wu, I. T. Lee. 2021. Protective mechanisms of Taiwanese green propolis toward high glucose-induced inflammation via NLRP3 inflammasome signaling pathway in human gingival fibroblasts. Journal of Periodontal Research 56(4): 804-818.

Uğur Aydin, Z., K. E. Akpinar, C. Hepokur, D. Erdönmez. 2018. Assessment of toxicity and oxidative DNA damage of sodium hypochlorite, chitosan and propolis on fibroblast cells. Braz. Oral Res. 32, DOI: 10.1590/1807-3107bor-2018.vol32.0119.

Yang, H. Y., C. M. Chang, Y. W. Chen, and C. C. Chou. 2006. Inhibitory effect of propolis extract on the growth of Listeria monocytogenes and the mutagenicity of 4-nitroquinoline-N-oxide. J. Sci. Food Agric. 86: 937-943.

Weng, M. S, C. H. Liao, C. N. Chen, C. L. Wu, and J. K. Lin, 2007. Propolin H from Taiwanese propolis induces G1 arrest in human lung carcinoma cells. J. Agric. Food. Chem. 55: 5289-5298.

筆記欄

CHAPTER 6

其他蜂產品

蜜蜂的產品，除了蜂蜜、蜂王乳、蜂花粉、蜂膠之外，其他蜂產品有蜂蠟、蜂毒、蜜蜂幼蟲、蜂蜜酒等。隨著社會變遷及新農業創新，養蜂事業的經營策略有必要重新調整。政府相關單位，對於新的蜂產品有必要投入經費及人力積極開發，並輔導蜂農生產及利用。本章則介紹蜂蠟、蜂毒、蜜蜂幼蟲及蜂蜜酒等。

第一節 蜂蠟

蜂蠟是人類最早利用的蠟質，歷史記載可溯源 3,000 至 5,000 年前，世界各古老國家都有史實發現。古人用來製造蠟燭、助燃及照明或蠟染織物等。

一、蜂蠟的來源

蜂蠟（beeswax）是工蜂腹部腹面 4 對蠟腺分泌的蠟質，工蜂泌蜂蠟的平均日齡是 14 天，範圍在 9～17 天。蠟腺外方的透明幾丁質板是蠟鏡，泌蠟時先把液態的蠟放到蠟鏡上，與空氣接觸後硬化成鱗片狀的蠟片，稱爲蠟鱗（wax scale）。剛分泌的蜂蠟是純白色，新製造的六角形巢房顏色也接近白色，巢房用來產卵、培育幼蟲、貯蜜、貯存花粉之後，顏色會逐漸轉成黃色或黃褐色，這是由於花粉中的脂溶性類胡蘿蔔素等色素引起的。巢房長期使用於培育幼蟲後，巢房壁的厚度會增加，蜂蠟會轉變成爲黑褐色，這是幼蟲的排泄物與繭衣碎屑及蜂膠等在巢房累積的結果，這使得舊巢房的空間減小，培育出來的成蜂體型較小，影響蜂群的整體生產力；因此，蜂群的巢片必須經常更新，最長不宜使用超過 2 年。表 6-1 顯示巢房型態隨著蜜蜂培育幼蟲的次數而改變，如果同一巢房連續培育 13～15 代幼蟲，巢房會呈黑色，巢房壁增厚 4～5 倍，巢房內徑縮小 0.21 mm，養成的工蜂體重減少 17 mg，巢房蠟質的比例僅剩 46%。

表 6-1　蜜蜂巢房性狀與其使用於培育幼蟲次數的關聯性

培育次數	巢房顏色	巢房體積（cm^3）	巢房厚度（mm）	巢房內徑（mm）	羽化體重（mg）	蜂蠟比例（%）
0～1	黃色	0.282	0.22	5.42	123	86-100
2～5	棕色	0.269	0.40	5.26	120	60
6～10	深棕色	0.255	0.73	5.24	118	49
13～15	黑色	0.249	1.08	5.21	106	46

美國學者推算一群蜜蜂築巢時，需要消耗的糖及蜜蜂分泌的蠟片計算如下。通常一個蜂群平均約有 30,000 隻蜜蜂，扣除蜜蜂重量後巢房的總重量爲 2.4～3.6 公斤。蜂巢內兩面巢房約有 100,000 個六角形房室，空巢房蠟質部分約爲 1.4 公斤。再扣除巢脾中央的巢礎，巢房的蜂蠟總重約爲 1 公斤。一個蜜蜂腹部分泌出來的蠟鱗平均重量約爲 1.1 毫克，因此，蜜蜂要建築出所有的房室，需要分泌 910,000 個蠟鱗。蜜蜂建築巢房需要消耗的糖，約爲 25 公斤，築出的房室總面積約爲 2.5 平方公尺。另有學者估算，蜜蜂分泌 1 公斤的蜂蠟，約需消耗 3.5～3.6 公斤的蜂蜜，因此，蜂蠟的價値性是遠高於蜂蜜的，讓蜜蜂建造贅脾取蠟是划不來的。

一個美國式郎氏標準巢脾能夠貯存 1.8～3.8 公斤的蜂蜜，貯存蜂蜜需 7,100 個巢房，蜂蠟的重量爲 100 克。1 克的蜂蠟，能夠製造出大約 20 平方公分兩面的六角形房室。55 克的蜂蠟建築的巢房，能夠貯存 1 公斤的蜂蜜。由此推算，蜂巢中蜂蜜與蜂蠟的重量比率，約爲 17.8～19.8：1。

二、蜂蠟的生產

(一) 採蜜取蠟

非洲許多地區，大量出口廉價的蜂蠟。當地蜂農採蜜仍使用壓濾法，將蜂巢中的巢脾取出，用布包裹後壓榨取蜜。包裹中留存蠟渣、蜜蜂幼蟲及蛹的殘骸等，從其中精煉蜂蠟。這是最原始的收取蜂蠟方法。

(二) 老舊巢脾更新

蜂箱中的老舊巢脾（圖 6-1）更新是採收蜂蠟的主要來源。老舊巢脾上的房室內徑會變小，而且常帶有病原，對蜂群的發育有不良的影響，需要淘汰並更新，再製作新巢片供應蜂群。蜂農通常將淘汰的老舊巢脾收集之後，交給蜂具製造商換取新的巢礎。蜂具製造商則將老舊巢脾，經加工製作後成為巢礎回銷給蜂農。這種方式採收的蜂蠟，是臺灣蜂蠟的主要來源。

圖 6-1　老舊的巢脾

(三) 養蜂場中拾取

日常管理蜂群時，隨手拾取碎蠟、贅巢（圖 6-2）、割除雄蜂房的蠟蓋、廢王臺、採收蜂王乳時的王臺蠟等，積少成多，是蜂蠟的另一項來源。

圖 6-2　蜂箱蓋上的贅巢

(四) 使用瓦斯加熱型集蠟器

這是現階段最簡便的集蠟方式，國內已有蜂具行販售之。

三、臺灣養蜂場蜂蠟年產量

根據臺灣農業統計年報，臺灣養蜂場的蜂蠟年產量約為230～464噸（圖 6-3）。

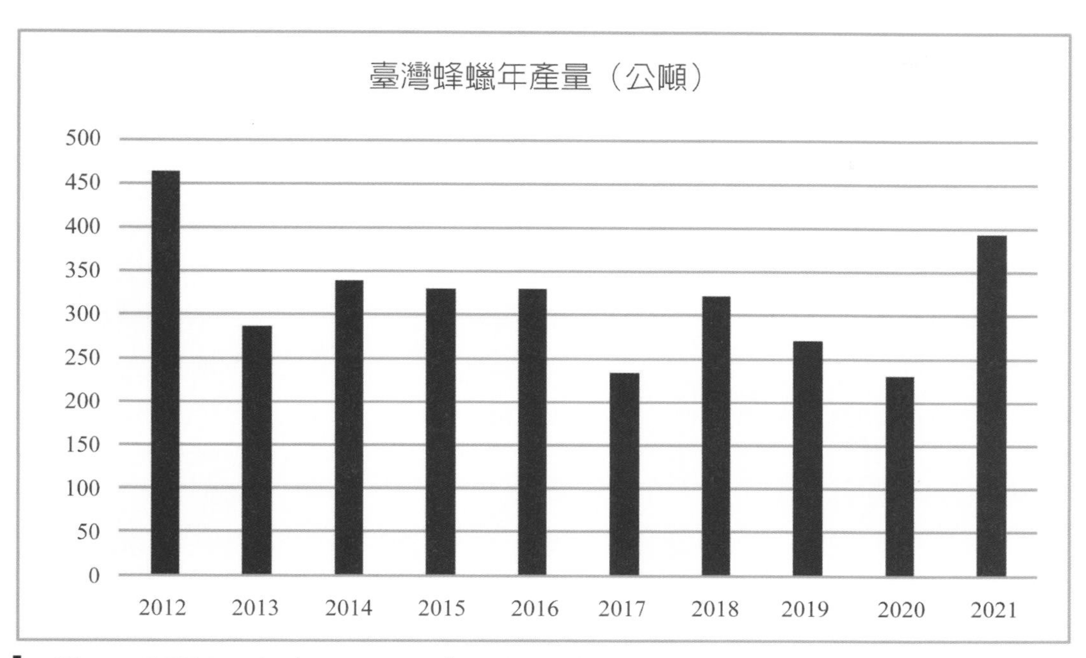

圖 6-3 臺灣近 10 年（2012～2021）的蜂蠟年產量

四、蜂蠟的成分及特性

純蜂蠟比重爲 0.95～0.96，並有令人愉悅的氣味。昆蟲蠟質的熔點一般爲 61～66℃，西洋蜂的蜂蠟的熔點爲 63～65℃，大蜜蜂爲 60℃，小蜜蜂爲 63℃，東方蜂爲 65℃。蜂蠟不溶於水，微溶於酒精，溶於松節油類、氯仿、苯、甲苯、乙醚、二硫化碳等有機溶劑。蜂蠟是由碳氫化合物及長鏈脂肪酯類的混合物。根據 Tulloch（1980）的報導，蜂蠟中包括超過 300 種以上的化合物，含 14% 碳氫化合物、35% 的單酯類、14% 的雙酯類、3% 的三酯類、4% 的羥基單脂類、8% 的羥基多脂類、12% 的游離脂肪酸、1% 的酸酯、2% 的酸多酯、1% 的游離醇類、6% 的未知物質。表 6-2 則是 Svečnjak et al.（2019）歸納整理的西洋蜂蠟的組成分。此外，不同種類的蜜蜂，她們的蜂蠟組成也有差異（表 6-3）。

表 6-2　西洋蜂蠟的組成分

化合物類別	%	碳鏈長度
碳氫類	15.7	C23–C35
飽和（烷烴類）	(12.8)	C23–C35
不飽和（烯烴類）	(2.9)	C29–C33
脂肪酸類	18	C20–C36
木蠟酸（Lignoceric acid）	(5.8)	C24：0 (saturated)
		C14–C36
脂肪醇類	0.6	C33, C35
		C24–C34
單酯類（棕櫚酸酯，油酸酯）	40.8	C38–C54
	(6.6)	C40
	(11.9)	C46
	(9)	C48
羥基單脂類	9.2	C40–C50
羥基二脂類	7.4	C54–C64
酯類合計	57.4	C38–C64
總計	91.7	C14–C64

表 6-3　不同種蜜蜂的蜂蠟組成分（Aichholz & Lorbeer, 1999）

Compound family	*A. mellifera*	*A. cerana*	*A. florea*	*A. andreniformis*	*A. dorsata*	*A. laboriosa*
Alkanes total	12.8	11.4	12.5	18.5	10.8	10.8
Alkenes total	2.9	7.4	7.5	5.9	0.6	5.3
Diene total	-	-	-	3.4	-	-
Hydrocarbons total	15.7	18.8	20.0	27.8	11.4	16.1
Fatty acids total	18.0	3.6	0.8	2.6	4.9	4.3
Fatty alcohols total	0.6	1.8	0.4	-	-	-
Monoesters total	40.8	33.4	41.1	27.5	36.9	37.5
Hydroxymonoesters total	9.2	18.1	9.1	13.6	23.3	23.6
Diesters total	7.4	12.2	15.7	12.9	11.9	8.8
Hydroxydiesters total	-	3.0	2.3	3.9	1.4	1.1
Esters total	57.4	66.7	68.2	57.9	73.5	71.0
Total	91.7	90.9	89.4	88.3	89.8	91.4

五、蜂蠟的加工及利用

(一) 蜂蠟的加工

1. 蜂蠟的精煉

收取的蜂蠟中往往混有蜂蛻、蜂膠、蜂蜜或蜜蜂殘骸等雜質，需要先行經過蜂蠟精煉處理，清除雜質。將收集的蜂蠟或舊巢脾等先用溫水洗淨擊碎後，加水後放入雙層鍋內間接加熱，以金屬篩網把浮於上方的雜質取出，趁熱用濾網或粗布過濾，倒入模型中即得凝固的蠟塊（圖 6-4）。或將蜂蠟或舊巢脾等裝入棉布袋中，袋中加重物後再放入鍋內加水煮沸，使蠟溶出。用棉布袋代替濾網的作用，使雜質存於布袋中。

圖 6-4 熱濾後凝固的蠟塊

蜂蠟提取時要注意一些問題：蜂蠟避免接觸鐵銅器，以免變色；贅巢及巢房蠟蓋最好與老舊的巢脾分別處理，因老舊的巢脾的雜質較多；一般而言，新巢片精煉後純淨度高，適合作爲美妝與食品加工用途，老舊巢片則只適合作爲巢礎用途。舊巢脾精煉之前最好先用冷水浸泡幾天，除去蜂蠟上的雜質；蜂蠟易燃要放入雙層鍋內間接加熱，以免引起燃燒；熔蠟時加水量約爲 3～4 倍，加水太少會導致熔化的蠟斷面成爲顆粒狀。

2. 蜂蠟的漂白

提取的蜂蠟中含有色素、花粉粒、蜂膠等，使顏色較深或呈現不同顏色。也可能受金屬容器（鐵、鋅、銅）汙染，或加溫時過熱（大於 150℃）造成。進入商品時需要經過漂白處理，使顏色成爲淺黃色或白色。

(1) 日光漂白

爲早期使用的古法，以日光晾晒的方法漂白。將有色的蜂蠟熔化後放入打蠟器中打成薄片狀，流入冷水中成爲蠟花，將蠟花平鋪於木板或竹蓆上放於日光下晒，每天噴水兩次。7～10 日後將蠟熔化打成蠟花再經日晒，2～3 次即可製成爲白蠟。

(2)酸漂白

酸可以減緩因鐵離子造成的黑化現象，也可以幫助蜂蠟中不純物的沉澱。先備妥 1 公升水，加入 2～3 克檸檬酸或草酸，也可以加入 1 mL 濃硫酸，混勻後放入 1 公斤蜂蠟，加熱融蠟並充分攪拌之。

(3)高錳酸鉀漂白

將蜂蠟置於 90℃ 含 0.01% 高錳酸鉀的水浴 30 分鐘。

(4)吸附劑漂白

用活性炭或硅藻土等吸附劑加入熔蠟中，攪拌混勻，吸附其中的色素，再通過壓力過濾機除去固體微粒，從而達到漂白蜂蠟的目的。整個過程必須讓熔蠟處於液態並保持足夠的壓力，才能分離除去所有的固體微粒。

3. 蜂蠟的品質管制

國內對蜂蠟的品質並未制訂官方標準，根據國際蜂蜜委員會（International Honey Commission）建議的標準如下：

蜂蠟品質管制	數值
含水量	<1%
折射率（75℃）	1.4398-1.4451
熔點	61-65℃
酸價	17-22
酯化值	70-90
酯／酸比值	3.3-4.3
皂化值	87-102
機械性不純物，添加物	不可含有
甘油、多元醇	不可含有
碳氫化合物	上限 14.5%

4. 蜂蠟的利用

蜂蠟的用途頗爲廣泛，可應用於醫藥、美妝、農業、藝術品、樂器、工業及食品業等。養蜂業利用蜂蠟製作巢礎無疑是蜂蠟最大的用途；除了巢礎用途外，美妝用途約占 25～30%，製藥業約占 25～30%，蠟燭 20%，其他用途 10～20%。蜂蠟的用途與特性整理如表 6-4：

表 6-4　蜂蠟的用途與特性

用途	產品內容	特性
蠟燭	一般蠟燭、造型蠟燭	堅固、緩慢燃燒、療癒效果
養蜂業	巢礎	增加蜂蜜產量、蜜蜂接受度高
藝術	蠟像和雕像	熔化和成型性能，堅固性和抗融化
雕塑	金屬鑄件、造型、珠寶、脫蠟鑄造	可塑性、成型性、熔化性能
雕刻	玻璃和金屬雕刻	防止酸蝕刻，抗蝕技術
食品加工	糖果、烘培、包裝、果凍等食品的塗層	分離劑、保鮮劑、防黏劑
製藥業	藥品、藥丸、膠囊、軟膏和藥膏	稠度、黏合劑、緩慢釋放、藥物載體
化妝品	面霜、乳液、口紅、睫毛膏、眼影、除臭劑、護髮霜、脫毛劑、護髮素、護唇膏、護手膏	潤膚劑和乳化劑 改善外觀，穩定性和體感融化性
紡織品	蠟染	防水，耐染料
樂器	長笛、迪吉里杜管、小提琴、鼓	口器的柔軟度、減少孔隙率
亮光漆和拋光	繪畫、藝術修復、金屬、木材和皮革處理	保護、不透氣、防潮和防蟲
工業產品	防腐防鏽劑、潤滑劑	降低黏度、防止腐蝕

(1)養蜂用巢礎

巢礎是飼養蜜蜂必備的基本材料，蜜蜂飼養的好壞與巢礎的選擇有密切的關係，這也是蜂蠟最主要的用途。不同的蜂種適用不同規格的巢礎，巢礎的製作及成分會影響蜜蜂接受。良好的巢礎被蜂群接受的比率高、蜂群的發育迅速、雄蜂的數目少、病蟲害的發生率低，經濟效益增高。蜂蠟製作巢礎，是蜂蠟的一項重要用途。

(2)蠟燭用途

蜂蠟的熔點較高，燃燒時不生煙，相對堅固不變形，一直是製作高級蠟燭的首選（圖 6-5），許多教堂要求必須使用蜂蠟製作的蠟燭，因為蜂蠟燃燒時會產生特殊的香氣，宗教上普遍使用，特別是羅馬的天主教會。

圖 6-5　蜂蠟可搭配精油，製成高級香氛蠟燭

(3)蜂蠟的食品用途

蜂蠟可做食品塗料及包裝之用，蜂蠟乳劑可做冰糕表面的覆蓋物。用蜂蠟、甘油、植物油、蘋果汁等作為肉品的表面塗料，可延長保存期限。現代社會極力倡導減少使用塑膠製品，其中食品保鮮膜用量很大，近來興起利用蜂蠟布來取代塑膠保鮮膜（圖 6-6），相對環保且安全。

圖 6-6　利用蜂蠟布來取代塑膠保鮮膜

(4)美妝用途

蜂蠟可以作為護脣膏、口紅、護手膏、髮蠟、身體乳、香皂等美妝用途（圖 6-7）。

圖 6-7　利用蜂蠟自製護唇膏

(5)蜂蠟的其他用途

蜂蠟具有防水、防鏽、防腐蝕的作用，可作為防鏽劑、防鏽塗料、金屬加工的潤滑劑、防水材料等，也可用於磨光地板、傢具、皮革、樂器及望遠鏡片的光亮劑，更可做蠟筆、口香糖、附著劑、籃球製模等材料。此外，蜂蠟在鑄造、印刷、化工、紡織、造紙、油漆等也有廣泛應用。

5. 生產優質蜂蠟的注意事項（Bogdanov, 2004）

(1) 蜂群避免使用農藥，尤其是化學殺蟎劑。由於常用的蜂蟹蟎防治藥劑如福化利（fluvalinate）的極性低，這使其與蜂蠟的親和性很高，容易殘留於蜂蠟中。尤其，醫藥美妝與食品用途的蜂蠟，必須特別注意這個問題。目前蜂蠟中的有害物質殘留限量尚未制定，有些施行有機養蜂的國家如義大利、德國與瑞士，已提出殺蟎劑最大殘留容許量爲 0.1～1 mg / kg。

(2) 潔淨的新蠟與舊巢片蠟分開收集。蜂群新造的贅脾潔淨度高，應於清除貯蜜與幼蟲後，儘速分開收集且進行熔蠟，避免殘存的食物與幼蟲汙染，以維持蜂蠟的潔淨度。至於老舊巢片，由於雜質較多，不建議作爲食品與藥妝用途。

(3)避免太高的溫度下加熱或時間過長，這可能會使蜂蠟變性並使其變暗顏色。

(4) 不可在鐵、鋁、鋅或銅製成的容器中加熱蜂蠟，因爲這些金屬會使蠟變色，使其變黑。不可使用鉛容器，可能會汙染。不鏽鋼是最合適的容器。

(5) 利用 70～80℃ 的水浴至少 8 小時來融化與淨化蜂蠟。僅取用上層的純蠟。

(6) 不宜使用含有發酵蜂蜜的巢片，因爲這會使蜂蠟有不良氣味。

(7) 美洲幼蟲病原（*Paenibacillus larvae*）的耐熱孢子不會被水中煮蠟殺滅。僅在 120℃ 下加壓（1,400 hPa）加熱 30 分鐘才能殺死所有孢子。

(8) 如果使用硬水，可能會出現水—蠟乳液。煮蠟宜使用含低礦物質的軟水。然而，在某些情況下，即使用軟水也會產生水—蠟乳液。建議，煮蠟水溫宜保持在 90℃ 以下。

(9) 每公斤蠟可使用 2～3 克草酸和 1 公升水，可結合鈣形成草酸鈣，防止水－蠟乳液現象，並同時進行增白。

(10) 蜂蠟也可以添加酸來提升亮度：每公斤蠟和 1 公升水，添加 2 克檸檬酸或草酸，或 1 毫升濃硫酸。

(11) 利用添加雙氧水可以將蠟漂白成白色。至關重要的是，使用的雙氧水在漂白過程必須清洗乾淨，過量的雙氧水會導致在蜂蠟應用於乳膏和軟膏用途產生問題。

(12) 如果蠟融化後還不夠純淨，必須反覆淨化之；可使用不鏽鋼鍋盛裝蠟水，在溫度為 75～80℃的水浴中（最好留一夜）。由於蠟比水輕而漂浮，靜置冷卻後，必須刮掉沉到蠟下層的汙垢。在工業條件下，液體蠟可以過濾進行清潔。

(13) 讓蠟儘可能緩慢地冷卻，避免在冷卻過程中移動容器。

(14) 使用溶劑淨化蜂蠟會導致一些香氣的損失。

第二節 蜂毒

古埃及、古印度、敘利亞、古羅馬及中國的民間醫學中，用蜜蜂螫刺病人，治療風溼病、類風溼性關節炎、痛風等病，有悠久歷史。1888 年維也納醫學週刊報導，奧地利醫師特爾（F. Tere）用蜂螫治療風溼病 173 個病例。科學性的研究，則始於十九世紀末期。1935 年美國貝克（B. F. Beck）博士出版《蜂毒療法》（*Bee Venom Therapy*），1941 年蘇聯阿爾捷莫夫（N. M. Artemov）出版《蜂毒生理學作用和醫療應用》。此二書出版後，使蜂毒的研究引起科學家的興趣。1950 年代 Neumann 及 Habermann 蜜蜂蜂毒成分的生物活性分析出來。此期在德國、奧大利、英國、法國、瑞士、加拿大、美國、俄羅斯、保加利亞等，都有專門的研究小組，針對蜂毒的成分及各種化合物深入研究。

一、蜂毒的來源

蜜蜂的螫針是由產卵管特化而來，只在雌性的工蜂及蜂王具有。蜂毒（bee venom）是工蜂的毒腺與副腺分泌具有芳香氣味的一種透明毒液，貯存在毒囊中，螫刺時由螫針排出。毒腺，又稱為酸性腺，產生蜂毒的有效成分，呈酸性；副腺，又稱為鹼性腺，產生警戒費洛蒙（乙酸異戊酯），排出體外後即揮發。蜂毒初排出時為液體，但於室溫下會迅速揮發為結晶狀的乾毒，約僅剩原液體重量的 1/3；此含量占蜂毒 2/3 的揮發性部分，極易在蜂毒採集與精製的過程中散失，因此一般論述蜂毒時常忽略此部分。目前的研究認為，揮發性蜂毒主要含有乙酸異戊酯，另有

12 種以上的微量成分，這些物質呈現熟香蕉氣味，具有警戒費洛蒙的功能，會引發其他蜜蜂一連串的蜂螫反應。

工蜂毒腺的含毒量與其日齡有關（表 6-5）。剛羽化工蜂的毒液量很少，而且螯針軟弱而無法螫刺；隨日齡的增長毒量漸多，約 15 日齡時帶毒量達高峰爲 1～2 毫克（乾毒量爲 0.10 毫克），適宜擔任守衛蜂的角色；18 日齡後，毒腺細胞逐漸退化，毒液量不再增加。一般而言，毒液量排出毒囊後，無法再獲得補充。蜂王的毒腺較工蜂長三倍，儲毒量多五倍，其成分也有差異。

表 6-5　工蜂的日齡與含乾毒量

日齡	含乾毒量
6 日	0.05 mg
11 日	0.07 mg
15 日	0.10 mg
20 日	0.10 mg

蜂毒的數量、成分與蜂種關係密切，大蜜蜂（*A. dorsata*）的體型最大，毒液量最多，根據 Schmidt（1995）的研究指出，每隻大蜜蜂工蜂的蜂毒乾重爲 218 微克，小蜜蜂體型最小，每隻僅含 27 微克；西洋蜂體型中等，每隻含 138 微克；而東方蜂的體型僅略小於西洋蜂，卻只有 43 微克，不及西洋蜂的 1/3。史密特進一步研究顯示，這 4 種蜜蜂的蜂毒對小鼠的急毒性差異不大，半致死劑量（LD_{50}）約爲 2.8～3.1 mg / kg。

工蜂產生蜂毒也受到食物的影響。花粉爲工蜂泌毒提供含氮物，是重要而不可或缺的飼料。馬勒在做蜂毒含量與日齡關係研究時，觀察到工蜂出房 3 天後，大多腸腔內充滿花粉，表明以花粉爲主要食糧。勞特（W. M. Lanter，1939 年）報導，證實在正常飼養條件下，5、10、15 日齡的工蜂，平均泌毒量爲 0.153 mg、0.237 mg、0.33 mg；而出房後如果只給糖液飼料，不給花粉，則 10 日齡工蜂的泌毒量爲 0.056 mg，與同日齡正常飼養工蜂泌毒量 0.237 mg 相比較，相差很大，表明給予花粉對工蜂的泌毒量有極大影響。此外，外勤蜂（21 日齡以後的工蜂）通常已不再取食花粉，體內也不再合成蜂毒。

二、蜂毒的採收與精製

(一) 蜂毒的採收

養蜂場生產蜂毒，基本上都是利用蜂箱內或蜂箱外的電擊取毒器，目前已有商品化的取毒器（圖 6-8）；其原理是利用電流刺激蜜蜂引發螫刺行爲，蜜蜂因爲螫刺於玻璃板上而不會留針。一般而言，7,000 隻蜜蜂可採 1 克的蜂毒。留有蜂毒的玻璃板，平放在陰涼處通風，使蜂毒結成固體。用刀仔細刮下，裝瓶密封。採毒時蜜蜂經電擊會放出警報費洛蒙，引起蜂群騷動，此時宜轉至其他蜂群取毒。蜂毒有強烈氣味會刺激呼吸器官，宜戴口罩工作。乾蜂毒要放在陰涼、乾燥避光處所存放。

圖 6-8　電擊取毒器

(二) 蜂毒的精製

由採毒器取下的蜂毒呈土黃色晶體狀，有可能混入的雜質有塵土、蠟鱗以及蜜蜂嘔吐的花蜜或蜂蜜等，有必要進一步精製與純化。根據蜂毒易溶於水、不溶於丙酮的特性，可採用水溶過濾雜質，丙酮沉澱蜂毒的方法來精製之。

1. 將含有雜質的蜂毒溶於 10 倍蒸餾水混勻。
2. 將蜂毒水溶液以濾紙抽氣過濾，除去塵土、蠟鱗等水不溶物。
3. 於蜂毒濾液中加入 1.5～2.0 倍的丙酮，使蜂毒沉澱析出。高速離心，倒出上清液，除去溶於其中的花蜜等。此步驟可重複 2～3 次。

4. 分離出的沉澱蜂毒，視需要採用熱風乾燥或冷凍乾燥處理，即得精製蜂毒。

三、蜂毒的成分及特性

(一) 蜂毒的成分

蜂毒是一種澄清液體，苦味相當強烈，有特殊的芳香氣味，呈酸性，比重爲1.1313。室溫下易乾燥揮發，收集不易。常用取毒器刺激蜜蜂螫刺後收集。每收集1克乾毒，需20個蜂群，蜂隻損失大，蜂群脾氣變壞，代價很高。

天然蜂毒是具有芳香氣味的透明液體、略帶淺黃色，味苦、呈酸性，pH 值5.0～5.5。含水量80～88%，室溫下容易乾燥，乾重爲原量的30～40%。溶於水及酸，不溶於酒精與丙酮。蜂毒溶液不穩定，乾蜂毒則穩定性強。乾蜂毒加熱至攝氏100度，經過10天不發生變化，冷凍也不減毒性。乾蜂毒冷凍後，毒性可保持數年。

蜂毒的成分非常複雜，包括蛋白質多肽類、酶類、生物胺及其他物質，尤以蛋白質多肽類含量最高。其中以蜂毒肽（mellitin）含量最高達蜂毒乾物質50%，磷脂酶 A_2 含量占12% 次之。蜂毒的主要成分與生物活性如表6-6。

表 6-6　蜂毒的主要成分與其生物活性（Carpena et al., 2020）

化合物	類別	乾蜂毒的占比（%）	生物活性
蜂毒肽（melittin）及其異構物	多肽	50～60	抗細菌、抗發炎、抗心律失調、抗分泌、抗癌、抗關節炎、抗動脈粥狀硬化、抗病毒、促凋亡、鎮痛、抗纖維化、抗糖尿病、溶血、抗血管生成、傷口癒合、抗真菌、抗傷害感受
蜂毒明肽（apamin）	多肽	2～3	抗真菌、抗纖維化、抗癌、抗炎、抗動脈粥狀硬化、抗菌、神經保護
MCD 肽	多肽	1～3	抗炎、抗過敏
賽卡平（secapin）	多肽	1～2	抗真菌、抗菌、抗彈性溶解、抗纖維蛋白溶解
安度拉平（adolapin）	多肽	0.1～0.8	抗炎、抗傷害感受、解熱

（接續下表）

化合物	類別	乾蜂毒的占比（%）	生物活性
磷脂酶 A_2（phospholipase A_2）	酵素	10～12	抗菌、抗關節炎、抗寄生蟲、神經保護、抗癌、抗病毒、引起炎症、強抗原性、引發過敏性、傷害性、神經元活化、神經再生
透明質酸酶（hyaluronidase）	酵素	1.5～2	透明質酸活化與擴散、致過敏性

1. 蜂毒多肽類

蜂毒的主要成分，占蜂毒乾物質 70% 以上，目前已發現 10 多種多肽類。

(1)蜂毒肽（mellitin）

又稱蜂針素、蜂毒溶血素、蜂毒溶血肽。蜂毒中最主要的活性物質，約占 50%。分子量爲 2,840。由 26 個胺基酸組成的多肽類。可直接引起紅血球溶解。蜂毒肽的羧基末端區域是親水性的，負責裂解作用，而其序列的氨基末端區域主要是疏水性的，沒有裂解活性。蜂毒肽的兩親特性使其以單體和四聚體形式均溶於水。它還可以透過破壞天然和合成的磷脂雙分子層，使蜂毒肽輕鬆插入膜中。研究表明，蜂毒肽破壞細胞膜的作用機制是由孔隙形成介導的，它以一種非選擇性的方式裂解原核和眞核細胞。事實上，蜂毒肽作爲單體與膜結合，但對膜具有包容性作用。根據其濃度，這種生物肽可以誘導瞬時或穩定的毛孔。當形成瞬時孔時，只有離子能夠擴散通過膜。蜂毒肽誘導的孔形成是其溶血、抗微生物、抗眞菌和抗腫瘤活性的原因。最近，蜂毒肽已被證明可透過傷害感受器細胞的活化和致敏作用沿著疼痛信號通路引起神經可塑性變化。該機制涉及有絲分裂原活化蛋白激酶（MAPK）的磷酸化以及熱傷害感受通道的活化，如 TRPV1（瞬時受體電位香草素受體 1）、ATP 門控 P2X 和 P2Y 嘌呤能受體。同樣，蜂毒肽可以作爲磷脂酶 A_2 的活化劑。它也是蜂毒的主要生物活性物質，一旦施用於患者的穴位，就會產生抗傷害感受、抗炎和抗關節炎作用。

(2)蜂毒明肽（apamin）

又稱蜂毒神經肽、蜂毒素。占 2～3%。分子量爲 2,035。含有兩個二硫鍵由 18 個胺基酸組成的多肽類。它是蜂毒中最小的神經毒素，是一種很強的神經毒素。這種多肽能夠穿過血腦屏障，因此它透過不同的作用模式影響中樞神經系統的功能。例如，它會在哺乳動物脊髓中引起神經毒性作用，導致多動症和癲癇發作，正如在大鼠身上所顯示的那樣。通過阻斷鈣活化的 K^+ 通道，蜂毒明肽還能夠影響細胞膜對鉀離子（K^+）的滲透性。在血管平滑肌中，毒素能夠通過 Akt 和 Erk 信號通路抑制血管平滑肌細胞增殖和遷移，這一發現顯示了蜂毒明肽在動脈粥狀硬化治療策略中的潛力。

(3)肥大細胞脫顆粒肽（MCD-peptide）

占 2～3%。分子量為 2,593。由 22 個胺基酸組成的多肽類，能使動物的肥大細胞脫粒，具有抗炎作用。它是一種致癲癇性神經毒素，是 K^+ 通道的重要抑製劑，可導致大鼠血壓顯著降低。

(4)賽卡平（secapin）

由 25 個胺基酸組成，分子量 2,866.5，約占乾蜂毒 1%；具有強效的神經毒素特性和抗菌活性。

(5)安度拉平（adolapin）

由 103 個胺基酸組成，分子量 11,092，它相當於蜂毒乾重的 1%。安度拉平透過阻斷前列腺素合成和抑制環氧合酶活性而具有抗炎、鎮痛和解熱作用。

(6)其他

尚有組織胺肽（histapeptid）、心臟肽（cardiopep）、托肽平（tertiapin）、蜂毒肽 -F（melittin-F）等。

2. 酶類

有 55 種以上，重要的磷脂酶 A_2 與透明質酸酶，這兩種酶具有很強的抗原性，通常是蜂毒引起過敏的主要原因：

(1)磷脂酶 A_2（phospholipase A_2）

蜂毒中最致命的酶，是包含四個二硫鍵的 128 個胺基酸的單多肽鏈。蜂毒磷脂酶 A_2（$BvPLA_2$）屬於第 III 組 $sPLA_2$ 酶，可作為特定受體的配體。$BvPLA_2$ 占蜂毒乾重的 12～15%，並且鹼性極強。$BvPLA_2$ 是一種水解酶，能夠在水／脂界面特異性切割磷脂的 sn-2 酰基鍵。研究發現 $BvPLA_2$ 和蜂毒肽之間存在協同作用，蜂毒肽有助於打開細胞通道將膜磷脂暴露於 $BvPLA_2$ 酶的催化位點。此外，新的實驗數據

表明 $BvPLA_2$ 對多種疾病具有保護性免疫反應，例如哮喘、阿茲海默症和帕金森氏症。

(2)透明質酸酶（hyaluronidase）

占蜂毒乾物質 2～3%。分子量爲 35,000。生物活性很強，無直接毒性，已知可分解組織中的透明質酸，例如類風溼性關節炎的滑膜囊中的透明質酸。透明質酸酶透過影響其結構完整性和增加該區域的血流量，使蜂毒的活性成分有效擴散到受害者的組織中。這兩種行爲結合起來加強了毒液的廣泛傳播能促使蜂毒成分在局部滲透及擴散。透明質酸酶爲動物性毒素中普遍存在的一種酶。

3. 生物胺及其他物質

蜂毒中還存在多種非肽類物質，如生物胺類、游離胺基酸、碳水化合物、脂類等。生物胺類主要與蜂螫引起的疼痛有關。其中，組織胺（histamine）約有 0.1～1.5%。多巴胺（dopamine）是蜂毒中的抗炎物質。

四、蜂毒及其主要化合物的生物活性和治療應用

(一) 抗炎潛力

炎症是身體對有害刺激做出反應的保護過程。慢性炎症可導致多種疾病的發展，如類風溼性關節炎（RA）、糖尿病、心血管疾病、肥胖、哮喘、皮膚病和神經退化相關疾病，如帕金森氏症（PD）、阿茲海默症（AD）和肌肉萎縮脊髓硬化症（ALS，漸凍症）。

當以高劑量給藥時，蜂毒素會引起局部疼痛、瘙癢和炎症。然而，低劑量的蜂毒可以誘導廣泛的抗炎作用。許多報告研究了蜂毒肽在不同疾病如 RA 和 ALS 中的抗炎機制。事實上，蜂毒藉由抑制炎症細胞因子而發揮作用，如 IL-6、IL-8、TNF-α 和 IFN-γ。此外，蜂毒肽降低了活化炎症細胞因子的信號通路，包括 NF-κB、Akt 和 ERK 1/2。這些研究顯示，透過阻斷它們的主要信號通路，蜂毒肽抑制炎症細胞因子，從而減少皮膚、肝臟、關節和神經元組織的炎症（Kim et al., 2018）。

Lee & Bae（2016）針對蜂毒肽的抗炎活性做了綜論性的探討，他們指出蜂毒肽抗炎活性的主要機制如圖 6-9。Melittin 抑制 TLR2、TLR4、CD14、NEMO 和 PDGFRβ 的信號通路。透過抑制這些途徑，蜂毒肽減少 p38、ERK1/2、AKT、PLCγ1 的活化以及 NF-κB 向細胞核的易位。這種抑制導致皮膚、動脈、關節、肝臟和神經元組織中的炎症減少。

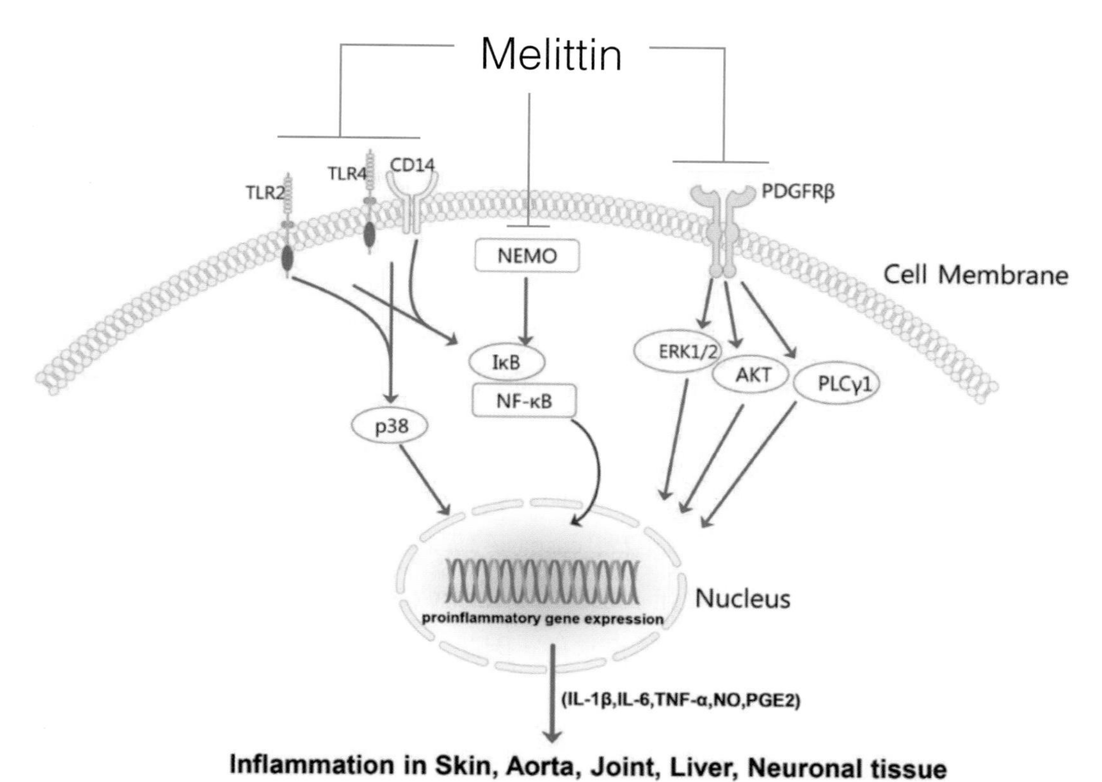

圖 6-9　蜂毒肽的抗炎機制（Lee & Bae, 2016）

(二) 蜂毒用於治療神經退化性疾病的潛力

蜂毒對神經系統具有明顯的藥理作用。蜂毒及其組成分──蜂毒肽（melittin）、蜂毒明肽（apamin）、托肽品（tertiapin）、安度拉平（adolapin）、MCD- 肽及磷脂酶 A_2 均具有明顯的親神經特性。這是生物在進化過程中，形成蜜蜂的自衛能力，透過螫刺將蜂毒注入敵方身體中，使其神經系統中產生抗膽鹼的活性，神經節產生阻滯作用，結果造成被螫動物的肌肉麻痺。正因爲蜂毒對神經系統高效性，許多學者利用蜂毒探討治療神經退化性疾病的可行性。

以帕金森氏症（PD）爲例，PD 是一種退化性運動障礙，會導致患者進行性殘疾。該疾病的病理特徵是黑質（人腦中發現的基底神經節結構）中多巴胺神經元的逐漸喪失。Khalil et al.（2015）評估蜂毒針灸療法（BVA）在 PD 小鼠模型中對魚藤酮（rotenone）誘導的氧化應激、神經炎症和細胞凋亡的神經保護作用。他們將 40 隻雄性 Swiss 小鼠分爲 4 組：(1) 口服生理鹽水作爲正常對照，(2) 接受魚藤酮（1.5 mg / kg，隔日皮下注射，共 6 劑），(3) 同時接受魚藤酮 +L-dopa（25 mg / kg，每天口服，持續 6 天），最後 (4) 同時接受魚藤酮和 BVA（0.02 毫升，1：2,000 w / v，每 3 天一次注射於 GB34 穴位，持續兩週）。魚藤酮是一種殺蟲劑，可導致小鼠產生 PD 相關的病理特徵。魚藤酮處理的小鼠表現出運動行爲受損，腦中的多巴胺、5- 羥色胺、去甲腎上腺素、GSH 水平和對氧磷酶活性顯著降低，而腦中 DNA 損傷、丙二醛（MDA）、TNF-α、IL-β 水平顯著增加，caspase-3、Bax 和 Bcl-2 基因過度表達。BV 證明了其在使用魚藤酮後能夠防止多巴胺耗竭的能力。此外，在用 BV 治療 PD 小鼠模型後重新建立了運動活力。該治療有效地抑制了 DNA 損傷並抑制了 PD 小鼠大腦中凋亡 Bax、Bcl-2 和 caspase-3 基因的表達。研究發現，與 L-dopa 正對照組相比，BVA 的效果更佳，它使所有細胞凋亡和神經炎症標誌物正常化，並在魚藤酮損傷後恢復小鼠腦神經正常化，因此，作者認爲 BVA 是一種很有前途的 PD 神經保護療法。

此外，亦有學者（Ye et al., 2016）發現蜂毒的磷酯酶 A_2 可以阻斷轉基因小鼠的阿茲海默症的進展，這是由於 BvPLA$_2$ 能夠減少澱粉樣蛋白 Aβ 的積累並改善小鼠大腦的認知功能。同一項研究表明，BvPLA$_2$ 可以增加葡萄糖腦代謝並減少海馬迴的神經炎症反應，從而限制 AD 發病機制。

(三) 蜂毒與蜂毒肽的抗癌潛力

使用蜂毒，特別是其主要化合物蜂毒肽（melittin），作爲一種新型的癌症治療策略最近得到了廣泛的重視（Jung et al., 2018; Lim et al., 2019）。事實上，蜂毒肽是一種非特異性溶細胞肽，可以攻擊細胞的脂質雙層，因此在靜脈注射時會導致顯著的毒性。然而，已經開發了許多優化方法，包括使用奈米顆粒的蜂毒肽遞送。值得注意的是，粗蜂毒和蜂毒肽已顯示出針對不同癌細胞類型的抗腫瘤活性，包括乳腺癌、肝癌、白血病、肺癌、黑色素瘤和前列腺癌細胞。

(四) 抗病毒和抗菌特性

蜂毒及其兩個主要成分（蜂毒肽和 PLA_2）具有抗菌活性，因此可用作輔助抗菌劑。這些化合物透過在細胞膜上形成孔隙，導致細菌裂解，從而發揮它們對細菌的作用。根據 Carpena et al.（2020）的整理資料顯示，全蜂毒（BV）對多種細菌（包括革蘭氏陽性與陰性菌）與念珠菌（*Candida*）都具有抑菌效果，MIC 多為 8～60 μg/mL。蜂毒肽的抗菌效果略優於 BV，MIC 約為 4～30 μg / mL；PLA_2 的直接抑菌效果較差，MIC 達 400～10,000 μg / mL。

蜂毒肽在體外對多種套膜病毒（水疱性口炎病毒、甲型流感病毒、單純疱疹病毒等）和非套膜病毒（腸道病毒 71 和克沙奇病毒）具有顯著的抗病毒作用（Uddin et al., 2016）。該研究還表明，蜂毒肽可以保護暴露於致死劑量的 A 型 H1N1 流感病毒的小鼠。儘管 BV 和蜂毒肽作為抗病毒劑的確切作用機制仍不清楚，但已證實 BV 直接與病毒表面相互作用。

五、蜂毒的臨床利用

蜂毒在醫藥上的利用，有很大的潛力。在美妝用途上，蜂毒被添加於眼霜宣稱可減緩眼部魚尾紋，實際功效不得而知。在臨床醫學的應用上，蜂毒針灸（bee venom acupuncture, BVA）是最常使用的方式。它結合蜂毒與針灸穴位，依據使用形式可分為活蜂螫刺、拔蜂針散刺、蜂毒塗於針灸針的尖端、蜂毒針劑注射於皮膚穴位等方式。民俗療法常以活蜂螫刺與蜂針散刺的方式為之，正統醫學研究則以定量注射蜂毒稀釋液的方法，搭配臨床評估量表，比較具有科學證據力。蜂毒針灸已成功用於人類治療多種肌肉骨骼疾病，例如：腰椎間盤突出症、膝骨關節炎、類風溼性關節炎、五十肩和外上髁炎（網球肘）。蜂毒針灸還可以緩解神經系統疾病，包括周圍神經病、中風和帕金森病，甚至憂鬱症（Cherniack and Govorushko, 2018）。表 6-7 彙整蜂毒針灸的醫學臨床試驗結果，這些試驗一般都是將乾蜂毒以生理食鹽水稀釋約 1 萬倍，再將蜂毒稀釋液注射於特定穴位，有時也會搭配物理治療的方式爲之：

表 6-7　利用蜂毒針灸（BVA）的醫學臨床試驗

症狀（文獻）	對象	樣品數（N）	研究結果
腰椎間盤突出症			
Seo et al.（2017）	人	54	單盲試驗，BVA 組別有 26% 在疼痛視覺評估量表的下降超過 3（$p < 0.05$）
Tsai et al.（2015）	狗	40	疼痛評量指數顯著降低（32% 嚴重疼痛，72% 中等疼痛）（$p = 0.001$）
膝關節炎			
Lee et al.（2012）	人	69	WOMAC 評分顯著改善（$p = 0.0001$）
類風溼關節炎			
Lee et al.（2003）	人	40	顯著改善壓痛和腫脹關節計數（$p < 0.0001$）
五十肩			
Park et al.（2014）	人	68	20 例接受 BV 1 治療（1：10,000 濃度 BVA 加物理治療），肩痛和殘疾指數（SPADI）評分有顯著差異（$p = 0.043$）
網球肘			
Jung et al.（2014）	人	20	視覺評估量表上的疼痛從 10 減少到 4（$p = 0.000$）
神經性疼痛			
Yoon et al.（2012）	人	11	視覺評估量表上的疼痛從 6 減少到 2.63（$p < 0.05$）
Park et al.（2012）	人	4	視覺評估量表上的疼痛從 8.75 減少到 2.75
帕金森症			
Cho et al.（2018）	人	73	UPDRS 量表評分的改善（$p = 0.001$）
Doo et al.（2015）	人	11	UPDRS 評分提高 27 分（$p < 0.05$）
中風			
Cho et al.（2013）	人	16	疼痛視覺模擬評分從 72 降到 35.5（$p < 0.007$）
憂鬱症			
El Wahab（2015）	人	26	從憂鬱症中完全康復

蜂針療法是直接拔取蜜蜂螫針，用來扎刺人體穴位的一種治病方法，屬於民俗療法的範疇，在全世界許多地區，例如東歐、俄羅斯、美國、中國、韓國、日本與臺灣，都有類似的民俗療法（圖 6-10）。

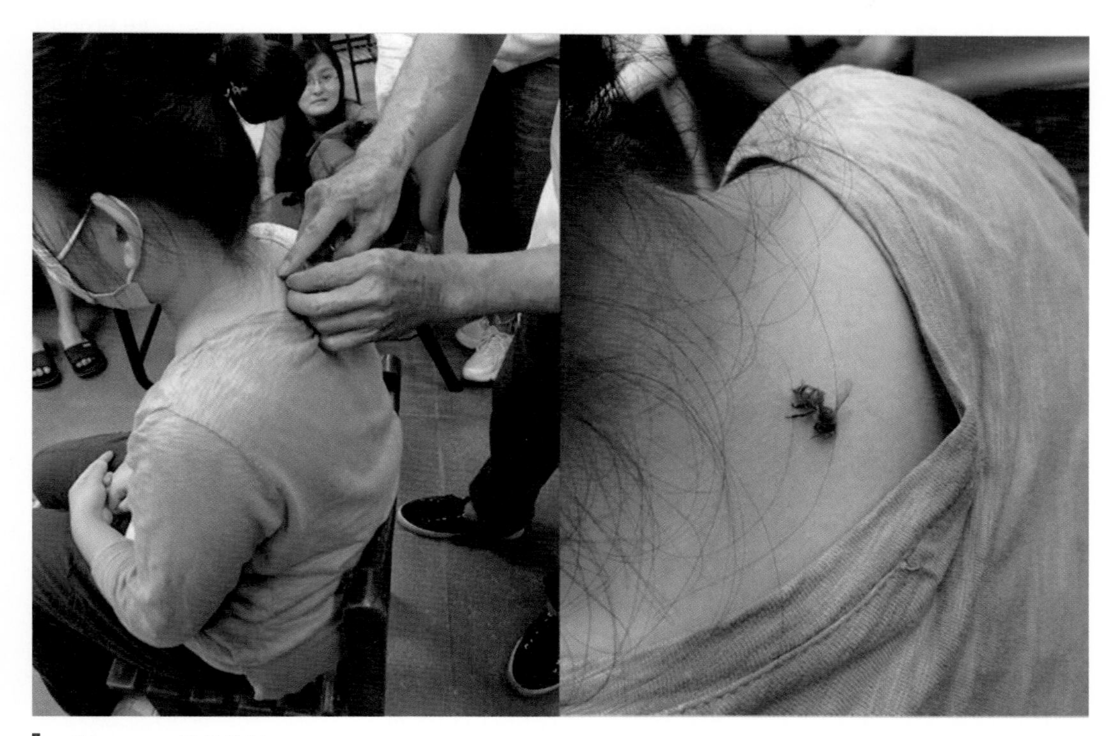

圖 6-10　蜂針療法

六、臺灣的蜂針療法

臺灣的蜂針療法起步較晚，但經過數十年來結合中醫理論的應用，並透過與國外蜂療團體的臨床交流，也獲得很多臨床應用上的經驗與心得。事實上，蜂針療法在臺灣仍被界定爲「民俗療法」，後來，有部分中醫師發現接受蜂針療法而改善病痛的案例漸增，也開始使用蜂針療法，惟目前西醫方面認同蜂針療法者仍不多。筆者並非習醫之人，但因爲研究領域爲蜜蜂，近年來不斷有民眾與新聞媒體詢問蜂針療法的議題，筆者們遂廣泛蒐集蜂針療法的文獻報導，並與國內多位具有 10 年以上臨床經驗的蜂療師密切接觸，歸納重點如下，供讀者參考。

(一) 接受蜂針療法必須具備恆心與毅力

通常求助蜂針療法者，都是遍訪國內著名的中、西醫而罔效者，才會轉而接受蜂針這種另類療法。患者的病痛並非短期造成的，去除病痛當然也非三兩日可成的事。尤其，蜂針可以調節人體的免疫功能，而這種免疫療效至少須 3～6 個月的時間，換言之，患者必須 2～3 日接受蜂針一次，而每次螫刺總有一定程度的疼痛，完成一次療程的時間則長達 3～6 個月，求助蜂療者因此必須具備充分的恆心與毅力。

(二) 試針的重要性

國內目前主要利用點刺法與散刺法進行蜂針療法，活蜂螫刺法的疼痛感太大，一般較少使用。初次接受蜂針者，必須先經過試針，評估患者對蜂針的敏感性，一般是取出蜂針螫刺受試者的外關穴，約經過 5～10 分鐘，如果患者未出現不適狀況，而且螫刺部位的紅腫直徑小於 10 mm，亦無水疱產生，才能進一步接受蜂針療法。通常，具過敏體質的人，例如對海鮮類、芒果、羊肉爐、燒酒雞會過敏者，對蜂毒產生過敏的機率高，必須特別小心。免疫功能低落者，例如老年人與長期服用藥物者，初期對蜂針的反應一般比較不敏感，但這類病患最容易造成誤判，無形中加重蜂針量，一旦不慎發生過敏反應，其程度往往劇烈。

(三) 蜂針療法必須循序漸進

蜂毒本來就是一種毒性很高的物質，所以必須在人體可以負荷的劑量下，逐步的提高劑量，讓人體對蜂毒自動產生免疫力。蜂療師通常會根據患者試針時的反應，剛開始可能只螫 1 針，而且是以散刺的方式為之，每隔 2～3 天螫刺 1 次，再根據患者的身體反應逐漸提高螫刺的蜂針數，甚至改用點刺的方式；一般而言，每個人每次的螫針量達到 25 針後，即不再增加，而對蜂毒承受力好的人，每次也不超過 50 針為宜。年青人對蜂毒的耐受力較高，到達螫刺最高量（每天 25 針）的時間約需 2 個月，而對蜂毒敏感或免疫力較差的人，可能需時 3 個月以上才能達螫刺最高量。

(四) 避免出現全身性反應

循序漸進地使用蜂針的主要目的，在於避免患者出現全身性反應，以免造成患者的恐懼與不適。一位專業的蜂療師，避免患者出現全身性反應是最基本的素養，因此他必須將蜂針使用的恰到好處，讓患者的疼痛與不適降至最低，卻又能兼具療效。而每位患者可能出現的全身反應不一，最常見的是全身出現蕁麻疹，這種症狀通常不會持續很久，症狀會自然消除，服用或注射抗組織胺則可幫助緩解；反應嚴重者則可能出現發燒、呼吸困難、心跳加快，甚至休克，這在蜂針療法的過程是絕對要避免的。患者在求助蜂針療法時，一定要據實告知個人的生理狀況，而且不可求好心切，主動要求增加蜂針量。臨床上就常發現患者自認爲身體已能習慣蜂毒，爲求速效，而主動要求多螫刺幾針，結果就因此出現過敏反應。根據蜂療師的臨床經驗，喝酒過後馬上螫蜂針是禁忌，出現過敏的機率很高；蜂針螫刺具有累積的療效，一般人接受蜂針螫刺累計約達 500 針，病患即可明顯感受其療效，但病患仍須視需要持續接受蜂針，以免療效減退。

蜂針螫刺時，偶而會見病人出現頭暈、噁心、目眩、心悸等症狀，甚至出現四肢冰涼、冒冷汗、臉色蒼白的症狀，這種現象稱爲「暈針」反應。暈針的原因可能與患者精神緊張、飢餓勞困、低血糖狀態、體質虛弱、蜂針刺激太強、螫刺穴位不當這些因素所致。蜂療師在診療過程中，應隨時注意患者的表情與反應，適當的調節蜂針刺激的強度，以避免出現暈針的現象。如果患者出現暈針現象，應立即扶持病人平臥，頭部放低，放鬆全身的衣領扣帶，夏天注意通風涼爽，冬季則注意保暖，特別囑咐心情放鬆，也可以給患者喝些熱茶或蜂蜜，一般很快便恢復正常。

(五) 配合食用蜂產品的療效更佳

全方位的蜂療，除了使用蜂針這種較爲劇烈的療法外，也應配合食用蜂蜜、花粉、蜂王乳和蜂膠等蜂產品，補充所需的各式營養。這些蜂產品的保健機能已於前述章節提及，事實上，一般人如果能養成食用蜂產品的習慣，保健功效即非常顯著，而尋求蜂針療法者，其身體機能狀況一般都不佳，配合食用蜂產品，更能達到保健功效。

(六) 尋求經驗豐富的蜂療師

看病找名醫，求助蜂針療法當然也要尋求經驗豐富的蜂療師。一個好的蜂療師，不會讓患者出現過敏反應，暈針的機率也很低，更不會造成休克。為了防患未然，蜂療師也具有緩解患者可能出現急性反應的能力，例如有些蜂療師會準備「蛇槍」，這種器材原本是急救毒蛇咬傷者之用，據聞對蜂毒也有緩解的效果。

蜂毒在醫藥上的應用，經中外傳統醫學的應用及研究，已有良好的基礎。近代科學對蜂毒研究也有迅速的進展，如果能夠在醫藥上有更多的努力，必然能夠廣泛的被人們應用。此外，蜂針療法如能有系統的研究，獲得醫學界的普遍重視，未來的發展也有很大的潛力。

第三節 蜜蜂幼蟲

蜜蜂幼蟲又稱為蜂子，包括蜂王幼蟲、雄蜂幼蟲（含蛹）。宋朝蘇頌的《圖經本草》中，有「今處處有之，及蜜蜂子也。在蜜脾中如蠶蛹而白色，嶺南人取頭足未成者炒食之。」之記載。唐朝劉恂的《蛉表錄異》中則介紹取食蜂子的方法「用煙薰散蜂團，取下蜂巢，一窩蜂可取五、六斗至一石，用鹽爆炒作為地方特產送往京城 」。非洲、亞洲、及美洲國家都有取食蜜蜂幼蟲的記載，用煙薰走蜜蜂後，除了採收蜂蜜之外有取食其幼蟲。

近年來全世界興起食用昆蟲的風潮，主要是因為人口不斷增加，動物性蛋白取得不易，而一般的經濟動物如肉牛、肉豬的飼料效率不高，其也被視為比較不健康的「紅肉」，比較不符合環境永續的理念。飼養昆蟲所需要的資源很低，具有高蛋白質與低膽固醇的特性，實為一種理想的動物性蛋白的來源。然而，一般人基於刻板的印象，又因為昆蟲具有外骨骼而口感不佳，除非大幅改變昆蟲食材的外觀，一般人通常對食用昆蟲的接受度不高。

蜜蜂幼蟲比較不會有上述的問題。首先，蜂巢是一個相對潔淨的環境，蜜蜂幼蟲的潔淨度很高；蜜蜂幼蟲體表柔軟，入口即化，不會有違和感，可以直接入菜。

此外，也可以利用冷凍乾燥的方式，深加工製成粉末或膠囊等其他劑型，目前也有許多市售商品，一般以雄蜂蛹或蜂王幼蟲製成的產品比較具有商品價值。

一、蜜蜂幼蟲的生產

(一) 蜂王幼蟲

蜂王幼蟲又稱爲蜂王胎（圖 6-11），是生產蜂王乳時的副產品，多爲 4 至 5 日齡的幼蟲。生產 1 公斤的蜂王乳，可採收蜂王幼蟲約 0.3 公斤。蜂王幼蟲以蜂王乳爲主食，其營養成分與蜂王乳相近似。

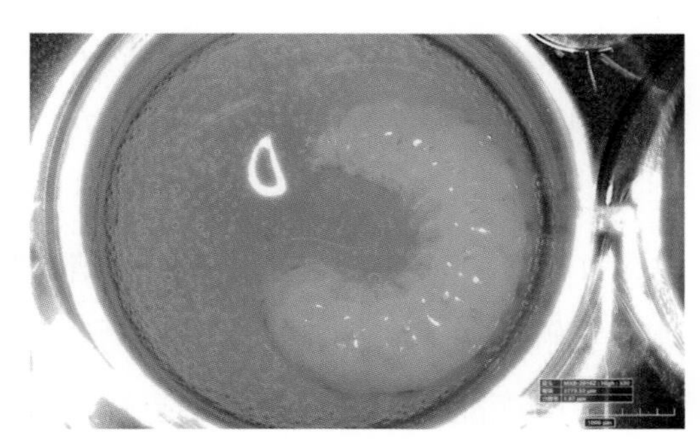

圖 6-11　蜂王幼蟲

(二) 雄蜂幼蟲（含蛹）

雄蜂幼蟲（含蛹）的採收可用特製的雄蜂巢礎，放入蜂群中造成巢脾促使蜂群專產雄蜂。生產雄蜂幼蟲按日齡分爲 7、10、22 日齡三類。

1. 7 日齡幼蟲：體重在 160～200 毫克之間，平臥房室底部。採收時可用高速氣流吹出巢房，幼蟲身體完整。
2. 10 日齡幼蟲：體形較大（前蛹期），體重平均爲 349.5 毫克。此期幼蟲占滿整個房室，用高速氣流不易吹出巢房，用鑷子將幼蟲逐個取出身體多不完整，或可將雄蜂脾自蜂群中取出放入適當溫度的恒溫箱中，即可迅速取出幼蟲。
3. 22 日齡幼蟲：實際上已經不是幼蟲，應該稱爲雄蜂蛹。蛹的體形較小，體重較輕平均爲 258.3 毫克。採收容易，將蠟蓋割除後敲擊巢框，即可使雄蜂蛹掉落在盛接的盤中。

二、蜜蜂幼蟲的成分及特性

(一) 蜂王幼蟲

蜂王幼蟲的化學成分與蜂王乳相近似，含水分 78～82%、pH 值爲 5.0～5.4，冷凍乾粉的蛋白質約 48%、脂肪約 15%，胺基酸種類與蜂王乳相似，其中賴氨酸與谷氨酸的含量最高。蜂王幼蟲的維生素含量也很豐富，尤其是維生素 C 與維生素 D。蜂王幼蟲還含有許多蛋白酶，且含有多種昆蟲混合激素。蜂王幼蟲的膽固醇含量小於 10 mg/100 g，是一種低膽固醇的食物。據中國學者研究，對人類新陳代謝有調解作用，有抑制金黃色葡萄球菌生長的作用。過去臺灣市場上有名爲「女王蜂子」的產品，就是以蜂王幼蟲經過冷凍乾燥製成的產品。

(二) 雄蜂幼蟲（含蛹）

雄蜂幼蟲的化學成分含水分 72～80%，乾物中的粗蛋白約 41%、粗脂肪約 26%、碳水化合物約 15%、17 種胺基酸及多種礦物質，不同日齡幼蟲的成分略有差異。雄蜂的老幼蟲及蛹與蠶蛹、牛排、牛奶及蛋黃的營養成分比較如表 6-8。

表 6-8　蜜蜂的老幼蟲及蛹與蠶蛹、牛排、牛奶及蛋黃的營養成分比較

組成分	雄蜂老幼蟲	雄蜂蛹	蠶蛹	牛排	牛奶	蛋黃
水分	77.0%	70.2%	76.7%	74.1%	87.0%	49.4%
灰分	3.02%	2.17%	1.21%	1.1%		
蛋白質	15.4%	18.2%	13.4%	22.6%	3.5%	16.3%
脂肪	3.71%	2.39%	5.83%	2.8%	3.9%	31.9%
肝醣	0.41%	0.75%		0.1-0.7%	<4.9%	
維生素 A	119.0 IU / g	49.3 IU / g			1.6 IU / g	32.1 IU / g
維生素 D	6,130.0 IU / g	5,070 IU / g			0.41 IU / g	2.6 IU / g

蜂蜜酒

蜂蜜酒英文名字爲 mead（或稱 honey wine; metheglin），可能是人類最早釀製的一種含酒精的飲料。以蜂蜜爲原料，加上酵母菌釀製而成。酵母菌是一種活性菌，與蜂蜜中的糖分進行發酵作用後，產生二氧化碳及酒精即是蜂蜜酒。蜂蜜酒的酒精含量與葡萄酒相近，約爲 12%。使用不同顏色的蜂蜜，釀製的蜂蜜酒色澤有深淺差異，與葡萄酒近似；而使用不同蜜源的蜂蜜，則可以具有不同香氣的蜂蜜酒，其中利用臺灣龍眼蜜釀製之蜂蜜酒是大眾喜愛的種類，因爲龍眼蜜的香氣獨特且較爲濃厚，比較不容易在釀造過程中使得蜂蜜的香氣消散。

蜂蜜酒代表了古埃及、古希臘及古羅馬的文明，也代表這些國家早期養蜂事業的發達。直到現代，地中海附近諸國出產的蜂蜜酒仍然享有盛名。北歐的蜂蜜酒歷史也相當悠久，古代斯堪地那維亞的人們用敵人的頭顱來承裝蜂蜜酒，慶賀戰爭勝利及戰功。蜂蜜酒在英國非常普遍，古羅馬軍首次侵入英國時，就發現英國人會用蜂蜜及蘋果汁釀出香醇美味的好酒。波蘭及德國的蜂農也喜好蜂蜜酒，自行釀製享用行之有年。據傳「蜜月」的由來也跟蜂蜜酒有關。

一、蜂蜜酒的種類

蜂蜜酒主要有 3 種，分別爲標準蜜酒（standard mead）、果汁蜜酒（fruit mead）及香味蜜酒（metheglin; spiced honey wine）。標準蜜酒是最普遍的一種，蜂蜜用水稀釋後加入酵母菌釀造而成，即爲香甜可口的蜂蜜釀造酒。果汁蜜酒是用水果或果汁補充營養成分，更能夠運用水果中的天然酵母，釀成的酒中有水果的香味，酒精含量約爲 12%。香味蜜酒是蜜酒中加入肉桂、薑汁或肉豆蔻等香料後飲用，早期的英國人最喜歡這種風味。

另有香檳蜂蜜酒是由上述 3 種蜂蜜酒放入香檳酒瓶中，再加入糖及酵母菌進行二度發酵而成。香檳蜂蜜酒含有較多的二氧化碳，酒精含量約 10%。非洲的伊索比亞使用土法把蜂蜜製成啤酒；日本的蜂蜜水果酒頗受歡迎，酒精含量約 5%；臺灣市場也有推出本土釀製的蜂蜜甜酒（酒精 8%）與蒸餾蜂蜜烈酒（酒精 40%），香醇可口（圖 6-12），但蒸餾酒所需要的設備與技術更爲高級，一般來說釀造蜂蜜甜酒對大眾的接受度最高。

圖 6-12　臺灣的蜂蜜甜酒（左）與蜂蜜蒸餾酒（右）

二、蜂蜜酒的釀製

(一) 釀酒的器具

因爲早年沒有較好的容器，傳統的釀酒器具是用橡木或其他有香氣的木桶製成，現代已經採用不鏽鋼或玻璃製的容器，這些容器容易清洗，但是卻會失去木桶的香味。小型的釀酒器具，使用 5～10 加侖的玻璃瓶最適宜。瓶子外圍最好用木箱保護。使用 1 加侖的小瓶子盛酒量太少，可供家庭用或實驗用。玻璃瓶容易清洗，並可供觀察發酵過程及酒的色澤，最爲實用。

(二) 選用酵母菌

酵母菌是一種單細胞生物，有很多品系，在分類地位上都是屬於眞菌類，學名

爲 *Saccharomyces cerevisiae*，大多爲啤酒酵母，酵母非常多種可以使用，其他還有香檳酵母、白酒酵母、紅酒酵母等。選用不同種的酵母菌，會影響酒的風味，筆者認爲每一種釀酒酵母都很適合釀製蜂蜜酒，可依照自己的喜好去使用酵母，市售的許多配方酵母粉都可以釀造出偏向某一類型的酒感。唯獨製作麵包的酵母不適合釀製蜂蜜酒，雖然也會產生二氧化碳與酒精，但是風味會變得非常的苦而且喪失了蜂蜜本身的香氣。

圖 6-13　蜂蜜甜酒釀造機

酵母菌加到培養液中有特別的技巧，加入的數量要適當，須有純熟的釀酒師傅指導。培養液要攪動並發出氣泡，加入發酵菌（酒母）的比率約 5～10%。一般家庭釀酒，酵母菌可多加 5%，低溫時酒母的使用量可採用 10%，主要是爲了使菌種取得生長優勢，避免釀製未完成即酸敗產生其他不好的口感與食品安全問題。臺灣也有新創團隊開發了一套非常簡便實用的蜂蜜甜酒釀造機（圖 6-13），可搭配手機 APP 使用，饒富樂趣。

(三) 蜂蜜酒的釀製配方

酵母菌是一種活性的生物體，在釀酒的培養液中大量繁殖之後，產生二氧化碳及酒精。酵母菌大量繁殖，需要糖分、維生素及礦物質。蜂蜜中已含有這些成分，所以蜂蜜本身就是非常優良的釀製基材，但是切記在將蜂蜜加水稀釋時需注意比例。如使用已結晶的蜂蜜，可先使用溫水或隔水加熱慢慢溶解後使用。如果添加水果或果汁可以補充釀酒所需的其他營養成分，但是會使得蜂蜜酒的釀造反應加速，大約 3～5 天即完成，添加的量則憑個人的經驗與喜好。天然葡萄及草莓汁是很好的添加物，用量在 10～15% 之間。

使用水果時，一定要將水果洗乾淨並風乾，以免不好的細菌進入釀酒過程造成釀製失敗；再者如果添加水果，水果會浮在上層，一般家庭釀酒無法確保無菌的環境，在釀造的頭 1～2 天，需要搖混釀酒缸或運用乾淨的勺子將水果沒入液體內，避免浮出的表面生黴。添加果汁時，蜂蜜含量最好高於 20% 以上。

香味蜜酒使用的香料不能浸在水中太久，浸水太久會產生苦味，以 12～24 小時爲宜，所以建議在後期再加入。使用的香料除上述種類之外，還有車前草（woodruff）、甜菊花（chamomile）、迷迭香（rosemary）、牛膝草（hyssop）、麝香草（thyme）、檸檬薄荷、羅勒（basil）等。通常使用 3～4 種香料，按個人喜好取捨。

(四) 釀酒時的注意事項

釀酒時的發酵過程中，很容易混入微生物使酒變質，因此釀酒之前所有的器具必須清洗乾淨，並且晾乾。釀酒器具、釀酒的工作臺、釀酒的房間及地板等，要使用鹼性清潔液或含氯的洗潔精徹底清洗，防止空氣中的雜菌孳生及大量繁殖。這些清潔劑會破壞酵母菌，清潔劑洗過後要再用清水洗淨。

發酵過程中會產生二氧化碳氣體，釀酒器必須留有排氣孔，釀酒器又必須封口防止雜菌混入，可用通氣的棉花塞或用可排氣活瓣封住瓶口，家庭自釀酒時，可使用家庭五金販售的釀酒玻璃缸，其頂蓋爲螺旋牙口，再釀酒時可以不要拴緊即可使二氧化碳氣體排出，又不使雜菌進入。

三、蜂蜜酒的貯存

蜂蜜酒在釀酒器中的貯存時間，與酒的好壞有密切關係。貯存時間影響酒中成分的化學變化，通常自釀的蜂蜜酒釀造完成時即可飲用，新鮮的酒因爲未殺青，需要在 4℃ 下保存。若是要長期貯存，則至少需將內容物以紗網過濾乾淨，經過沉澱後底部會有死亡的酵母菌，可使用聯通管的原理將上層清澈的酒體取出，並另外裝填至乾淨的酒缸或是酒桶進行密封保存，1～2 年的蜂蜜酒即可以飲用。貯存 5～6 年者，較爲香醇。不同的時期會有不同的風味，但一般來說，家庭釀製的蜂蜜酒因爲製程簡易，無法保證品質，以新鮮冷藏並儘速飲畢較爲建議。

四、蜂蜜酒的品嚐

現在人們對於飲酒越來越講究，飲用各種酒類都有不同形狀的酒杯。推薦飲用蜂蜜酒時可使用與飲用葡萄酒相同的酒杯，可細細品嚐蜂蜜酒之香氣。好的蜂蜜酒，要有誘人的色澤及香醇的風味。蜂蜜酒裝入高腳杯飲用之前，要先輕輕地聞聞酒的香氣，再慢慢品嚐玩味。自家釀製的美酒當前，邀約三五同好圍爐小聚，談談釀製蜂蜜酒的經驗、說說養蜂逐花而居的心境，才能品嚐出蜂蜜酒的真正風味。

引用文獻

Aichholz, R., E. Lorbeer. 1999. Investigation of combwax of honeybees with high-temperature gas chromatography and high-temperature gas chromatography-chemical ionization mass spectrometry I. High-temperature gas chromatography. Journal of Chromatography A 855(2): 601-615.

Bogdanov, S. 2004. Beeswax: quality issues today. Bee World 85(3): 46-50.

Carpena, M., B. Nuñez-Estevez, A. Soria-Lopez, J. Simal-Gandara. 2020. Bee Venom: An updating review of its bioactive molecules and its health applications. Nutrients 2020, 12, 3360.

Cho, S. Y., J. Y. Park, W. S. Jung, et al. 2013. Bee venom acupuncture point injection for central post stroke pain: a preliminary single-blind randomized controlled trial. Compl. Ther. Med. 21: 155-157.

Cho, S. Y., Y. E. Lee, K. H. Doo, et al. 2018. Efficacy of combined treatment with acupuncture and bee venom acupuncture as an adjunctive treatment for Parkinson's disease. J. Altern. Compl. Med. 24: 25-32.

Cherniack, E. P., and, S. Govorushko. 2018. To bee or not to bee: The potential efficacy and safety of bee venom acupuncture in humans. Toxicon 154: 74-78.

Doo, K. H., J. H. Lee, S. Y. Cho, et al. 2015. A prospective open-label study of combined treatment for idiopathic Parkinson's disease using acupuncture and bee venom acupuncture as an adjunctive treatment. J. Altern. Compl. Med., 21: 598-603.

El Wahab, S.D.E.L. 2015. The effectiveness of live bee sting acupuncture on depression. IOSR J. Nurs. Health Sci. 4: 19-27.

Jung, G. B. J.-E. Huh, H. J. Lee, D. Kim, G. J. Lee, H. K. Park, J. D. Lee. 2018. Anti-cancer effect of bee venom on human MDA-MB-231 breast cancer cells using Raman spectroscopy. Biomed. Opt. Express 9: 5703-5718.

Jung, S., C. Lee, I. Yeo, et al. 2014. A case study of 20 patients with lateral epicondylitis of the elbow by using hwachim (burning acupuncture therapy) and sweet bee venom pharmacopuncture. J. Pharmacopuncture 17: 22-26.

Khalil, W. K. B., N. Assaf, S. A. El Shebiney, N.A. Salem. 2015. Neuroprotective effects of bee venom acupuncture therapy against rotenone-induced oxidative stress and apoptosis. Neurochem. Int. 80: 79-86.

Kim, W.H., H. J. An, J. Y. Kim, M. G. Gwon, H. Gu, M. Jeon, M. K. Kim, S. M. Han, K. K. Park. 2018. Anti-inflammatory effect of melittin on porphyromonas gingivalis LPS-stimulated human keratinocytes. Molecules 2018, 23, 332.

Lee, G., H. Bae. 2016. Anti-inflammatory applications of melittin, a major component of bee venom: Detailed mechanism of action and adverse effects. Molecules 2016, 21, 616.

Lee, S. H., S. J. Hong, S. Y. Kim. 2003. Randomized controlled double blind study of bee venom therapy on rheumatoid arthritis. J. Kor. Acupunct. Mox. Soc., 20: 80-88.

Lee, S. H., G. S. Kwon, M. S. Kang, H. M. Yoon, C. H. Kim. 2012. Comparative study on the effects of bee venom pharmacopuncture according to the treatment method for knee osteoarthritis. J. Pharmacopuncture 15: 7-14.

Lim, H. N., S. B. Baek, H. J. Jung. 2019. Bee venom and its peptide component melittin suppress growth and migration of melanoma cells via inhibition of PI3K/AKT/mTOR and MAPK pathways. Molecules 2019, 24, 929.

Park, J. W., J. H. Jeon, J. Yoon, et al. 2012. Effects of sweet bee venom pharmacopuncture treatment for chemotherapy-induced peripheral neuropathy: a case series. Integr. Cancer Ther. 11: 166-171.

Park, Y. C., P. S. Koh, B. K. Seo, et al. 2014. Long-term effectiveness of bee venom acupuncture and physiotherapy in the treatment of adhesive capsulitis: a one-year follow-up analysis of a previous randomized controlled trial. J. Altern. Compl. Med., 20: 919-924.

Schmidt, J. O. 1995. Toxinology of venoms from the honeybee genus Apis. Toxicon. 33(7): 917-27.

Seo, B. K., K. Han, O. Kwon, D. J. Jo, J. H. Lee. 2017. Efficacy of bee venom acupuncture for chronic low back pain: a randomized, double-blinded, sham-controlled trial. Toxins 2017, 9(11), 361.

Svečnjak, L., L. A. Chesson, A. Gallina, M. Maia, M. Martinello, F. Mutinelli, M. N. Muz, F. M. Nunes, F. Saucy, B. J. Tipple, K. Wallner, E. Wa & T. A. Waters. 2019. Standard methods for Apis mellifera beeswax research. Journal of Apicultural Research 58: 2, 1-108.

Tsai, L. C., Y. W. Lin, C. L. Hsieh. 2015. Effects of bee venom injections at acupoints on neurologic dysfunction induced by thoracolumbar intervertebral disc disorders in canines: a randomized, controlled prospective study. BioMed Res. Int. 2015, p. 363801

Tulloch, A. P. 1980. Beeswax - Composition and analysis. Bee World 61(2): 47-62.

Uddin, M. B., B. H. Lee, C. Nikapitiya, J. H. Kim, T. H. Kim, H. C. Lee, C. G. Kim, J. S. Lee, C. J. Kim. 2016. Inhibitory effects of bee venom and its components against viruses in vitro and in vivo. J. Microbiol. 54: 853-866.

Ye, M., H. S. Chung, C. Lee, M. S. Yoon, A. R. Yu, J. S. Kim, D. S. Hwang, I. Shim, H. Bae.2016. Neuroprotective effects of bee venom phospholipase A_2 in the 3xTg AD mouse model of Alzheimer's disease. J. Neuroinflamm. 2016, 13, 10.

Yoon, J., J. H. Jeon, Y. W. Lee, et al. 2012. Sweet bee venom pharmacopuncture for chemotherapy-induced peripheral neuropathy. J. Acupunct. Meridian Stud. 5: 156-165.

國家圖書館出版品預行編目(CIP)資料

蜂產品學／陳裕文著. --初版. --臺北市：五南圖書出版股份有限公司, 2024.04
面；公分
ISBN 978-626-366-805-8(平裝)

1.CST: 蜂蜜　2.CST: 蜜蜂
3.CST: 農產品加工

437.837　112019721

5N54

蜂產品學

作　　者— 陳裕文
發 行 人— 楊榮川
總 經 理— 楊士清
總 編 輯— 楊秀麗
副總編輯— 李貴年
責任編輯— 何富珊
封面設計— 封怡彤
出 版 者— 五南圖書出版股份有限公司
地　　址：106台北市大安區和平東路二段339號4樓
電　　話：(02)2705-5066　　傳　　真：(02)2706-6100
網　　址：https://www.wunan.com.tw
電子郵件：wunan@wunan.com.tw
劃撥帳號：01068953
戶　　名：五南圖書出版股份有限公司

法律顧問　林勝安律師

出版日期　2024年 4 月初版一刷
定　　價　新臺幣520元

經典永恆·名著常在

五十週年的獻禮——經典名著文庫

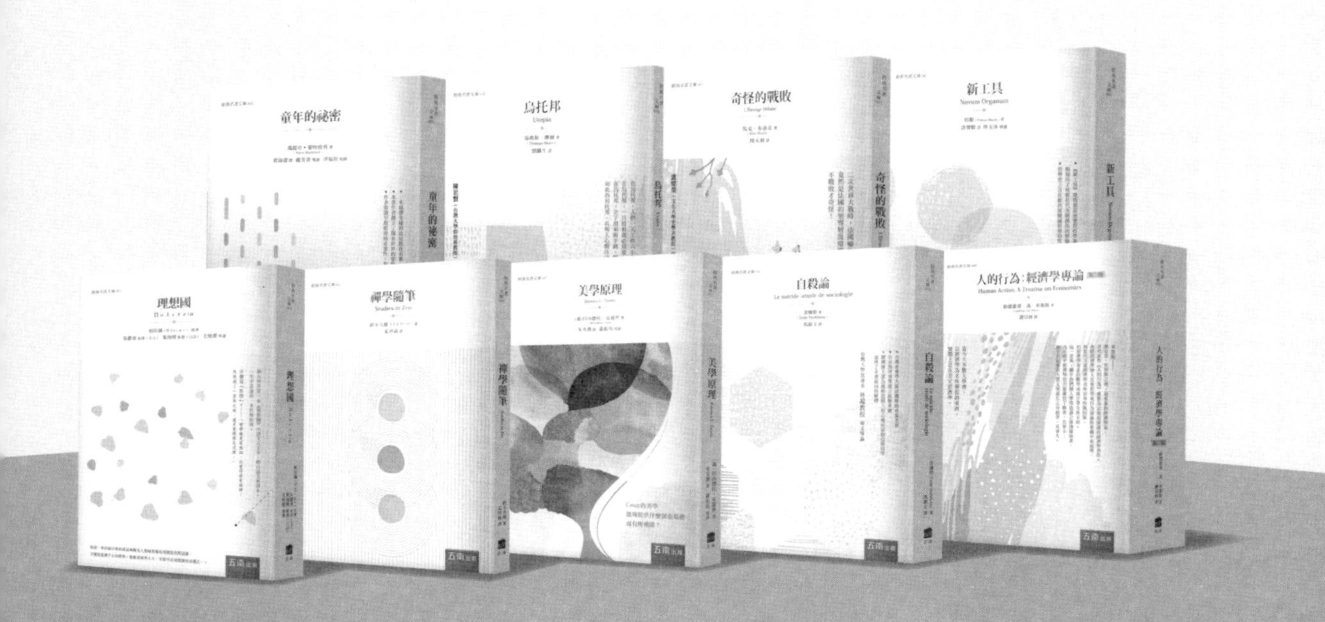

五南，五十年了，半個世紀，人生旅程的一大半，走過來了。
思索著，邁向百年的未來歷程，能為知識界、文化學術界作些什麼？
在速食文化的生態下，有什麼值得讓人雋永品味的？

歷代經典・當今名著，經過時間的洗禮，千錘百鍊，流傳至今，光芒耀人；
不僅使我們能領悟前人的智慧，同時也增深加廣我們思考的深度與視野。
我們決心投入巨資，有計畫的系統梳選，成立「經典名著文庫」，
希望收入古今中外思想性的、充滿睿智與獨見的經典、名著。
這是一項理想性的、永續性的巨大出版工程。
不在意讀者的眾寡，只考慮它的學術價值，力求完整展現先哲思想的軌跡；
為知識界開啟一片智慧之窗，營造一座百花綻放的世界文明公園，
任君遨遊、取菁吸蜜、嘉惠學子！